하늘읽기

FIRMAMENT
The Hidden Science of Weather, Climate Change and the Air That Surrounds Us

Copyright ⓒ 2022 by Simon Clark
All rights reserved

Korean translation copyright ⓒ 2025 by East-Asia Publishing Co.
Korean translation rights arranged with HODDER & STOUGHTON LIMITED through EYA Co., Ltd.

이 책의 한국어판 저작권은 EYA Co.,Ltd를 통한 HODDER & STOUGHTON LIMITED 사와의 독점계약으로 동아시아 출판사가 소유합니다.
저작권법에 의하여 한국 내에서 보호를 받는 저작물이므로 무단전재 및 복제를 금합니다.

하늘 읽기

FIRMAMENT

날씨와 기후 변화,
그리고

우리를 둘러싼
공기에
숨겨진 과학

The Hidden Science
of Weather,
Climate Change
and the Air
That Surrounds Us

사이먼 클라크 지음
이주원 옮김

동아시아

여호와의 길은 회오리바람과 폭풍 속에 있고
구름은 그 발의 티끌이로다. (나훔서 1:3)
―「폭풍(The Storm, 1704)」 중에서

8학년 시절, 점심시간마다 제 옆에 앉아
제가 쓴 글을 찬찬히 고쳐주셨던 영어 선생님 해리 백하우스와
이 세상 모든 선생님들께 이 책을 바칩니다.
미래를 만드는 건 바로 여러분입니다.

추천의 글

인류는 하늘을 올려다본 순간부터, 늘 그 너머의 비밀을 알고자 했다. 날씨는 오랫동안 예측 불가능한 신비였고, 동시에 삶과 문명을 좌우하는 힘이었다. 『하늘 읽기』는 바로 그 하늘의 언어를 풀어내어 혼란스러운 날씨 이면에 숨겨진 원리를 과학의 딱딱한 언어를 넘어 유려하고 생생한 이야기로 엮어낸다.

이 책은 단순히 대기에 대한 지식을 전달하는 것에 그치지 않는다. 기후 위기가 점점 더 뚜렷해지는 오늘날, 하늘을 이해한다는 것이 곧 우리의 생존과 미래를 이해하는 일임을 일깨워 준다. 고대 신화에서부터 최첨단 기후 모델에 이르기까지, 하늘을 이해하려는 인류의 지적 여정을 따라가며 우리가 지금 어디에 서 있는지, 그리고 어디로 나아가야 하는지를 성찰하게 된다.

과학적 지식과 역사적 통찰, 인문학적 감성이 절묘하게 어우러진 이 책은 대기 과학을 전문가 영역에서 꺼내어 모든 이가 공감할 수 있는 지혜와 성찰의 장으로 끌어올린다. 책을 덮을 때쯤이면, 우리는 더 이상 하늘을 무심코 바라보지 않게 될 것이다. 그저 스쳐 지나가던 푸른 하늘, 구름, 바람과 계절의 이야기가 새롭게 다가오고, 그 너머에 펼쳐질 우리의 미래를 더 넓고 깊은 시야로 바라볼 수 있게 될 것이다.

조천호 · 『파란하늘 빨간지구』 저자

    날씨는 머물러 있지 않는다. 맑고 화창한 하늘이었다가 순식간에 폭우가 쏟아지고 바람이 휘몰아친다. 그럼에도 우리는 다가올 날씨를 비교적 정확하게 내다보고 대비할 수 있는 시대에 살고 있다.
    이 책은 혼돈의 대기를 예측의 영역으로 끌어들인 기상학자들의 도전을 그려낸다. 날씨를 주술이나 미신이 아닌, 과학의 대상으로 바꾼 것은 이들의 집념 덕분이었다. 열기구를 타고 대류권을 탐험한 무모한 도전으로 시작해 온도계와 기압계의 발명으로 대기의 상태를 수치로 측정할 수 있게 되기까지 흥미진진한 기상학의 역사가 펼쳐진다.
    이름만 들으면 알 만한 스타 과학자들의 이름이 총출동하고 날씨는 '관측'의 시대에서 '예보'의 시대로 옮겨 간다. 미래를 내다보는 일이 한때는 금기의 영역이었다면 지금은 일기예보 없이는 하루를 시작하기 어려운 세상이 되었다.

저자가 물리학자인 만큼 기상학의 기본부터 차근차근 이끌어 준다. 대학 시절 공부했던 '상태 방정식'을 책에서 만났을 때는 '깜짝 선물'처럼 느껴졌다. 저자는 '상태 방정식'이 온도와 압력, 밀도만으로 대기의 상태를 알려주는 만능 번역기나 다름없다며 대중을 상대로 친절한 개념 풀이에 나선다.

기상학자들의 도전은 온실효과를 입증하고 먼 미래의 기후를 예측하기에 이른다. 저자가 말하듯 날씨는 끊임없이 변하지만, 기후는 변하지 않는 것이 정상이다. 그러나 지금 우리는 그 '정상'을 잃어버린 시대에 살고 있다. 미래의 기후는 어떤 모습일까. 결국 우리 손에 모든 것이 달려 있다고 저자는 강조한다.

신방실 · KBS 기상전문기자, 『날씨의 문장들』 저자

프롤로그
거인

이곳은 참으로 아름다운 장소였습니다. 공기에는 레드우드의 향과 비 내음이 섞여 있었고, 잔잔한 강물 소리가 귓가를 스치듯 흘러갔습니다. 젊은 과학자는 조심스럽게 배낭을 내려놓았습니다. 그 안에는 흔한 캠핑 도구들과 함께, 여행과는 어울리지 않는 커다란 유리 플라스크들이 들어 있었습니다. 그 플라스크들은 눈에 보이는 것은 물론, 약간의 공기조차 담겨 있지 않았습니다. 그래, 그는 이곳이 딱 알맞은 곳이라고 판단했습니다. 사람들에게서 멀리 떨어져 있고, 나무들 사이에 둘러싸여 있었기 때문입니다. 텐트를 치고 물건을 정리한 뒤, 그는 플라스크 하나를 집어 들고 밸브를 열었습니다. 쉬익 하는 기분 좋은 소리와 함께 따뜻한 캘리포니아의 공기가 빈 플라스크 안으로 흘러 들어갔습니다. 그렇게 캘리포니아 빅서 지역의 대기를 담은 작은 샘플이 만들어졌습니다. 젊은 과학자는 플라스크를 밀봉한 뒤 옆에 내려놓고, 노트를 펼쳐 샘플이 채취된 날짜와 시간을 기록했습니다. 그러고는 잠시

숲의 소리에 귀를 기울이며, 얼굴 위로 점점이 내려앉는 햇살을 느꼈습니다. 다음 샘플을 채취하려면 아직 몇 시간이 남아 있었기에, 그는 이곳의 아름다움을 온전히 즐길 수 있었습니다.

젊은 과학자는 이 모든 순간이 즐거웠습니다. 박사 과정을 막 마친 그에게, 길 위에서 실험하겠다는 발상은 솔직히 말해 한 번도 가본 적 없는 시골 지역을 탐험할 수 있는 좋은 핑계이기도 했습니다. 그는 동료들과 선배들, 심지어 미국 정부로부터 수익성이 높고 국가 이익에 부합하는 연구를 하라는 압박을 받고 있었지만, 그의 마음을 끄는 것은 오직 이 실험뿐이었습니다.

그리고 이 실험은, 지구 대기의 오랜 연구 역사를 뒤흔들 만큼 놀랍고도 충격적인 발견으로 이어질 것입니다. 수천 년 탐구의 역사 속에서 한 개인이 우리가 숨 쉬는 공기와 인간의 관계를 이토록 근본적으로 바꿔놓은 사례는 없었습니다.

그리고 그 모든 변화는 유리 플라스크 속에 담긴 지구 대기의 작은 샘플 안에 고요히 숨어 있었습니다.

대기가 우리 모두에게 중요한 존재라는 것은 분명한 사실입니다. 우리는 이 공기로 숨을 쉽니다. 지구상에서 생명체가 살 수 있도록 만들어 줍니다. 수십 킬로미터 두께의 얇은 가스층이 없었다면, 우리의 행성은 얼음덩어리가 되어 생명체라고는 찾아볼 수 없는 돌덩어리에 불과했을 것입니다. 하지만 이 대기가 어떤 식으로 움직이는지 설명할 수 있는 사람은 얼마 되지 않을 것입니다.

자세한 구성 성분이나 역사에 대해서도 말입니다. 우리 삶에 이토록 중요한 존재임에도 불구하고, 대기에 대한 관심은 정말 놀라울 정도로 적습니다.

물론 **가끔은** 대기에 관심을 보일 때가 있습니다. 특히 영국인에게 날씨란 무한히 매력적이면서도 당혹스러운 대상입니다. 대기 전체를 한 명의 거인이라고 보았을 때, 우리 삶에 직접적인 영향을 미치는 기온이나 압력, 습도 변화는 거인의 발자국이라고 표현할 수 있습니다. 하지만 대부분의 사람은 발자국의 주인이 아니라 발자국에만 관심을 가집니다.

사실 대기에 관한 사람들의 지식은 대체로 한 주제에 머물러 있습니다. 기후 변화와 이와 관련된 불확실성은 이제 지구 대기에 대한 대중의 토론 주제를 지배하고 있죠. 이산화탄소와 기타 미량 가스의 농도 변화가 기온 상승과 해수면 상승, 빙하 감소, 그리고 초강력 폭풍의 원인이 된다는 이야기 말입니다. 하지만 그렇지 않을 수도 있습니다. 어쩌면 지구는 태양의 변화로 인해 냉각되는 중일지도 모릅니다. 과학자들도 확신하지 못하는 것 같아 보입니다. 기후 변화에 대한 불확실성은 과학이 여전히 대기가 움직이는 방식을 이해하지 못했다는 인상을 줍니다.

이 분야의 문외한이라면, 과학이 아직 지구를 뒤덮은 가스 담요의 작동 방식을 밝히지 못했다고 생각하는 것도 무리가 아닐 것입니다. 날씨를 정확히 예측할 수 없고, 기후가 실제로 변화하는 중인지 알 수 없다면, 결국 과학자들은 무엇을 이해하고 있는 걸까요? 그러나 기후 변화와 날씨 예측은 현대 과학에서 다뤄지는 방대한 연구 분야의 일부일 뿐입니다. 대기 과학에는 대기층들이(네, 여러 층이 겹겹이 쌓여 있습니다) 어떻게 소통하고 있는지를 연구하는 것도 포함되어 있습니다. 북극 50킬로미터 상공에서 부는 바람을 연구하여 겨울철 날씨 예측을 개선하고 생명을 살리기도 하죠. 과학자들은 200년이 넘는 시간 동안 지구 대기의 활동을 조사하고 연구하며 밝혀왔고, 이 책에서 다루게 될 질문 중 일부는 아직 해결되지 않았지만, 이 거인에 대한 많은 것들이 드러났습니다. 과학은 거인의 해부도를 갖고 있을 뿐만 아니라, 그 발자국부터 혈관을 흐르는 피, 정수리의 머리카락 하나하나 세세히 파악하고 있으며, 생리학 교과서까지 갖추고 있습니다. 우리는 대기가 무엇으로 만들어졌고, 어디서 왔고, 어디서 시작했으며, 어디서 끝나는지 이해하고 있습니다. 왜 움직이고, 어디로 흘러가는지도 이해하고 있죠. 그중 가장 흥미로운 것은, 대기가 하나의 거대한 존재처럼 작동하며, 지구 반대편에서 일어난 현상조차 대기 상태와 지표면에 영향을 미친다는 사실을 우리가 이해하게 되었다는 점입니다.

    연구를 하기 전, 저는 이런 사실을 전혀 알지 못했습니다. 원래 제 관심사는 대기와는 거리가 멀었거든요. 물리학 학위를 받았던 것은 핵융합 분야에서 일하고 싶었기 때문이었습니다. 학위 과정의 중간쯤 왔을 때, **지구물리유체역학**geophysical fluid dynamics이라는 수업을 듣게 되었습니다. 자전하는 지구 위에서 대기와 바다가 어떻게 움직이는지 물리적으로 설명하는 학문이었죠. 이 수업은 과학의 새로운 세계에 눈을 뜨게 해주었고, 물리 방정식을 통해 지구 전체의 움직임을 기술할 수 있다는 것을 보여주었습니다. 어느새 저는 마찰이 없는 무한한 평면 위의 무한히 작은 점이 아닌, 물과 공기라는 실체를 고려하게 되었죠! 흐르는 유체에 관한 물리학은 온도와 열의 물리학으로 연결될 수 있었고, 그리고 이 물리학은 태양과 그 주위의 지구 궤도와도 이어질 수 있었습니다.

물리학에 대한 다양한 관심사와 자연 세계에 대한 열정이 하나로 만나는 멋진 순간이었습니다. 저는 제럴드 더럴의 책을 읽고, 데이비드 애튼버러의 방송을 보며 자랐습니다. 시골 동네의 숲에서 길을 잃기도 했고, 진흙투성이로 뛰어놀기도 했죠. 하지만 이 모든 일들은 제 연구에서 늘 배제되었습니다. 추상적인 물리학과 실재하는 자연, 이 두 세계를 하나로 결합했다는 것은 말 그대로 꿈이 이루어진 것이나 다름없었습니다.

이 책에서도 소개할 내용인 중층 대기와 지표면 사이의 상호작용을 연구하는 과정에서 저는 상당히 흥미로운 것들을 배웠습니다. 저는 태평양의 온도가 어떻게 유럽의 겨울 길이를 변화시키는지를 알게 되었습니다. 하층 대기에는 공기가 높은 층으로 빠져나가지 못하도록 막는 물리적 뚜껑이 있다는 것도 알게 되었죠. 극지방의 밤에 대륙만 한 크기의 폭풍이 어떻게 시속 160킬로미터 이상의 속도로 회전하는지도 배웠습니다. 이 책에는 이런 발견들이 가득 담겨 있습니다. 대기라는 거인을 요약한 안내서라고 할 수 있죠. 대기 과학의 개척자들에서 출발하여 전 세계의 다양한 인물들을 만나볼 것입니다. 뛰어난 과학자들뿐만 아니라 우리가 숨 쉬는 공기가 얼마나 놀라운지 알려줄 물리학과 현상들까지도 말입니다.

먼저 대기의 해부도를 스케치하며 각 대기층의 특징을 소개할 것입니다. 거인의 혈액, 그러니까 공기와 수분이 한 지역에서 다른 지역으로 이동하는 원인과 방식, 그리고 그것을 알게 된 놀라운 역사에 대해서도 살펴볼 것입니다. 거인의 흥미로운 장기들 중, 중위도 제트 기류를 형성하는 거대한 공기 리본과 대규모 성층권 극 소용돌이도 자세히 다룰 것입니다. 아마도 가장 놀라운 것은 대기가 **텔레커넥션**teleconnection이라는 현상을 보인다는 사실일 것입니다. 지구 반대편에서 시작된 특정한 시소 패턴이 우리의 삶에 거대한 거인의 발자국을 남기죠. 이러한 현상들을 이 책에서 차례대로 만나볼 것입니다.

앞서 말했듯이, 대부분의 사람은 대기를 기후 변화라는 맥락에서만 인식합니다. 그리고 그런 시선으로 대기를 바라보면, 과학자가 대기를 이해하는 방식은 놀라울 정도로 허술해 보일 수도 있습니다. 이 책을 쓴 가장 큰 이유는, 기후 변화는 우리가 대기에 대해 알고 있는 사실, 즉 수백 년간 이어진 사고와 실험 속에서 성장하고 자리 잡은 주제의 일부라는 것을 보여주기 위함이었습니다. 기후 변화란 지식의 숲에 심어진 한 그루의 나무일 뿐입니다. 수천 년 동안의 관측을 통해 1세기 전에는 이산화탄소가 어떻게 지표면을 따뜻하게 만드는지 밝혀냈고, 수십 년 전부터는 이산화탄소가 대기 속에서 어떻게 혼합되는지도 알게 되었습니다. 기후 변화에 대해서는 여전히 활발하게 연구 중이지만, 그 뿌리는 대기 과학이라는 나무에 있습니다.

    이 책의 목적은 이런 뿌리들을 기록하고, 기후 변화라는 덩굴이 커다란 숲과 어떻게 얽혀 있는지를 보여주는 데 있습니다. 이러한 관점을 통하여 우리의 대기가 얼마나 경이로울 정도로 복잡한지, 그리고 우리가 현재의 지식 수준에 도달하게 된 과정까지 깊이 이해할 수 있기를 바랍니다. 무엇보다도 중요한 것은, 캘리포니아의 젊은 과학자와 그가 채취하고 있던 작은 공기 샘플의 의미를 충분히 깨닫는 것입니다.

추천의 글	○ 006
프롤로그— 거인	○ 010
제1장— 아이디어	○ 018
제2장— 탄생	○ 042
제3장— 바람	○ 069
제4장— 필드	○ 085
제5장— 무역풍	○ 109
제6장— 거리	○ 135
제7장— 예보	○ 156
제8장— 소용돌이	○ 186
제9장— 변화	○ 208
에필로그— 가족	○ 264
감사의 말	○ 274
용어 해설	○ 278
주	○ 282
참고 문헌	○ 294
찾아보기	○ 305

제1장
아이디어

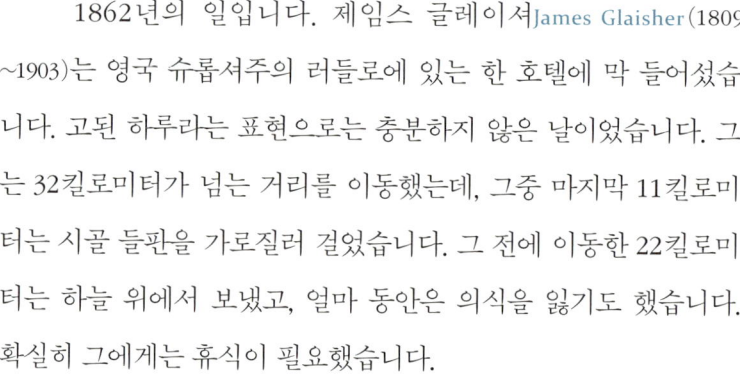

　　1862년의 일입니다. 제임스 글레이셔James Glaisher(1809~1903)는 영국 슈롭셔주의 러들로에 있는 한 호텔에 막 들어섰습니다. 고된 하루라는 표현으로는 충분하지 않은 날이었습니다. 그는 32킬로미터가 넘는 거리를 이동했는데, 그중 마지막 11킬로미터는 시골 들판을 가로질러 걸었습니다. 그 전에 이동한 22킬로미터는 하늘 위에서 보냈고, 얼마 동안은 의식을 잃기도 했습니다. 확실히 그에게는 휴식이 필요했습니다.

　　글레이셔와 그의 동료 헨리 콕스웰Henry Coxwell(1819~1900)은 열기구 조종사, 그러니까 말 그대로 '공중 선원'이었습니다. 기구를 타며 여행하는 용감한 개척자였죠. 둘은 수십 차례의 비행을 함께한 노련한 팀이었습니다. 콕스웰은 어렸을 적부터 기구에 푹 빠져 있었던 타고난 모험가였고, 1862년엔 이미 400회 이상 비행한 조종사로 이름을 날리기도 했습니다. 한편, 굵직한 뺨수염을 자랑하는 건장한 가장 글레이셔는 뒤늦게 하늘을 나는 모험에 뛰어들었습니다. 그는 대부분 런던 그리니치에 있는 왕립천문대Royal Observatory에서 자기학 및 기상학과 학과장으로서 책상에 앉아 시간을 보냈습니다. 이전에 영국 삼각측량협회British Trigonometric Survey에서 현장 조사를 하고, 케임브리지대학교에서 연구 조교로 일하기도 했지만, 갈수록 연구용 열기구 바구니 안에 앉아 있는 자신을 발견하는 일이 잦아졌죠.[1] 자연 세계를 더 잘 이해하기 위해서 과학자에게 필요한 것은 더 많은 데이터와 더 **정확한** 데이터이며, 직접 몸을 써가며 데이터를 수집해야 한다는 것을 그는 앞선 경험으로부터 깨닫게 되었습니다. 글레이셔는 우리가 대기와 상호작용하는 방식에 있어 전환점을 마련한 인물입니다. 빅토리아 시대의 신사이자 학자였으며 모험가였던 그는, 미신적이고 초자연적인 현상으로 여겨졌던 한 분야를 현대 과학의 주요 영역 중 하나로 탈바꿈한 놀라운 1세기의 일부라 할 수 있습니다.

그는 콕스웰에게 고도 3만 피트(약 9.1킬로미터)를 탐험할 수 있는 거대한 열기구 **매머드**Mammoth의 제작을 의뢰했습니다. 원래 이 탐사는 50대의 글레이셔가 직접 비행하는 게 아니라, 콕스웰이 몇몇 젊은 기상학자들을 훈련시킨 뒤 그들과 동행할 계획이었습니다. 그러나 한 훈련자가 콕스웰과 함께 비행하기를 '거절'하면서, 글레이셔가 직접 나설 수밖에 없었죠. 이후 그는 이렇게 기록했습니다. '나는 본의 아니게 대중과 영국과학진흥협회British Association for the Advancement of Science 양쪽 모두에게 지원금만큼의 결과를 반드시 내야 하는 입장이 되어 있었다. 그래서 결국 내가

제1장 아이디어

직접 관측에 나설 수밖에 없었다.'²

기록을 보면 글레이셔가 마지못해 참여한 것처럼 보이지만, 전기 작가 리처드 홈스Richard Holmes는 이 노련한 과학자가 그 기회를 꽤 즐겼다고 묘사했습니다. 수년간 현장을 측정하며 경력을 쌓은 뒤로는 오랫동안 책상 앞에만 있었으니, 어쩌면 글레이셔는 탐험대의 선두에 서는 짜릿함을 갈망했는지도 모르겠습니다. "공기 바다의 파도 속, 이름 없는 해안들에는 수천 가지 발견이 잠들어 있지 않은가?"라고 쓴 이가 열기구 탐사를 반기지 않았을 거라고 보기는 어렵죠. 확실히 그는 스트레스 상황에서도 믿을 수 없을 만큼 빠르고 정확하게 측정할 수 있는 능력을 갖춘, 유능하고 꼼꼼한 계측자임을 증명해 보였습니다.

그의 경력 중, 1862년 9월 5일의 **매머드** 비행은 가장 놀랍고도 위험한 비행이었습니다. 오후 1시경, 그들은 울버햄튼에서 출발했습니다. 울버햄튼이 발사 지점으로 선정된 데에는 두 가지 단순한 이유가 있습니다. 첫째, 이곳에는 열기구를 띄우는 데 필요한 석탄 가스를 공급해 준 친절한 지방 가스 회사가 있었습니다. 둘째, 이곳은 영국 내에서 바다로부터 가장 멀리 떨어진 지역 중 하나였기 때문에, 열기구가 바다로 추락하는 최악의 상황을 피할 수 있었습니다. 열기구 비행에서 착륙은 본래 가장 위험한 과정으로, 온도계나 기압계, 풍속계처럼 비싸고 깨지기 쉬운 과학 장비들이 실려 있는 경우에는 사람과 장비 모두의 안전을 반드시 확보해야 합니다. 이를 위해 두 사람은 장비를 가능한 한 신속하게 넣고 쉽게 접근할 수 있도록 설계된 푹신한 크래시 박스를 사용했습니다.[1] 하지만 이번 비행에서 콕스웰과 글레이셔가 걱정해야 할 것은 착륙이 아니었습니다.

오후 1시 53분경, 두 사람은 고도 2만 9,000피트(8.8킬로미터)까지 상승했고, 온도는 영하로 떨어졌으며 머리 위 하늘은 어두운 감청색으로 변해 있었습니다. 이번 비행은 두 사람이 해왔던 지난 비행들과 크게 다르지 않게 진행되는 듯 보였지만, 사실 콕스웰과 글레이셔는 심각한 위험에 처해 있었습니다. 그들이 상승하는 동안, 열기구 바구니가 계속 돌아가는 바람에 고도를 낮추는 데 필수적인 열기구의 가스 배출 밸브 줄이 꼬이고 엉켜버린 것입니다. 이로 인해 열기구에서 가스를 뺄 수 없었고, 두 사람은 더 이상 상승을 멈추거나 속도를 줄일 방법이 없어져 버렸습니다.

이 사실을 너무 늦게 알아차린 콕스웰은 줄을 고치기 위해 지상 8킬로미터 상공에서 바구니 바깥으로 나가 풍선 위로 올라가야 했습니다. 아무 조치도 취하지 않았다가는 상층 대기에서 질식사할 게 뻔하니까요. 2만 9,000피트 상공에서는 이미 공기가 매우 희박해 숨 쉬기가 어려웠고, 두 사람은 곧바로 산소 부족의 영향을 느끼기 시작했습니다. 그들에게 남은 시간은 고작 몇 분일지 모릅니다. 바구니 안에서 글레이셔는 다리에 힘이 풀리고, 시야가 흐려

---

1   이 상자의 색상은 알 수 없지만, 이 열기구에 설치된 것은 현대 항공기에 장착된 블랙박스의 초기 형태였다고 볼 수 있습니다.

제1장 아이디어

지더니, 머리의 무게조차 감당할 수 없었습니다. 결국 그는 정신을 잃고 말았습니다. 한편 콕스웰은, 그도 물론 산소 부족에 시달리고 있었지만, 줄을 풍선에서 빼낸 뒤 바구니 안에 넣으려고 사투를 벌이고 있었습니다. 그사이에 열기구는 계속해서 위로 올라갔고, 이제는 1분당 1,000피트의 속도로 상승했습니다. 너무나도 차가운 공기에 그의 손은 꽁꽁 얼어붙기 시작했고, 줄을 붙잡은 손이 미끄러지는 바람에 열기구 바깥으로 몇 번이나 떨어질 뻔했죠. 하지만 결국, 그는 기적적으로 줄을 빼내는 데 성공했습니다.

그러나 당시 그의 손은 여전히 꽁꽁 얼어 있어서 아무것도 잡을 수가 없었습니다. 다시 내려올 수가 없었죠. 몇 번의 필사적인 시도 끝에, 콕스웰은 팔꿈치로 몸을 움직여서 다시 바구니 안으로 돌아올 수 있었습니다. 그렇지만 풍선은 여전히 상승하고 있었습니다. 콕스웰의 손은 동상으로 새카맣게 변해버렸고, 움직일 수조차 없어서 릴리스 밸브를 당길 수가 없었습니다. 그는 죽을힘을 다해 팔꿈치 안쪽에 줄을 걸고, 이로 꽉 물어 힘껏 잡아당겼습니다.

노력한 보람이 있었는지 열기구 위쪽에서 가스가 새어 나가는 소리가 들렸습니다. 그는 열기구 바구니에 기대어 잠시 숨을 헐떡이다가, 정신을 잃은 글레이셔에게 기어가 그를 깨웠습니다. 글레이셔는 훗날, 몇 초 차이로 간신히 죽음을 피한 콕스웰이 빅토리아 시대의 품격을 그대로 보여주듯 "부디, 글레이셔, 온도와 기압을 꼭 측정해 보세요. 간곡히 부탁드립니다"라고 간청했다고 회상했습니다. "정신을 잃었던 모양이네"라고 글레이셔가 답하자, 콕스웰이 침착함을 잃지 않고 말했습니다. "그렇습니다. 저도 거의 정신을 잃을 뻔했습니다"

막 정신을 되찾은 글레이셔는 연필을 집어 들고 최대한 빠르게 측정하기 시작했습니다(만일의 사태에 대비하여 열기구 바구니 안에 넣어둔 브랜디로 기운을 차릴 수 있었습니다). 이 무렵 압력 수치는 이미 증가하고 있었고, 두 사람이 도달한 최대 고도는 릴리스 밸브 사고 전후의 상승 및 하강 속도만을 기준으로 추정할 수 있었습니다. 이후 지표면에서 약 3만 2,000피트(9.7킬로미터)까지 상승했다고 계산했지만, 3만 7,000피트(11.3킬로미터)까지 올라갔을 가능성도 있습니다. 이 고도 기록은 40년간 깨지지 않았습니다.

매머드는 러들로 외곽의 버려진 중세 마을 콜드 웨스턴의 넓은 잔디밭에 무사히 착륙했습니다. 콕스웰과 글레이셔는 그들의 놀라운 여정을 보고하려고 기차역까지 약 11킬로미터를 걸어갔지만, 남은 기차가 없어 그만 발이 묶이고 말았습니다. 콕스웰과 저녁을 먹으러 호텔로 가기 전, 글레이셔는 그들의 모험담을 전보로 보냈고, 이는 다음 날 아침 신문의 1면을 장식하게 됩니다.

콕스웰과 글레이셔는 깨닫지 못했지만, 그들은 세계 최초의 업적을 달성했습니다. 그들은 거의 틀림없이 하층 대기를 벗어난 최초의 사람들일 것입니다. 글레이셔가 정신을 잃지 않고 기기를 지켜봤더라면 세상을 깜짝 놀라게 했을 내용을 발견했을 것입니다. 지구의 대기가 당시 예상한 것보다 복잡하며 여러 층으로 이루어져 있다는 사실을 말이죠. 그러나 거의 죽다 살아 돌아온 그들이 다시금 비행에 나선다는 건 어려운 일이었습니다. 실제로 두 사람은 오늘날까지 호흡 장치의 도움 없이 가장 높은 고도에 도달한 기록을 갖고 있습니다. 분명 **매머드**는 진보한 기구였으나, 당시의 기술로는 지표면에서 불과 몇 킬로미터 떨어진 환경을 탐험하는 것조차 역부족이었습니다.

모든 과학자가 그렇듯이, 콕스웰과 글레이셔도 장비의 한계에 부딪혔습니다. 대기를 비롯한 모든 과학 분야에 관한 우리의 이해는 본질적으로 기술의 발전, 그리고 그 기술의 사용 방식과 관련이 있습니다. 그들의 비행이 왜 그렇게 중요한지, 또 그들이 측정 장비를 계속 지켜봤더라면 왜 기존의 대기 규칙을 다시 써야 했을지 이해하려면, 우선 콕스웰과 글레이셔가 대기를 어떻게 생각했는지, 그리고 대기를 측정할 때 무엇을 사용했는지 알아야 합니다.

대기는 농업이 발명되기 전부터 인간의 최대 관심사이자 추측 대상이었습니다. 식량 공급이 직접적으로 대기에 의존하고 있었기 때문이죠. 수렵인과 채집인들은 날씨의 축복이 있어야만 공동체를 먹여 살릴 수 있었습니다. 온도나 바람, 비와 같은 대기 조건은 동물의 이동과 식물·알·곰팡이 채집에 영향을 미쳤으니까요. 농업이 발명된 이후, 초기 문명은 비옥하고 농사를 지을 수 있는 땅을 중심으로 성장했습니다. 덕분에 매년 작물을 수확할 수 있었지만, 수확량은 여전히 날씨에 좌우되었고, 곧 날씨는 삶의 흐름을 지배하게 되었습니다.³ 현존하는 가장 오래된 기록에서 날씨에 대한 언급이 있는 건 그리 놀라운 일이 아닙니다.

이 기록들은 대부분 현상 관측이었고, 현대적인 의미의 과학이라 보기는 어렵습니다. 그러나 대기의 중요성으로 인해 지상의 하늘과 천상의 하늘에 관한 연구는 고대 종교에서 핵심 요소로 자리 잡았습니다. 기원전 3500년에 이집트 왕조 이전의 종교는 이미 하늘을 중요하게 여겼고 기우제도 열었습니다.⁴ 초기 사회에서는 기상 현상이 신에 의해서 일어난다고 믿었습니다. 고대 그리스에서는 하늘의 신 제우스가 번개와 천둥을 주관한다고 믿었고, 고대 이집트인들은 공기와 바람의 신 슈Shu를 섬겼죠.⁵ 이런 현상들이 그들 머리 위의 천상계, 특히 특정 천체의 움직임과 관련이 있다고 믿는 사람들도 많았습니다. 바빌로니아인들은 천문학자 겸 사제⁶들이 점토판에 기록하고 보관한 방대한 '천문기상학' 자료를 남겼습니다. 이 기록에는 천문 현상에 대한 다양한 관측 자료뿐만 아니라 이를 설명하는 이론적 구조까지 담겨 있습니다. 예를 들면 '하늘의 구름이 어두워지면 바람이 불 것이다' 또는 '달 주위로 검은 달무리가 생기면, 그 달에는 비가 오거나 구름이 낄 것이다'와 같은 예측도 볼 수 있죠.

전통적으로 과학의 첫걸음은 고대 그리스에서 시작되었다고 여겨지지만, 그것은 그리스가 지식의 근원이라기보다, 그리스에 보존되어 있던 풍부한 지식이 이후에 널리 전파되었기 때문일 가능성이 큽니다. 19세기까지는 **과학**과 **과학자**라는 개념이 존재하지 않았고, 그 전에는 **자연철학**과 **자연철학자**라는 용어로 자연에 관한 연구와 연구를 하는 사람을 지칭했습니다. 역시 전통적으로, 최초의 자연철학자는 밀레토스의 탈레스Thales of Miletus(기원전 약 624~545)라고 알려져 있는데, 그는 수학 이론과 이를 증명한다는 개념을 창시했을 뿐만 아니라, 날씨에도 깊은 관심을 보였습니다.[7] 과학이 시작되는 그 순간부터 대기는 존재하고 있었던 것입니다.

탈레스는 바빌로니아의 천문기상학 체계에 익숙했고, 자신만의 방법으로 날씨를 예측했습니다. 그가 예측하는 방식은 천문학자 겸 사제들과는 크게 달랐습니다. 그는 신을 필요로 하지 않았죠. 그의 세계에서 자연은 완전히 세속적이고 이성적인 법칙을 따랐습니다. 탈레스는 고대 지중해의 많은 곳을 여행했고, 이집트를 방문하여 매년 나일강이 범람하는 것을 보았다고 합니다. 이집트인들은 파라오의 지배를 받는 하피 신이 강림하여 홍수가 난 거라고 설명했지만, 탈레스는 이와 달리 자연적인 설명을 제시했습니다. 그의 이론에 따르면, 북풍이 거의 1년 내내 강물을 상류로 밀어내 나일강의 범람을 막습니다. 그러나 홍수철이 되면, 이 바람이 사라져 강물은 아무런 방해를 받지 않고 범람원으로 넘친다는 것입니다. 비록 사실이 아니지만 이 이론은 알 수도, 보이지도 않는 신비로운 신에 의존하지 않고 전적으로 자연적 개념에 기반을 둔 것이었습니다. 우리가 오늘날 대기 과학이라 부르는 것이 시작하는 순간이었습니다.

고대 그리스가 날씨를 연구하고 합리적으로 이론화한 최초의 국가라고 단언하기 어렵지만, **기상학**이라는 분야가 탄생한 곳이라고는 확실히 말할 수 있습니다. 위대한 철학자 아리스토텔레스Aristotle(기원전 384~322)는 그리스어로 '하늘에서 일어나는 현상에 대한 연구'를 뜻하는 **Meteorologica**(기상학)라는 용어를 만들었고, 이를 제목으로 한 논문을 기원전 340년경에 발표했습니다.[2] 아리스토텔레스는 역사상 가장 영향력 있는 기상학자입니다. 날씨에 관한 그의 이론은 17세기까지 서양 문명의 교과서를 지배했으며,[8] 물리학에서부터 철학, 식물학에서 심리학에 이르는 그의 방대한 관심사 덕분에 2,000년 가까이 권위자로 칭송받았죠. 그의 생애는 자세히 알려지지 않았지만, 한때 고향이었던 레스보스섬에서 동식물을 세심히 관찰하며 자연 세계에 눈을 뜬 것이 분명합니다. 그의 이런 집착은 하늘의 현상까지 뻗어 나갔고, 4권의 **「기상학」**은 날씨를 체계적으로 설명하고 논의하려 한 첫 번째 시도라고 알려져 있습니다.[9]

아리스토텔레스는 우주가 지구를 중심으로 동심원 형태의 여러 구로 나뉘어 있다고 한 크니도스 출신의 에우독소스Eudoxus(기원전 약 390~337)의 개념을 받아들였습니다. 지구 주변에는 달의 궤도를 경계로 하는 지상계가 있었고, 그 너머에는 천상계가 존재했습니다. 오늘날의 개념으로 보자면, 지구와 그 대기, 그

---

[2] 프랑스 대학자 르네 데카르트가 1637년에 **「기상학(La Météorologie)」**을 발표하며 결국 현대적 분야로 명명되었습니다.

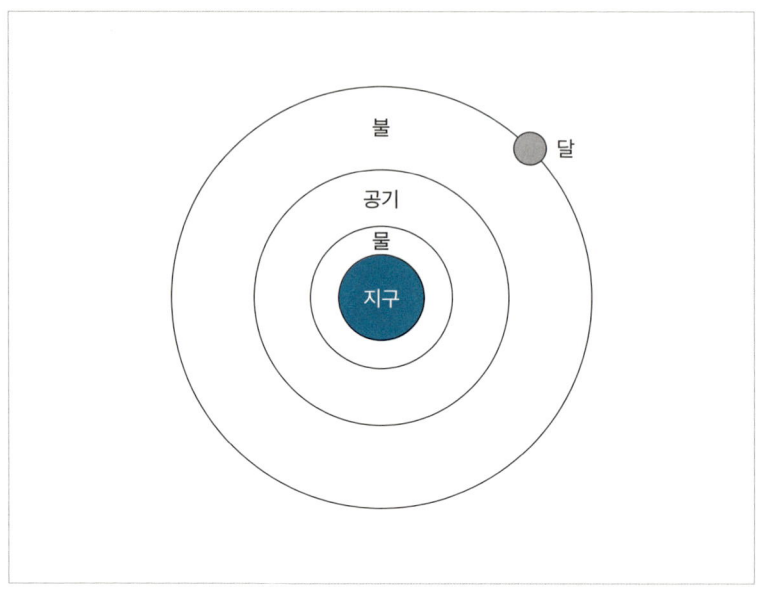

그림 1 아리스토텔레스의 우주관.

리고 그 너머의 우주 공간으로 우주를 나눈 개념이라고 볼 수 있죠. 아리스토텔레스는 각 영역마다 별도의 과학이 필요하다고 주장했습니다. 천상계는 **천문학**, 그리고 그 아래 지상계는 그가 새롭게 제안한 **기상학**의 영역이었습니다. 달까지 이어진 지상계는 엠페도클레스Empedocles(기원전 약 494~434)의 아이디어를 적용한 네 가지 원소, 즉 흙, 물, 공기, 불이 동심원 형태로 배열되어 있었습니다. 가장 아래에 흙이 있고, 그 위에는 물, 그 위에는 공기, 그리고 가장 위에는 불이 자리를 잡았습니다.

이 층들은 역동적이었습니다. 마른 땅이 바닷물 위에 있거나, 지표면에서 종종 불이 타오르는 것이 그 예였죠. 태양열이 지표면에 닿아 차갑고 축축한 물과 섞여 공기처럼 따뜻하고 촉촉한 물질을 만들어 내듯, 네 개의 원소는 끊임없이 상호 교환하는 과정을 거쳤습니다. 마찬가지로 태양열은 차갑고 건조한 흙과 섞여 불처럼 따뜻하고 건조한 물질을 만들어 냈습니다.

현대인에겐 결함이 많은 주장으로 보이지만,「기상학」은 놀라운 작품입니다. 이 논문은 이집트와 바빌로니아 자료에서 얻은 관측과 예측을 조합해 당시 대기에 관한 인류의 지식을 요약했습니다. 또한 초자연적인 설명에서 자연적인 설명으로의 진화라는 고대 그리스 자연철학의 공통된 주제를 보여줍니다. 그러나 아리스토텔레스의 주장은 관측된 자연 현상에 대한 정성적 해석에 기초한 것이기 때문에 현대적인 의미로 과학적이라고 보긴 어려웠습니다. 이는 고대 그리스 자연철학의 전형적인 모습입니다. 실험에 기반한 것이 아니었고, 무엇보다도 데이터를 통해 반증할 수도 없었죠. 실험은 육체노동이라 여겨졌으며, 아리스토텔레스 같은 점잖은 학자의 품위를 떨어뜨리는 일로 간주되었습니다.[10] 게다가 그리스 철학자가 실험할 의향이 있었다고 하더라도, 대기의 성질을 정밀하게 측정할 수 있는 기기가 아직 개발되지 않았기 때문에 정확한 측정은 애초에 불가능했죠. 사실, 그런 특성을 측정한다는 개념 자체가 아직 없던 시절이기도 했습니다.

그렇다면 만약 고대 그리스인들이 기상 장비를 사용할 수 있었다면, 어떤 대기 측정을 가장 중요하게 여겼을까요? 여러분이 기상학자에게 미지의 땅을 탐험하자고 제안한다면, 그들은 가방에 커피와 함께 반드시 두 가지 과학 장비를 챙길 것입니다. 바로 **온도계**와 **기압계**입니다. 온도계는 주변 공기의 온도를, 기압계는 공기가 누르는 압력을 측정하죠. 온도와 압력이라는 개념이 정확히 무엇을 의미하는지는 나중에 설명하기로 하고, 지금은 이 두 장비가 과학자에게 특정 장소의 대기 상태를 파악하는 데 꼭 필요한 기본 정보를 제공한다는 점만 기억해 두면 충분합니다. 시간에 따라 습도 같은 다른 요소들이 어떻게 변하는지 추적하면서, 과학자들은 그 지역의 기후를 분류할 수 있을 뿐만 아니라, 그 기후가 가까운 미래에 어떻게 변할지도 예측할 수 있습니다. 이러한 것들은 앞으로 살펴볼 것입니다.

  기상학자 윌리엄 내피어 쇼 경Sir William Napier Shaw은 이렇게 말했습니다. "기압계와 온도계의 발명은 대기 물리학의 진정한 연구, 즉 대기의 구조를 정량적으로 이해할 수 있는 새로운 시대의 문을 열었다."[11] 대기라는 거인에 대한 우리의 이해가 고대의 사고에서 근대 이전의 자연철학 수준으로 발전하기 위해서는, 이 두 가지 도구가 반드시 발명되어야 했습니다. 공교롭게도, 두 도구는 모두 르네상스 시대의 이탈리아에서 처음 등장했습니다.

  1593년은 크리스토퍼 콜럼버스Christopher Columbus가 절뚝거리며 리스본 항구로 돌아와 신대륙의 소식을 전한 지 꼭 100년이 지난 시기였습니다. 이후 신대륙에서 막대한 부가 유럽으로 흘러 들어왔고, 그중 일부는 학계와 학자들을 후원하는 자금으로 쓰이기도 했습니다. 그 자금을 받은 자연철학자 가운데 가장 유명한 인물은 아마도 갈릴레오 갈릴레이Galileo Galilei(1564~1642)일 것입니다.

당시 자연 세계에 대한 연구는 여전히 아리스토텔레스가 주도하고 있었습니다. 그의 저작은 무려 18세기 동안 바람이 부는 이유, 구름이 생기는 위치, 비가 내리는 원인 등 인간과 하늘 사이의 모든 현상에 대한 절대적인 기준으로 여겨졌죠. 유럽 전역의 대학에서는 **기상학**을 가르쳤고, 학생들은 지구가 물, 공기, 불로 이루어진 동심원 구조에 둘러싸여 있다고 배웠습니다. 그러나 갈릴레오는 이 지식을 그대로 받아들이지 않았습니다. 그는 자연철학이 수행되어야 하는 방식에 대해 전혀 다른 견해를 갖고 있었죠. 바로 측정과 수학을 사용하는 것이었습니다.

갈릴레오는 고대 그리스인들과 비교해 두 가지 중요한 이점이 있었습니다. 첫째, 그는 대수학과 0의 개념 등 수 세기 동안 아랍 세계와 그 외 지역에서 발전된 수학적 방법을 접할 수 있었습니다. 둘째, **유리**라는 물질이 개선되었다는 점입니다. 물론 유리의 발명은 르네상스 시대보다 훨씬 이전인 약 4,000년 전으로 거슬러 올라갑니다. 하지만 아리스토텔레스와 고대 그리스 철학자들이 사용했던 초기 유리는 잘 깨지고 두꺼워서 섬세한 기구에는 적합하지 않았습니다.[12] 이러한 유리의 한계는 13세기 말 베네치아의 유리 제작자들에 의해 극복되었습니다. 이들은 유리의 주성분인 이산화규소에 새로운 화합물을 첨가하는 실험을 거듭하여, 유리의 강도와 유연성을 향상시켰습니다. 특히 특정 식물을 태운 재를 첨가하면 유리가 투명해지고, 화학 물질이나 급격한 온도 변화에도 훨씬 강해진다는 사실을 발견했죠. 이러한 기술적 진보 덕분에 전문 과학 기기의 개발이 가능해졌습니다. 과학자들은 실험실에서 화학 물질을 분리하거나 공기 펌프 같은 정교한 장치를 제작할 수 있게 되었습니다. 신대륙으로부터 흘러들어 온 부, 아랍 세계의 수학, 그리고 베네치아 유리의 결합은 유럽이 현대 물리학, 화학, 생물학의 기초를 마련하는 데 결정적인 역할을 했습니다.

갈릴레오는 대기 과학을 영원히 바꿔놓았습니다. 그의 첫 번째 공헌은 1593년에 선보인 **온도 측정기**였습니다. 이 기구는 오늘날 우리가 사용하는 **온도계**와는 달리, 섭씨나 화씨와 같은 절대적인 단위로 온도를 측정할 수 있는 도구는 아니었습니다. 이러한 개념이 등장하려면 아직도 100년 이상이 더 지나야 했습니다. 대신 온도 측정기는 상대적인 온도 변화를 측정했습니다. 특정 장소의 온도가 시간에 따라 차가워지거나 따뜻해지는지, 혹은 다른 장소보다 더 차갑거나 따뜻한지를 비교하는 방식이었죠. 하지만 이후에 등장한 온도계와 마찬가지로, 갈릴레오의 온도 측정기 역시 물질의 온도가 상승하면 부피가 변하는 **열팽창** 원리에 따라 작동했습니다. 대부분의 물질은 온도가 상승하면 부피가 아주 조금 증가합니다. 예를 들어, 상온에서 물을 가열하면 부피가 소폭 증가하죠.[3] 이는 물질의 온도가 상승하면 물질을 구성하는 분자 각각의 운동에너지가 커지기 때문입니다. 분자들은 더욱 격렬하게 움직이며 충분한 공간을 확보하기 위해 서로 간의 평균 간격을 넓히게 됩니다. 결국 온도가 **의미**하는 것은, 물질 내 분자의 평균 운동에너지입니다.

갈릴레오는 열팽창 효과를 활용하여 물을 채운 유리관을 더 많은 물이 담긴 쟁반에 담가 실험 장치를 만들었습니다. 유리관의 상단은 '달걀만 한 크기'의 또 다른 유리 용기로 밀봉했죠. 시간이 지나면서 주위의 온도가 변하면 기구 안의 물 온도도 함께 변하게 되고, 열팽창으로 인해 물의 부피가 달라지면서 유리관 안에서의 높이도 변하게 됩니다. 갈릴레오는 17세기 초 여러 대중 강연에서 이 발명품을 자랑스럽게 선보였습니다. 이는 당시 대중 과학 강의의 오락적 수준이 얼마나 발전했는지를 보여주는 일화이기도 합니다. 하지만 갈릴레오의 온도 측정기는 상당히 원시적인 기구였습니다. 시간이 흐르면서 장치도 점차 개선되었죠. 먼저 물을 밀폐된 유리관에 넣어 증발을 막았고, 이후에는 물 대신 온도 변화에 따라 부피 변화가 더 큰 알코올이나 수은 등으로 대체하게 되었습니다. 흥미로운 점은 이러한 개선들이 갈릴레오가 아닌, 그의 후원자였던 토스카나 대공 페르디난드 2세 데 메디치Grand Duke of

---

3 재밌게도 항상 그런 것만은 아닙니다. 온도가 상승하면 물질이 수축하는 현상인 음의 열팽창도 있습니다. 섭씨 0도에서 4도 사이의 물에서 벌어지는 현상으로, 가열하면 부피가 줄어듭니다.

제1장 아이디어

Tuscany Ferdinando II de' Medici에 의해 먼저 이루어진 것으로 보인다는 사실입니다. 이는 예술가와 후원자 사이의 전통적인 구조가 뒤집힌 사례라 할 수 있죠.

온도 측정기는 절대 온도 단위의 발명과 함께 현대적인 **온도계**의 형태에 이르게 됩니다. 약 1세기 동안 전 유럽은 이 과정을 위해 꾸준히 노력했습니다. 초기에는 영국의 과학자 로버트 보일Robert Boyle(1627~1691)이 온도 단위의 고정점을 설정하려 했습니다. 그는 본인만의 이유로 (온도계의 둥근 부분을 감싼) 아니스 기름이 '응고하기 시작하는' 온도를 기준점으로 삼았죠.[13] 하지만 이 방식은 재현 가능성이 낮아, 온도 척도를 정의하는 방법으로는 적절하지 않았습니다. 네덜란드의 수학자 크리스티안 하위헌스Christiaan Huygens(1629~1695)는 한 걸음 더 나아가 물의 어는점과 끓는점을 기준으로 삼고, 그 사이를 일정한 간격으로 나눠 '열기와 냉기에 대한 보편적이고 명확한 기준'을 정의하자고 제안했습니다.[14] 이후 1714년, 폴란드-리투아니아 출신의 기구 제작자 다니엘 가브리엘 파렌하이트Daniel Gabriel Fahrenheit(1686~1736)가 최초로 신뢰할 수 있는 수은 온도계를 제작했습니다. 오늘날에도 여전히 사용되는 그의 온도 척도는 세 가지 기준점을 따릅니다. 첫째, 얼음/물/소금물이 평형을 이루는 온도(0도). 둘째, 물 표면에 얼음이 형성되는 온도(32도). 셋째, '건강한 사람의 입이나 겨드랑이에 온도계를 넣었을 때' 측정되는 온도(96도)였습니다.[15]

오늘날 대부분의 사람들이 익숙하게 사용하는 온도 척도

는 스웨덴의 천문학자 안데르스 셀시우스Anders Celsius(1701~1744)가 만든 것입니다. 그는 증류수의 어는점과 끓는점 사이를 100도로 나누어 척도를 정의했습니다. centigrade(섭씨 눈금)라는 단어는 '100단계'를 의미하는 라틴어에서 유래했습니다. 하지만 셀시우스는 원래 끓는점을 0도로, 어는점을 100도로 정의했습니다. 지금과는 정반대였죠. 이 눈금은 셀시우스가 42세의 젊은 나이로 세상을 떠날 무렵에 뒤집어졌습니다. 이 변화의 유력한 용의자는 같은 스웨덴 출신의 유명한 분류학자 칼 린네Carl Linnaeus로 알려져 있는데, 그는 이 온도 척도를 자신의 온실에서 사용하기 위해 바꾼 것으로 전해집니다.

막강한 온도계를 손에 넣은 기상학자들은 마침내 주변의 온도를 정량화할 수 있게 되었습니다. 대기가 작동하는 방식에 관한 이론을 세우고 실험할 수 있는 구체적인 데이터를 수집할 수 있게 된 것이죠. 이러한 데이터 중 상당수는 자명한 사실이었습니다. 가령 밤에는 공기가 차가워진다거나, 적도에 가까울수록 따뜻해진다는 식의 내용이었죠. 하지만 일부 결과는 훨씬 더 미묘했습니다. 지표면에서 멀어질수록 기온은 균일하게 감소하는 경향이 있지만, 그 감소율은 지역마다 동일하지 않다는 사실이 밝혀졌습니다. 또한 폭우가 내리기 몇 시간 전에 기온이 떨어지는 일이 종종 관찰되었고, 때로는 뚜렷한 원인 없이 기온이 낮아지는 경우도 있었습니다. 이처럼 더 많은 데이터가 쌓여가면서 과학자들은 대기 속에서 반복적으로 나타나는 패턴을 발견하게 되었고, 대기가 어

제1장 아이디어

떻게 구성되고 작동하는지를 설명할 새로운 아이디어를 구상하기 시작했습니다.

하지만 문제가 하나 있었습니다. 온도 측정기는 사실 다른 기기를 변형한 것에 불과했습니다. 갈릴레오가 처음 고안한 온도 측정기의 디자인을 다시 살펴보면, 둥근 유리 용기로 끝이 막힌 유리관이 넓은 물 쟁반에 떠 있는 형태였습니다. 유리관 끝의 둥근 유리 용기와 바닥에 놓인 물 쟁반은 유리관 속의 물이 증발하지 않도록 격리시켜, 수위 변화 없이 일정하게 유지되도록 했습니다. 그런데 이 물 쟁반에는 의도치 않은 또 다른 효과가 있었습니다. 바로 기압계 역할을 할 수 있었다는 점입니다! 물 쟁반을 누르는 대기압은 유리관 속 물의 높이에 영향을 미쳤습니다. 압력이 높을수록 물의 높이도 높아졌죠. 이는 머리 위에 있는 대기의 무게가 더 클 때 나타나는 현상입니다. 그렇다면 위대한 갈릴레오는 왜 이 점을 예상하지 못했을까요? 당시 대부분의 학자들과 마찬가지로, 그는 공기에 무게가 있다고 생각하지 않았습니다. 이는 공기와 불은 무게를 가지지 않는다고 여겼던 고대 그리스 4원소설에서 비롯된 오랜 잔재였습니다.

설령 갈릴레오가 이 믿음이 잘못된 가정이라는 사실을 눈치챘더라도, 생각을 바꿀 시간은 이미 지나버린 뒤였습니다. 그 무렵 그는 지구가 태양 주위를 돈다는 급진적인[4] 주장, 즉 니콜라우스 코페르니쿠스Nicolaus Copernicus(1473~1543)가 제시한 코페르니쿠스주의Copernicanism를 공개적으로 지지하며 큰 논란에 휩싸여 있었기 때문입니다. 이 주장은 가톨릭 교회가 받아들인 아리스토텔레스의 천동설과 정면으로 충돌하는 것이었습니다. 수십 년간 교회와 갈등을 빚어온 갈릴레오는 결국 1633년, 종교재판소에 의해 '이단 혐의자'로 지목되어 가택 연금에 처해지고 말았습니다.

노쇠하고 거의 시력을 잃은 갈릴레오는 생의 마지막 몇 년 동안, 에반젤리스타 토리첼리Evangelista Torricelli(1608~1647)라는 젊고 재능 있는 수학자를 조수로 맞이했습니다. 갈릴레오는 토리첼리의 연구에 깊은 인상을 받았으며, 가택 연금 상태에서도 그와 서신을 주고받았습니다. 안타깝게도 두 사람이 함께 연구할 수 있었던 시간은 1642년 초, 갈릴레오가 세상을 떠나기 전 몇 달에 불과했습니다. 그러나 자칭 '열렬한 갈릴레오 신봉자'였던 토리첼리는 스승의 연구를 이어가기 위해 끊임없이 노력했습니다. 특히 그는 신학계의 거센 반대에도 불구하고 현대 미적분학의 선구적 개념인 '불가분량indivisibles' 이론을 발전시켰습니다.[16] 무엇보다 우리의 이야기와 직접적으로 관련된 토리첼리의 업적은, 그가 세계 최초로 진정한 기압계를 만들어 냈다는 점입니다.

갈릴레오의 설계를 개선하고자 했던 토리첼리는 길이 약 1미터에 달하는 유리관에 수은을 가득 채운 뒤, 그 관을 조심스럽게 뒤집어 역시 수은이 담긴 대야에 담갔습니다. 유리관이 수직으

---

4 'revolutionary'라는 단어가 바로 여기서 유래했습니다. 이전에는 말 그대로 어떤 물체가 다른 물체의 주위를 돌고 있다는 의미였지만, 지구가 태양 주위를 돈다는 코페르니쿠스의 태양 중심설이 너무나도 급진적이었던 바람에 'revolutionary'는 기념비적인 변화라는 뜻으로도 쓰이게 되었습니다.

로 세워지자, 내부의 수은은 서서히 내려가다가 관의 약 4분의 1 지점에서 멈춰 안정되었습니다. 그런데 며칠 동안 기구를 그대로 두었더니, 유리관 속 수은의 높이가 변하는 현상이 발견된 것입니다. 어떤 날은 수은의 높이가 급격히 떨어졌고, 또 어떤 날에는 서서히 상승했습니다. 토리첼리는 기구 설계를 바꾼 후에 관찰된 이 변화들이 단순한 온도 변화 때문이 아니라, 지표면을 누르는 공기의 무게, 즉 대기압의 변화에 의해 발생한 것이라고 주장했습니다. 조금 더 구체적으로 말하자면, 대기압이 높아지면 유리관 속 수은의 높이가 올라가고, 대기압이 낮아지면 수은의 높이가 내려간다는 것이죠. 그는 시적인 표현을 곁들여 이렇게 썼습니다. "우리는 공기라는 원소의 바다 밑바닥에 잠겨 살고 있으며, 의심의 여지가 없는 실험을 통해 공기는 무게가 있음이 입증되었다."[17]

토리첼리의 주장은 공기에는 무게가 없다는 당시 널리 퍼져 있던 통념에 정면으로 반기를 든 것이었습니다. 특별한 주장은 특별한 증거를 필요로 한다는 말이 있듯이, 토리첼리는 자신이 그 증거를 확보했다고 믿었지만, 여전히 자신의 주장을 뒷받침해 줄 동료들의 지지가 절실했습니다. 다행히도, 과학 혁명의 위대한 성과 중 하나인 유럽 전역에 걸친 지식인 네트워크가 그의 든든한 지원군이 되어주었습니다. '문필공화국Republic of Letters'이라 불리는 이 네트워크는 16세기에 형성된 국제적인 사상가들의 무형의 공동체로, 마치 밀레니엄 시대에 등장한 인터넷처럼 혁신적인 아이디어를 빠르게 공유하고 확산시킬 수 있는 통로 역할을 했습니다.

점잖은 학자였던 토리첼리는 이탈리아 내에서 동료 과학자들과 활발히 서신을 주고받았으며, 직접 방문을 통해 교류를 이어가며 이 지식인 네트워크와 긴밀히 연결되어 있었습니다.

수학자 마랭 메르센Marin Mersenne(1588~1648)도 토리첼리의 기압계를 직접 보기 위해 그를 찾아온 인물 중 하나였습니다. 메르센은 토리첼리의 실험과 관찰 결과를 프랑스의 수학자이자 대학자인 블레즈 파스칼Blaise Pascal(1623~1662)에게 전달했습니다. 파스칼은 1648년에 직접 기압계를 제작하고, 토리첼리의 실험을 반복했습니다. 그리고 동일한 결론에 도달했죠. 공기는 실제로 무게를 가지고 있으며, 그 무게가 대야 속 수은에 압력을 가한다는 것입니다. 파스칼은 여기서 한 걸음 더 나아갔습니다. 공기가 무게를 가진다면, 고도가 높아질수록 머리 위에 있는 대기의 양이 줄어들 것이고, 따라서 대기가 가하는 압력도 감소할 것이라는 결론을 내린 것입니다.

마침 파스칼에게는 프랑스 중부의 퓌드돔산 근처에 거주하던 매형 플로린 페리에Florin Perier가 있었습니다. 파스칼은 자신의 가설을 검증하기 위해 페리에에게 기압계를 들고 산을 올라가 실험을 해달라고 부탁했습니다. 페리에는 요청을 성실하게 수행했고, 산 정상에 가까워질수록 기압계의 수치가 점점 낮아졌다는 사실을 파스칼에게 기쁜 마음으로 알렸습니다. 페리에의 실험은 토리첼리와 파스칼의 이론을 명확히 입증했을 뿐만 아니라, 아리스토텔레스 물리학을 신봉하던 이들에게 결정적인 반박 자료를 제공했습니다. 그리고 이 실험은 또 하나의 흥미로운 결론을 시사했습니다.

믿기 어려울 만큼 높은 산이 있다고 상상해 봅시다. 그리고 참을성 있는 매형을 설득해 그 산을 오르게 했다고 가정해 봅시다. 매형이 경사면을 따라 점점 더 높이 올라갈수록, 머리 위에 있는 공기의 무게는 점차 줄어들 것입니다. 주위의 공기가 희박해지면서 숨 쉬기가 점점 더 어려워지고, 결국에는 숨이 가빠지겠죠. 어느 순간 그가 충분히 높은 곳에 도달해 숨을 오래 참을 수 있다면, 머리 위에는 더 이상 공기의 무게가 남아 있지 않게 됩니다. 대기압은 0으로 떨어지고, 여러분의 (이제 완전히 숨이 막힌) 매형은 진공 상태에 놓이게 되는 것입니다. 이처럼 대기는 어디인지 정확히 알 수 없는 아주 높은 곳에서 아무것도 없는 상태로 서서히 사라져 버리는 것처럼 보입니다.

게다가 페리에처럼 산을 자주 오르는 사람들은 정상에 가까워질수록 공기가 차가워진다는 것을 잘 알고 있었습니다. 실제로 퓌드돔산의 정상은 산기슭보다 훨씬 더 추웠습니다. 고도가 높아질수록 공기가 희박해지고 점점 더 차가워진다는 믿음은 꽤나 합리적인 추론이었습니다. 그렇다면 지구는 지표면 근처에서는 대기가 두껍고 따뜻하며, 고도가 높아질수록 점점 얇아지고 차가워지는 구조를 가지고 있어야겠죠. 이런 생각은 결국, 행성 사이에는 아무것도 없는 거대한 진공 상태가 존재하고, 그곳은 얼어붙을 정도로 차갑다는 것을 암시하는 셈이었습니다.

현대 용어로 고도에 따른 대기 온도의 변화를 **기온 감률**lapse rate이라고 합니다. 이후 진행된 다양한 실험들을 통해 대기 하층, 즉 지표면 근처 수 킬로미터 범위에서는 기온 감률이 킬로미터당 약 섭씨 –6도 정도라는 사실이 밝혀졌습니다. 다시 말해, 고도가 1킬로미터 상승할 때마다 기온은 약 섭씨 6도씩 감소하는 것입니다. 대부분의 관측 결과에서도 이와 유사한 기온 감률이 확인되었습니다. 따라서 당시 학계에서는 지표면에서 멀어질수록 대기 온도가 지속적으로 낮아지며, 고도 약 50킬로미터 지점에서는 우주의 진공 온도, 즉 절대 영도인 섭씨 영하 273.15도에 도달한다고 보는 견해가 일반적이었습니다.

    1862년, 콕스웰과 글레이셔가 **매머드**를 타고 걷잡을 수 없이 하늘로 치솟고 있을 때, 그들의 마음속에는 어쩌면 이런 생각이 가득했을지도 모릅니다. 더는 지구로 돌아오지 못하고, 텅 빈 행성 사이의 공간에서 얼어 죽을지도 모른다는 두려움 말입니다. 그러나 글레이셔가 그의 표현대로 그 순간 '제정신'이었다면, 극한의 위기 속에서도 무언가가 분명히 잘못되었다는 사실을 알아차렸을 것입니다. 그가 얼어붙고 서리 낀 기구들을 들여다보았다면, 기압이 급격히 떨어지는 동안 온도는 전혀 다른 양상을 보이고 있다는 점을 눈치챘을 것입니다. 열기구가 점점 더 높이 올라가고 있었지만, 기온은 떨어지지 않았을 것입니다. 아니, 정확히 말하자면 온도는 완전히 일정하게 유지되고 있었을 것입니다.

제2장

탄생

남극으로 가서 땅을 파 내려가 봅시다. 갓 내린 눈 아래에는 놀랍게도 또 눈이 있습니다. 그 아래에도 여전히 눈이 있고 그 아래로도 더 많은 눈과 **더더욱 많은** 눈이 이어집니다. 매년 새로운 눈이 얼음층 위에 쌓이고, 그 눈은 다음 해에 내리는 눈의 무게를 견디지 못해 압축됩니다.

이제 잠시 땅 파는 작업을 멈춰보겠습니다. 눈구덩이의 벽면에서는 몇 밀리미터 두께로 압축된 과거 강설량의 기록을 확인할 수 있습니다. 나무의 나이테처럼 겨울과 여름 층이 번갈아 나타나기 때문에 연도를 구분할 수 있습니다. 여름에는 따뜻해서 눈이 적게 내리고 얼음 결정도 작은 반면, 겨울에는 쌓이는 눈의 양이 많고 얼음 결정도 큽니다. 따라서 빙상을 파 내려가는 일은 일종의 시간 여행이라 할 수 있습니다. 깊이 파 내려갈수록 더 오래된 눈을 발견하게 되죠. 실제로 과학자들은 남극 대륙 아래로 약 3킬로미터까지 깊이 파 내려가, 무려 270만 년 전에 내린 눈이 담긴 원

통형 얼음 핵을 채취한 바 있습니다.[1]

놀랍게도 이 선사시대의 눈층 속에는 아주 미세한 공기 방울들이 포함되어 있습니다. 이 방울들은 눈이 처음 내릴 당시 작은 얼음 감옥에 봉인되었다가, 이후 내린 눈이 겹겹이 쌓이며 눈층이 얼음으로 압축될 때 함께 매장된 것입니다. 이렇게 갇힌 공기는 수백만 년 전 지구 대기의 샘플 역할을 하게 됩니다. 과학자들이 얼음 핵 속에 담긴 이 작은 타임캡슐을 처음 분석했을 때, 믿기 어려울 정도로 놀라운 사실을 발견했습니다. 바로 그 시기의 대기가 오늘날과는 같지 않았다는 점입니다. 실제로 이 대기라는 거인은 그 생애 동안 상당히 큰 변화를 겪어왔습니다.

45억 년 전, 태양계 내에서 태양이 형성되고 남은 성운 물질이 응집되면서 지구가 탄생했습니다. 지구 최초의 대기는 이 성운의 일부로, 대부분이 수소로 이루어져 있었으며, 이제 막 우주의 오븐에서 나온 뜨거운 행성 표면에 달라붙어 있었습니다. 시간이 흐르며 지구가 냉각되고 형태를 갖추기 시작하자, 수소는 점차 우주로 빠져나갔고, 지구는 텅 빈 우주 공간에 노출되었습니다. 바로 이 시점부터 우리가 알고 있는 현재 대기의 기원이 시작됩니다.[2] 그 이후 수십억 년 동안, 젊은 지구에서는 화산 활동과 소행성 충돌이 일어났고, 이 과정에서 이산화탄소나 황화물, 질소 등의 가스가 대기 중으로 방출되었습니다. 당시에도, 그리고 지금도 대기의 대부분을 차지하는 것은 이원자 형태의 질소 N_2 입니다. 질소 가스는 화학적, 물리적으로 매우 안정적이며, 태양 복사에도 쉽게 분해되지 않기 때문에 대기 중에서 흔히 발견됩니다. 현재 지구의 암석에는 소량의 질소가 남아 있지만, 대부분의 질소는 수십억 년 전 이미 대기 중으로 방출되어 불활성 상태로 남아 있습니다.³

지구가 탄생한 이후 약 10억 년 정도 동안, 대기에는 질소를 비롯해 소량의 수증기, 이산화탄소, 그리고 기타 미량 원소들이 혼합되어 있었습니다. 이러한 성분들은 오늘날 우리가 알고 있는 대기에도 여전히 존재하지만, 한 가지 예외가 있습니다. 이 특정 기체는 지구 역사상 가장 중대한 사건이 발생한 이후에야 비로소 대기에 포함되게 되었습니다.

단세포 생물에 대한 최초의 직접적인 증거는 약 35억 년 전으로 거슬러 올라갑니다.⁴ 이 증거는 생물학적 과정을 통해서만 생성될 수 있는 탄소 동위원소를 함유한 미세한 화석의 형태로 발견되었습니다.⁵ 참고로, **동위원소**란 하나의 원소가 가지는 서로 다른 형태, 즉 변종이라 할 수 있습니다. 원소는 원자핵에 포함된 양성자 수에 따라 정의되며, 예를 들어 모든 탄소 원자는 원자핵에 6개의 양성자를, 모든 우라늄 원자는 92개의 양성자를 가지고 있습니다. 동위원소들은 양성자 수는 같지만, 중성자 수가 다릅니다.

5 그보다 더 오래된 지구 생명의 증거들이 있긴 합니다. 그린란드의 어떤 암석은 37억 년 전의 것으로 생명체 형성에 관한 단서를 갖고 있지만, 35억 년 전의 화석보다는 확실하지 않습니다. 다음 논문을 참고하세요. A. Nutman, V. Bennett, C. Friend, M. van Kranendonk and A. Chivas, 'Rapid Emergence of Life Shown by Discovery of 3,700-million-year-old Microbial Structures', *Nature*, vol. 537, no. 7621 (2016), pp. 535–8.

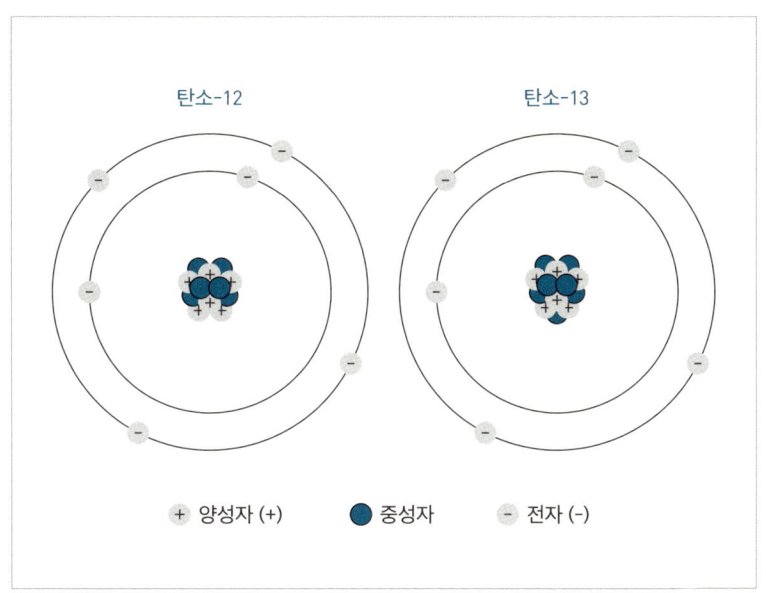

그림 2 탄소-12와 탄소-13.
탄소의 두 가지 동위 원소인 탄소-12와 탄소-13. 탄소-13은 중성자가 하나가 추가되어 더 무겁습니다.

탄소의 경우, 일반적으로 두 가지 형태가 존재하는데, 하나는 6개의 양성자와 6개의 중성자를 가진 탄소-12이고, 다른 하나는 6개의 양성자와 7개의 중성자를 가진 탄소-13입니다. 과학자들은 얼핏 보면 단순한 바위처럼 보이는 35억 년 전의 화석을 분석한 결과, 그 안에 포함된 탄소-12와 탄소-13의 비율이 오직 생물학적 과정을 통해서만 형성될 수 있다는 사실을 밝혀냈습니다. 이러한 동위원소 분석 기법은 이후에도 중요한 과학적 도구로 활용됩니다.

초기 생명체는 고세균으로, 박테리아나 식물, 동물과는 완전히 구별되는 단세포 생물이었습니다. 그러나 곧 식물의 조상 역시 고세균의 뒤를 이어 등장했고, 최초의 화석이 형성된 이후 약 1억 년 이내에 생명체는 광합성 능력을 갖추게 되었습니다. 햇빛과 이산화탄소를 에너지, 물, 산소로 전환하는 무해한 이 능력은 결국 지구에 치명적인 결과를 초래했습니다. 그 후 약 10억 년간 생명체가 과도한 양의 산소를 생산하면서 대기의 조성이 변화하기 시작한 것이죠. 무산소 상태였던 바다는 산소로 가득 차게 되었고, 산소 없는 환경에 적응해 온 고세균에게 이는 재앙이나 다름없었습니다. 이로 인해 **산소 대폭발 사건** 또는 **산소 대학살** 등 다양한 이름으로 불리는 대멸종이 발생하여 지구는 폐허로 변했습니다.[5] 이러한 생명체의 근본적인 개편은 오늘날 우리가 볼 수 있는 다양한 다세포 생명체의 직접적인 계기가 되었습니다. 특정 유기체는 유독한 고산소 환경에서 살아남기 위해 서로 뭉쳐 유전 물질을 보호하는 안전한 공간을 만들었습니다.[6] 그 결과, 미토콘드리아와 핵과 같은 세포기관을 가진 세포가 탄생하게 되었죠. 저는 생물학자가 아니라 물리학을 전공한 사람이라 생명체 진화의 나머지 과정은 여러분의 몫으로 남겨두겠습니다! 약 5억 년 전쯤, 대기는 오늘날과 매우 유사한 모습을 갖추게 되었으며, 압도적인 양의 질소와 소량의 산소, 그리고 수증기, 이산화탄소, 아르곤 등의 미량 가스로 구성되었습니다. 식물은 육지로 확산되었고, 바다에는 복잡한 동물들이 번성했습니다. 과학자들은 놀라운 추리 과정을 통해 먼 과거의 지구 기후를 재구성할 수 있게 되었습니다. 예일대학교의 미국인 지질학자 로버트 버너Robert Berner(1935~2015)는 특정 암석의 풍화 과정, 다양한 지질 형성물 속의 탄소 동위원소, 그리고 컴퓨터 모델링을 종합하여 통계 모델[7]을 구축했습니다. 세부적인 면에서는 다소 불완전할 수 있지만, 이 모델과 유사한 방법으로 개발된 다른 모델들을 통해 지난 5억 년간의 지구 기후를 살펴볼 수 있었습니다. 예를 들어, 캄브리아기(5억 4,100만 년 전~4억 8,500만 년 전)의 지구 기온은 현재보다 약 섭씨 14도나 높았던 것으로 추정되며, 페름기(2억 9,900만 년 전~2억 5,200만 년 전)에는 지금보다 약 섭씨 3도 낮았던 것으로 보입니다.[8] 좀 더 최근으로 이동하면, 과학자들은 지난 1억 년간 지구의 평균 기온을 훨씬 더 정밀하게 재구성할 수 있었고, 약 섭씨 10도 이상의 변동이 있었다는 사실을 밝혀냈습니다. 믿기 어려울 수도 있지만, 이 연구에 사용된 방법은 매우 기발했습니다! 바로 산소 동위원소를 활용한 분석 기법이었습니다.

　　지구에 존재하는 산소의 대부분은 8개의 양성자와 8개의 중성자로 구성된 산소-16입니다. 이 외에도 두 가지 안정적인 동위원소가 더 존재하는데, 그중 비교적 흔한 것은 10개의 중성자를 포함한 산소-18입니다. 전 세계 산소의 약 0.2퍼센트가 산소-18이며, 이 중 상당량이 물 분자$_{H_2O}$에 결합되어 있습니다. 무거운 산소 동위원소를 포함한 물 분자는 더 무거워지며,[6] 이로 인해 행동 방

---

[6]　하지만 중수는 아닙니다! 중수는 일반적인 수소가 아니라 중수소(^{2}H)를 포함한 물이니까요. 하지만 이 둘의 분자량은 동일합니다.

식이 약간 달라집니다. 예를 들어, 산소-18을 함유한 물은 무게 때문에 구름에서 빗물로 떨어질 가능성이 더 높고, 따뜻한 환경에서는 증발이 덜 일어납니다. 정말 미세한 차이지만, 지구 전체에 평균적으로 큰 영향을 미치게 됩니다. 적도 지역의 바닷물에는 상대적으로 많은 양의 산소-18이 포함되어 있지만, 이 물이 적도의 열에 의해 증발하여 수증기로 변할 경우, 수증기 속의 산소-18의 비율은 낮아집니다. 이후 이 수증기가 극지방으로 이동하는 동안, 산소-18을 포함한 물은 증발되었더라도 대부분 극지방에 도달하기도 전에 비로 떨어지게 됩니다. 극지방에 도달한 수증기는 대부분 산소-16 원자를 포함한 물 분자로 구성되어 있으며, 이러한 수증기는 비의 형태로 지표면에 떨어지게 됩니다. 그 결과, 비, 진눈깨비, 눈 등으로 형성된 극지방의 얼음과 빙하는 거의 전적으로 산소-16으로 이루어진 물 분자를 포함하게 되며, 무거운 산소-18 원자는 극히 소량만 존재하게 됩니다. 이와 관련하여 데이비드 월섬 David Waltham은 그의 저서 『럭키 플래닛』에서 다음과 같이 설명합니다. "발효된 액체가 증발과 재응결을 거치며 쉽게 증발하는 알코올이 점차 농축되는 방식과 마찬가지로, 바닷물 역시 증발과 응결을 반복하면서 상대적으로 쉽게 증발하는 '가벼운' 물이 농축된다. 지구는 마치 거대한 위스키 증류소처럼 작동하는 셈이다."

따라서 지구의 기온이 낮을수록, '가벼운 물'은 극지방의 얼음 형태로 더 많이 갇히고, 남아 있는 산소-16의 양은 줄어듭니다. 결과적으로 따뜻한 바닷물에서는 산소-18 대 산소-16 비율이 전반적으로 증가하게 되죠. 이러한 원리를 바탕으로, 적도 근처의 물에서 발견되는 산소 동위원소의 비율을 분석함으로써 과거 지구 평균 기온을 추정할 수 있습니다. 우리는 아원자 물리학을 통해 산소의 두 동위원소가 얼마나 자주 생성되는지를 알고 있으므로, 이론적으로 계산된 동위원소의 비율과 실제 측정값 간의 차이를 통해 당시 지구 평균 기온으로 환산할 수 있습니다. 예상보다 산소-18이 더 많이 검출되었다면? 이는 지구가 추운 상태였음을 의미합니다(산소-16이 극지방 얼음에 갇혀 있었기 때문). 반대로 산소-18의 비율이 더 낮게 나타난다면? 이는 지구는 따뜻한 상태였다는 뜻입니다(극지방 얼음이 거의 없었다는 것이기 때문).

산소의 두 동위원소는 방사성 물질이 아니기 때문에, 어떤 형태의 산소라도 암석이나 화석과 같은 화학 구조 안에 고정되면 그 상태로 영구히 유지됩니다. 이러한 특성은 과거 기후를 연구하는 과학자들에게 매우 이상적인 조건을 제공합니다! 우리는 열대지역에서 연대가 명확히 알려진 암석층이나 화석을 찾아내고, 그 속에 포함된 산소 동위원소의 비율을 측정함으로써 당시의 지구의 평균 기온을 추정할 수 있습니다. 이 방법을 통해 밝혀진 바에 따르면, 약 5억 년 전의 지구는 현재보다 약 섭씨 14도 높은 무더운 기후를 경험했으며, 이후 서서히 냉각되어 약 2만 년 전에는 현재보다 몇 도 낮은 최저 기온을 기록했습니다. 그러는 사이 지구의 기온은 수천 년 단위의 짧은 시간 간격에서도 더웠다가 춥기를 반복하며 주기적인 변동을 겪었습니다. 이러한 주기적 변화의 원인에 대해서는 이 책의 후반부에서 더욱 자세히 다룰 예정입니다.

지구 대기는 형성된 이래로 구성 성분과 온도 면에서 극적인 변화를 겪어왔습니다. 지금까지의 설명은 지난 수십억 년에 걸친 대기의 역사를 간략히 요약한 것에 지나지 않습니다. 우리가 현재 숨 쉬고 있는 이 대기는, 인류가 등장하기 훨씬 이전에 시작되어, 우리가 사라진 이후에도 끝없이 이어질 우주 교향곡 속 마지막 몇 음절에 불과한 존재입니다. 대기는 결코 고정된 상태로 머물지 않습니다. 짧은 시간 단위에서부터 장기적인 스케일에 이르기까지, 끊임없이 변화하고 진화해 왔습니다. 대기는 소용돌이치고 요동치며, 때로는 스스로를 뒤집고 재구성하는 행성 규모의 유체입니다. 그럼에도 불구하고 지난 수억 년 동안 대기의 형태는 비교적 안정적인 모습을 유지해 왔습니다. 대기를 구성하는 분자들의 종류도, 지표면 위로 뻗어 있는 대기의 높이도 오늘날 우리가 경험하는 것과 거의 동일했죠.

그렇다면 대기의 끝은 정확히 어디일까요? 대기의 높이는 얼마나 될까요? 이 질문은 의외로 간단히 답하기 어렵습니다. 대기의 높이를 최초로 추정한 인물은 이슬람의 대학자 이븐 무아드 알 자야니Ibn Muādh al-Jayyānī(989~1079)였습니다. 놀랍게도 기압계가 발명되기 수백 년 전이었죠. 그에 대해 알려진 바가 거의 없는데, 오랫동안 그의 연구는 다재다능한 천재로 유명한 이븐 알 하이삼(알하젠)Ibn Al-Haytham(965~1040)의 것으로 잘못 알려져 있었습니다. 이븐 알 하이삼은 광학에 대한 논문으로 널리 알려져 있으며, 가설을 실험으로 검증하는 방법의 중요성을 강조한 인물입니다. 이는 유럽에서 과학 혁명이 일어나기 수 세기 전의 일이었죠. 하지만 대기의 높이를 최초로 계산한 사람은 이븐 무아드로, 그의 접근 방식은 놀라울 정도로 기발했습니다. 그건 바로 **황혼**을 활용하는 것이었습니다.

해가 지는 순간, 어떤 일이 일어나는지 떠올려 봅시다. 태양의 직사광선은 더 이상 우리를 비추지 않지만, 하늘은 여전히 따스한 빛으로 물들어 있습니다. 이는 지표면에서는 태양이 시야에서 사라졌더라도, 지구의 곡률 덕분에 대기 상층에서는 여전히 태양을 볼 수 있기 때문입니다. 해 질 무렵, 지구의 둥근 단면이 지표면에 있는 우리와 태양 사이에 놓여 시야를 가리지만, 조금만 높은 곳으로 올라가면 다시 태양을 볼 수 있게 됩니다. 물론 태양은 계속해서 하늘을 가로질러 이동하기 때문에, 곧 지구에 의해 다시 가려지게 되죠. 따라서 태양을 계속 보려면 점점 더 높은 고도로 올라가야 합니다. 이러한 현상은 산악 지대에서 특히 뚜렷하게 확인할 수 있습니다. 산 정상에서 해가 지는 모습을 관찰하면, 산 아래에서 볼 때보다 해가 약간 더 늦게 지는 것을 알 수 있습니다.

이븐 무아드는 태양이 지평선 아래로 떨어지는 순간을 황혼의 시작으로 보고, 하늘 전체가 더 이상 태양 빛을 받지 않을 때,[9] 즉 대기권의 가장 높은 지점에 있는 관측자가 더 이상 태양을 직접 볼 수 없게 되는 순간에 황혼이 끝난다고 추론했습니다. 태양

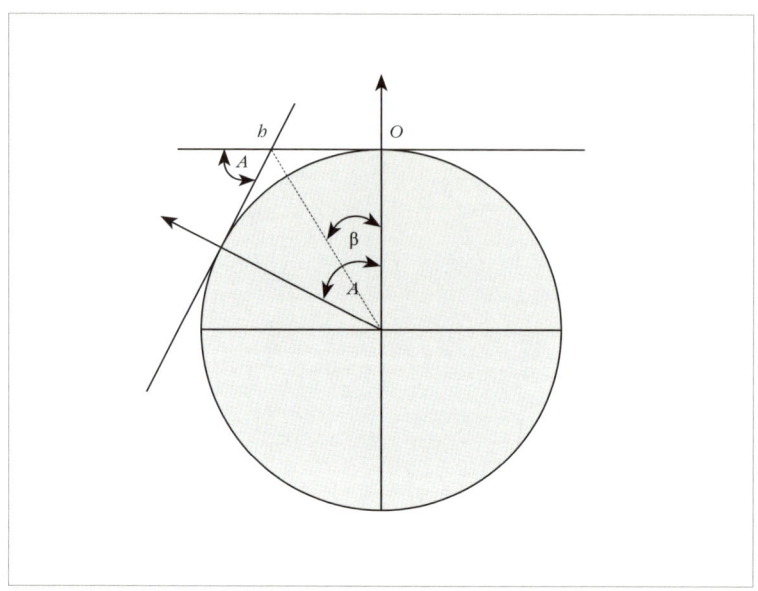

그림 3 이븐 무아드가 대기의 높이를 계산한 방식.

이븐 무아드의 황혼 계산은 기하학적으로 다음과 같이 구성됩니다. 관측자는 점 O에 위치하며, 황혼이 끝나는 시점, 즉 지평선 위로 태양 빛이 더 이상 도달하지 않는 상태는 지구가 각도 A만큼 지전했을 때 성립됩니다. 대기의 높이는 이 회전 각도의 반각, 즉 β=A/2를 활용하여 기본 삼각법을 통해 계산할 수 있습니다.

이 하늘을 가로지르는 속도(시간당 약 15도)를 알고 있었던 이븐 무아드는 이를 바탕으로 태양이 진 이후부터 완전히 밤이 되기까지 걸리는 시간을 측정했습니다. 그는 구면 기하학에 대한 모든 지식을 활용하여, 완전히 밤이 된 시점에 태양이 지평선과 얼마나 떨어져 있는지를 계산했고, 이를 통해 태양을 마지막까지 볼 수 있는 가장 높은 지점을 추정했습니다. 이 계산을 통해 그는 대기의 높이를 약 84킬로미터로 산출해 냈습니다.

비교적 간단한(하지만 독창적인) 방법을 사용했다는 점을 고려하면, 추정치는 꽤 괜찮은 결과입니다! 그러나 이븐 무아드의 계산에는 몇 가지 중요한 사실이 간과되어 있었습니다. 그는 고도가 높아질수록 대기가 차가워지고 희박해진다고 단순하게 가정했죠. 앞서 살펴본 바와 같이, 고도가 높아질수록 기압과 밀도가 감소한다는 사실은 17세기에 블레즈 파스칼의 열정적인 매형에 의해 실험적으로 입증되었습니다. 하지만 그것만으로는 대기의 구조를 온전히 설명할 수 없습니다. 실제로 대기는 뚜렷하게 구분되는 여러 층들이 수직으로 차곡차곡 쌓여 있는 흥미로운 구조를 가지고 있습니다. 콕스웰과 글레이셔는 이븐 무아드가 제안한 단순한 대기 모델에 역사상 최초로 의문을 제기할 수 있었던 인물들이었습니다. 안타깝게도 두 사람은 생명의 위협을 받을 만큼 위험한 상황에 처해 있었기에, 대기의 구조에 대해 깊이 고민할 여유가 없었죠. 결국 대기 과학의 역사에서 가장 위대한 발견 중 하나는 20세기에 이르러서야 이루어졌습니다. 놀랍게도, 그렇게 오랜 기다림 끝에 두 명의 과학자가 서로 다른 접근 방식을 통해 거의 동시에, 그러나 독립적으로 중요한 무언가를 발견하게 됩니다.

프랑스 기상청에서 화려한 경력을 쌓은 레옹 필리프 테세랑 드 보르Léon Philippe Teisserenc de Bort(1855~1913)는 은퇴 후 베르사유 인근 트라페에 개인 기상 연구소를 설립했습니다. 그는 그곳에서 대기를 **수직 탐사**sounding하기 위해 수소로 채운 기상 풍선을 띄우는 방식을 개척했습니다. 수직 탐사란 대기의 수직 열을 측정하는 작업으로, 원래는 선원들이 물의 깊이를 측정할 때 사용하던 용어에서 유래한 것입니다(수심측량depth sounding은 수영을 뜻하는 고대 영어 sund에서 비롯되었습니다). 이러한 탐사는 고도에 따라 기압, 온도, 수분 함유량 등 대기의 다양한 특성이 어떻게 변하는지를 파악하기 위해 지상의 한 지점에서 여러 차례 측정을 수행하는 방식입니다.

    초기에는 콕스웰이나 글레이셔 같은 과학자들이 직접 열기구를 타거나, 과학 기기를 부착한 연을 띄워 수직 탐사를 시도했지만, 앞서 본 것처럼 이런 방법은 도달 가능한 최고 고도에 많은 제한이 있었습니다. 이러한 한계를 극복하기 위해 테세랑 드 보르는 등유를 흠뻑 적신 종이로 만든 풍선에(등유가 연결 부위에서 발생할 수 있는 누출을 방지하는 역할을 합니다) 공기보다 가벼운 수소를 채우고, 자신이 직접 설계한 경량 기기들을 부착했습니다. 풍선을 지상에서 띄우면, 위로 올라가면서 압력과 온도 변화를 기록합니다. 풍선이 하늘로 더 높이 올라갈수록 외부 압력이 줄어들고, 바깥으로 빠져나가려는 수소에 대한 저항이 줄어들어 풍선은 팽창하게 됩니다. 결국 기압이 너무 낮아서 풍선이 더 이상 수소를 가둘 수 없으면 풍선은 터지고, 이때 낙하산이 펼쳐져 기기들은 안전하게 지상으로 귀환합니다. 테세랑 드 보르가 개척한 이 기법은 시간이 흐르며 더욱 정교하게 발전되었으며, 오늘날에도 기상학에서 활발히 활용되고 있습니다. 현재 전 세계의 여러 기상 기관들은 매일 약

1,000개의 기상 풍선을 띄우고 있습니다.

테세랑 드 보르는 자신의 선구적인 실험을 통해 매우 뜻밖의 사실을 발견하게 됩니다. 앞서 살펴본 콕스웰과 글레이셔의 사례에서 알 수 있듯, 사람을 태운 열기구나 연을 이용한 초기의 모든 수직탐사에서는 음의 기온 감률, 즉 고도가 높아질수록 기온이 낮아지는 현상이 관측되었습니다. 테세랑 드 보르의 풍선 또한 처음에는 동일한 감소를 기록했습니다. 그러나 그의 풍선이 이전보다 훨씬 높은 고도까지 도달하자, 이러한 감소 현상은 약 10킬로미터 상공까지만 나타났고, 그 이상에서는 0의 기온 감률을 기록하기 시작했습니다. 다시 말해, 이 고도 이상에서 기록된 온도는 **일정하게** 유지됐다는 것입니다!

처음에 테세랑 드 보르는 장비에 문제가 있다고 생각했습니다. 예를 들어, 높은 고도에서 태양열에 의해 기기가 가열된 것은 아닐까 의심했죠. 그래서 이러한 실험을 몇 차례 반복한 끝에, 총 236회의 풍선 실험의 결과를 발표했습니다. 그 결과, 대기 온도는 지표면에서 최곳값을 기록한 뒤 약 10킬로미터 상공까지 점차 감소하다가, 그 이후부터는 고도가 높아져도 기압이 감소하면서 대기 온도는 일정하게 유지된다는 결론이 나왔습니다. 또한 그가 말한 '등온층'이 시작되는 고도는 고기압 지역에서는 더 높은 고도에서, 저기압 지역에서는 더 낮은 고도에서 나타났습니다. 테세랑 드 보르는 파스칼과 토리첼리가 주장했던, 대기란 진공 상태의 우주 속으로 서서히 사라지는 하나의 개체라는 기존의 패러다

임을 재검토해야 한다고 주장했습니다. 그는 대기를 마치 케이크처럼 여러 층으로 나누어 바라보는 새로운 개념을 제시하며, 우리가 대기를 이해하는 방식 자체를 근본적으로 재편하고 있었던 것입니다.

이 시기에 테세랑 드 보르와 긴밀히 연락을 주고받으며 동일한 현상을 연구하던 한 과학자에게는 이러한 발견이 그리 놀랍지 않았습니다. 독일의 기상학자이자 공학자였던 리하르트 아스만Richard Assmann(1845~1918)은 테세랑 드 보르와는 달리, 정부로부터 충분한 지원을 받으며 사설 연구소에서 소규모 팀과 함께 연구를 진행하고 있었습니다. 테세랑 드 보르가 다양한 기상 조건에서 수백 차례에 걸쳐 풍선 실험을 수행하는 동안, 아스만은 수직 탐사 장비의 정밀도를 높이는 데 집중했습니다. 그 결과, 그는 단 몇 차례의 수직 탐사만으로 매우 정확한 측정값을 얻을 수 있었죠.

이는 전형적인 양이냐 질이냐의 문제처럼 보일 수 있지만, 과학은 제로섬 게임이 아닙니다. 양과 질이 조화를 이룰 때 비로소 진정한 진보가 이루어지죠. 테세랑 드 보르가 프랑스 과학 아카데미에 연구 결과를 발표한 지 불과 사흘 뒤, 아스만은 그와 협력하여 독일 과학 아카데미에 자신의 연구 결과를 발표했습니다. 아스만은 단 여섯 번의 정교한 수직 탐사로 얻은 데이터를 바탕으로 0의 기온 감률을 보이는 유사한 지역, 혹은 영구적 **기온 역전** 지역을 확인했다고 밝혔습니다. 기온 역전이란 일반적인 기온 분포가 국지적 또는 일시적으로 '역전'되는 현상으로, 고도가 높아질수록 오히려 기온이 상승하는 구간을 의미합니다. 예를 들어, 차가운 공기가 산 계곡을 따라 내려오다가 기존에 있던 따뜻한 공기층 아래로 파고들 때 이러한 현상이 발생할 수 있습니다.

아스만은 이 새로운 발견을 영구적 기온 역전 지역이라 불렀지만, 테세랑 드 보르는 '등온층'이라는 표현을 선호했습니다. 두 명칭 모두 관측된 현상을 잘 설명하고 있었지만, 어느 쪽도 공식 명칭으로 채택되지는 않았습니다. 얼마 지나지 않아 테세랑 드 보르와 아스만이 공동으로 발견한 이 영역은 **성층권**stratosphere으로 불리게 되었습니다. 이 이름은 테세랑 드 보르가 명명한 것으로 알려져 있죠. 성층권이라는 명칭은 '층'을 뜻하는 고대 그리스어 **strata**에서 왔으며, 대기의 가장 낮은 층인 **대류권**troposphere과 뚜렷한 대조를 이룹니다. 대류권이라는 이름은 '회전' 또는 '변화'를 의미하는 고대 그리스어 **tropos**에서 비롯된 것입니다. 이 두 명칭이 왜 그렇게 적절한지는 뒷부분에서 자세히 살펴보겠습니다.

후속 측정 결과에 따르면, 성층권은 테세랑 드 보르가 고도 10킬로미터에서 발견한 등온층에서 시작되어 실제로 온도가 **상승**하며, 약 50킬로미터 고도에서 최고 온도에 도달합니다. 대류권은 지표면에서부터 약 10킬로미터까지 뻗어 있으며, 그 위로 성층권이 약 10킬로미터에서 50킬로미터까지 이어집니다. 이 두 층의 경계인 **대류권계면**('**변화의 끝**')의 고도는 지역에 따라 달라지는데, 적도 부근에서는 더 높게 나타나고, 극지방 근처에서는 더 낮게 형성됩니다. 또한 테세랑 드 보르가 발견한 바와 같이 시간에 따라서도 고도가 달라집니다. 지표면 기압이 높을 경우, 대류권계면도 더 높아지고, 반대로 폭풍이나 허리케인 등 저기압 상태에서는 지표면 기압이 낮아져 대류권계면이 하강하게 됩니다. 대류권계면은 지구를 감싸는 얇고 복잡한 층으로 상상할 수 있습니다. 이 층은 대류권 내 공기 덩어리의 움직임에 따라 끊임없이 오르내리며, 우리가 알고 있는 대기권의 경계를 형성합니다.

하지만 이것이 전부는 아닙니다. 대기는 성층권에서 끝나지 않기 때문이죠! 과학자들이 성층권을 발견할 수 있었던 것은 그들을 이전보다 훨씬 높은 곳으로 올려다 준 풍선 기술 덕분이었습니다. 그러나 이 기술에도 분명한 한계가 존재했습니다. 현재까지 기상 관측용 풍선이 도달한 최고 고도는 2002년 일본 연구진이 기록한 53킬로미터입니다.[10] 풍선은 어느 저기압 한계에 도달하면 더 이상 상승할 수 없고, 결국 터지며 지구로 추락하고 맙니다. 과학자들은 새로운 이동 수단이 필요했고, 마침내 1926년, 그 해답을 손에 넣게 됩니다. 바로 액체 연료를 사용하는 로켓이었습니다.

1926년 3월 16일, 로버트 허칭스 고더드Robert Hutchings Goddard(1882~1945)는 눈 내리는 매사추세츠주 오번에서 휘발유와 액체 산소를 연료로 한 세계 최초의 로켓을 발사했습니다. 그는 그날의 실험을 일기에 간결하게 기록했습니다. "2시 30분에 로켓 발사 시도. 노즐의 아래쪽 절반이 타버린 뒤 2.5초 만에 41피트 상승, 184피트 비행. 자재들을 실험실로 가져옴."[11] 당시에는 그의 발명이 20세기에 혁명을 일으킬 거라고는 누구도 예상하지 못했습니다. 그러나 불과 20년 만에 로켓 기술은 전쟁에 투입되었고, 다시 또 20년 후에는 인류를 우주로 보내주었죠. 고더드의 첫 비행으로부터 겨우 43년 만에, 그가 개척한 기술은 인간을 달에 착륙시키는 데까지 이르렀습니다. 이처럼 눈부신 성과와 더불어, 로켓은 과학 장비를 싣고 성층권을 넘어 대기에 관한 우리의 지식을 획기적으로 확장시키는 계기가 되었습니다. 그러나 아이러니한 것은, 이러한 역할을 수행한 로켓이 처음에는 전쟁 무기였다는 것입니다.

고더드의 첫 액체 연료 로켓은 수직으로 41피트, 즉 12.5미터 높이까지만 상승할 수 있었습니다. 하지만 곧 그 기술의 유용성이 인정받기 시작했고 불과 10년이 채 지나지 않아 로켓은 수 킬로미터 고도에 도달하게 되었죠. 특히 이 발전에는 베르너 폰 브라운Wernher von Braun(1912~1977)이 1934년에 제출한 박사 학위 논문 「액체 추진 로켓 문제의 구조 및 이론적, 실험적 해법」이 큰 영향을 미쳤습니다. 폰 브라운은 어린 시절부터 로켓에 푹 빠져 있었습니다. 열두 살 무렵, 로켓 추진 자동차에 관한 이야기에 감명받아 폭죽을 장착한 장난감 마차를 번화가에서 터뜨리는 실험을 벌였고, 이로 인해 현지 경찰에 일시적으로 구금되었던 일도 있죠(다행히 다친 사람은 없었습니다).[12] 이후 그는 우주여행이라는 아이디어에 매료되어, 언젠가 달에 가겠다는 꿈을 이루기 위해 물리와 수학 공부에 몰두하게 됩니다.

그러나 역사의 흐름은 그를 독일군 무기 개발에 참여하도록 이끌었습니다. 폰 브라운이 박사 과정을 밟고 있던 시기는 나치당이 정권을 장악한 시기였으며, 그와 제3제국 간의 관계는 복잡하고, 오늘날까지도 논쟁의 대상이 되고 있습니다.[13] 그가 나치당의 이념에 대해 어떤 입장을 취했는지는 명확하지 않지만, 전쟁은 폰 브라운이 로켓 기술을 새로운 차원으로 발전시키는 계기가 되었습니다. 그는 발트해 연안의 페네뮌데에서 **보복 무기 2호** Vergeltungswaffe 2라는 이름의 혁신적인 로켓을 개발했습니다. V2로 더 널리 알려진 이 로켓은 역사상 최초의 대형 액체 추진 로켓이었습니다. 강제 노역의 결과물인 이 로켓은 1톤에 달하는 탄두를 탑재하여 먼 거리의 민간인 목표물을 예고 없이 타격하도록 제작된 공포의 무기였죠. 이 로켓은 심리적 무기로서의 역할 외에는 실질적인 효용이 크지 않았으며, 실제 공격으로 인한 사망자보다 제작 과정에서 숨진 사람이 더 많았습니다.[14] 그럼에도 불구하고 이 기술은 과학사에서 매우 중요한 의미를 지닙니다. 12.5미터에 불과했던 고더드의 첫 비행으로부터 불과 20년이 채 지나지 않은 1942년, V2의 첫 번째 시험 비행은 고도 84.5킬로미터에 도달하는 수준에 이르렀습니다.[15]

　전쟁 기간 동안 이루어진 이후의 로켓 비행들은 이 기록을 뛰어넘었지만, 그중 어느 것도 대기를 측정하는 데에는 사용되지 않았습니다. 대기 측정은 제2차 세계대전이 끝난 뒤, 페네뮌데에서 미국으로 급히 이전된 로켓 관련 장비들을 통해서야 비로소 이뤄졌습니다. 당시 미국과 소련은 나치 독일의 로켓 프로그램에서 얻어진 성과를 탐내며, 전쟁이 끝날 무렵 관련 장비와 기술 인력을 확보하기 위해 치열한 경쟁을 벌였습니다. 소련으로 가기를 원치 않았던 폰 브라운과 그의 핵심 팀원들은 미국에 자발적으로 항복하기로 결정했고, 그 결과 세계에서 가장 진보된 로켓 개발 프로그램이 미국으로 이전하게 되었죠. 전쟁 이후 남겨진 V2로켓들은 다양한 연구 프로젝트에 활용되었으며, 미국의 우주 탐사 프로그램의 초석이 되었을 뿐만 아니라, 대륙간탄도미사일ICBM 개발로도 이어졌습니다.

우리 이야기에서 특히 중요한 부분은, 이 로켓이 대기권 상층을 탐사하는 데 쓰였다는 점입니다. 1947년, 미국 뉴멕시코주 화이트샌즈에서 발사된 V2로켓은 고도 약 120킬로미터에 도달했습니다. 이는 하나도 아닌 무려 두 개의 대기층을 추가로 측정할 수 있을 만큼 충분한 높이였죠.[16] 앞서 살펴본 성층권은 온도가 처음에는 거의 일정하게 유지되다가 이후 고도에 따라 점차 상승하는 경향을 보였습니다. 그러나 V2의 고도 탐사를 통해 밝혀진 사실은, 고도 50킬로미터 이상에서는 온도가 다시 정체되며 몇 킬로미터 동안 거의 일정하게 유지되다가 이후에는 고도에 따라 오히려 감소한다는 점이었습니다. 대류권에서 나타나는 기온 감소와 유사한 현상이었죠. 이러한 현상은 지표면에서 약 80킬로미터 고도까지 이어지며, 그 이후에는 다시 고도에 따라 온도가 상승하는 경향이 나타납니다. 이로써 대기에는 두 개의 뚜렷한 층이 존재한다는 사실이 드러났습니다. 하나는 50킬로미터에서 80킬로미터 사이의 층, 그리고 또 하나는 80킬로미터 이상의 상층 대기입니다.

사용된 기기가 풍선이었는지, 강제 노역으로 제작된 로켓이었는지와 같은 기술적 차이 외에도, 이 발견들을 구분 짓는 가장 큰 차이는 바로 보고 방식에 있었습니다. 《**피지컬 리뷰**Physical Review》에 실린 한 연구 논문에는 로켓 비행 결과를 'NACA 예상 평균 온도'라고 표시된 곡선과 함께 그래프로 나타냈는데, 이 두 곡선은 놀라울 정도로 정밀하게 일치했습니다.[17] NACA는 NASA의 전신인 미국 국가항공자문위원회로, 1947년 초에 대기 온도가 고도에 따라 먼저 낮아졌다가 이후 다시 상승할 것이라는 예측을 담은 보고서를 발표한 바 있습니다. 그리고 그 예측은 실제 관측 결과와 정확히 일치했습니다. 이는 과학이 실제로 어떻게 작동하는지를 보여주는 아름다운 사례였습니다. 때로는 세상을 깜짝 놀라게 하는 관측이 먼저 이루어지고, 그 뒤에 이론이 등장해 이를 설명하기도 하며, 또 어떤 경우에는 뛰어난 이론가들이 먼저 예측을 내놓고, 이후 실험자들이 그 예측을 검증합니다. 이번 경우는 특히 충격적이었는데, 그 이유는 불과 25년 전까지만 해도 과학계가 이해하던 대기의 구조와는 완전히 다른 결과였기 때문입니다.

1923년 당시에는 성층권에 대한 측정이 이루어지지 않았기 때문에, 대류권 위의 대기에서는 기온이 일정하게 유지된다고 믿고 있었습니다. 그러나 유성이 상층 대기에서 어떻게 타오르는지를 연구하는 과정에서, 상층 대기의 밀도가 예상보다 훨씬 더 높다는 사실이 밝혀졌고, 따라서 그 지역은 더 따뜻해야 한다는 결론에 이르게 되었습니다(그 이유는 다음 장에서 다룹니다). 이로 인해 고도에 따라 기온이 실제로 상승할 수도 있다는 가설이 제시되었습니다.[18] 그 후 1934년에는 대기 중에서 엄청난 양의 오존이 처음으로 감지되었고, 성층권에는 고밀도 오존층이 존재하지만 그보다 더 높은 고도에서는 그렇지 않다는 사실도 밝혀졌습니다.[19] 오존은 자외선을 흡수하면서 주변 공기를 데우는 역할을 한다고 알려져 있었기 때문에, 이는 앞서 유성 관측 결과와도 연결되었죠. 하지만 오존 농도는 오존 밀집 층에서 고도가 높아질수록 점점 감소하기 때문에, 당시에는 성층권 위의 대기 역시 대류권과 마찬가지로 고도에 따라 다시 온도가 낮아질 거라고 여겨졌습니다. 그 무렵에는 대기 상층부가 전반적으로 고주파의 태양 복사를 흡수하고, 그 결과 **이온화**될 수 있다는 사실도 밝혀졌습니다.

상층 대기의 기체는 고에너지 자외선 및 엑스선을 흡수하는 과정에서 이온화되며, 그 결과 크게 가열됩니다. 성층권 위에서는 이러한 고에너지 복사의 흡수율이 증가하고, 이로 인해 고도가 높아질수록 온도가 다시 상승하는 두 번째 대기층이 형성될 것이라는 이론이 제기되었습니다.

1947년의 V2 비행은 이 예측이 정확했음을 입증했습니다. 관측 결과, 대기에는 기존에 알려진 층들 외에도 두 개의 층이 추가로 존재한다는 사실이 밝혀졌습니다. 이 층들은 기존 대기층 사이에 위치하며('중간'이란 뜻의 **meso-**), 높이에 따라 기온이 급

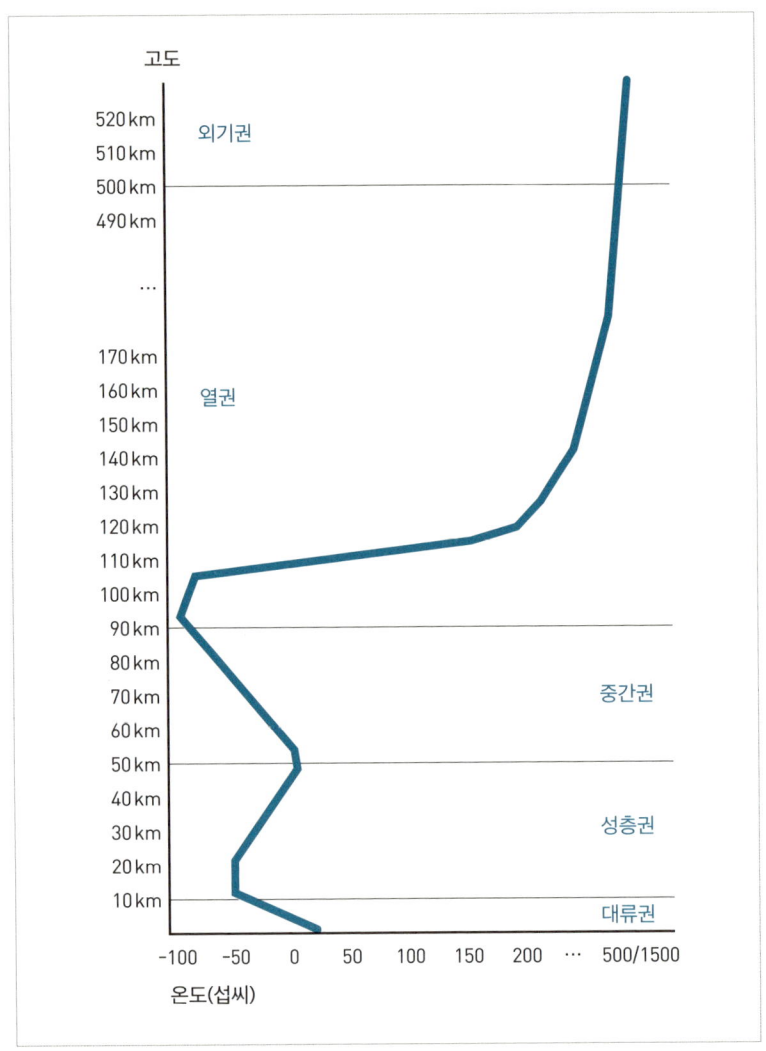

그림 4 수직 온도 기울기(기온 감률)에 따라 구분되는 대기의 수직 구조.

격히 상승한다는 특성('열'을 의미하는 **thermos**)을 살려 각각 **중간권** mesosphere과 **열권**thermosphere이라 불리게 되었습니다. 환상적인 오로라 북극광과 남극광으로도 유명한 열권은 지난 몇 년간 연구자들의 주목을 받았지만, 안타깝게도 중간권은 상대적으로 외면받아 왔습니다. 물론 처음 중간권이 발견되었을 때보다는 더 많은 정보를 얻었지만, 대부분의 연구 결과는 그곳에서 특별한 현상이 거의 일어나지 않는다는 내용이었죠. 그래서 과학자들 사이에서는 중간권을 '무지권ignorosphere'이라는 안타까운 별명으로 부르기도 합니다!

성층권 꼭대기에서 기압은 해수면의 0.1퍼센트에도 미치지 않습니다. 이 지점을 지나 중간권과 열권으로 올라가면, 기압이 매우 낮아져 압력이라는 개념 자체가 무의미해질 정도가 됩니다. 그렇다면 열권을 대기의 맨 꼭대기라고 분류해야 할까요? 아니면, 애초에 대기 꼭대기라는 표현 자체가 과연 의미가 있을까요? 대기는 마치 케이크처럼 여러 층으로 나뉘어 있지만, 그 위에 슈가 파우더가 깔끔하게 뿌려져 있는 것처럼 경계가 명확하지는 않습니다. 대기가 기체 분자로 이루어져 있다면, 모든 분자가 사라지는 높이를 대기의 끝으로 정의할 수 있지 않을까요? 그러나 진공 상태의 우주에서도 미량의 원자와 분자들이 존재합니다. 그렇다면 지구가 더 이상 이 기체 분자들에 작용하는 주된 중력원이 아닌 높이는 어떨까요? 그렇게 정의하면 대기의 꼭대기는 지표면으로부터 약 150만 킬로미터 상공에 위치하게 됩니다. 그러나 이는 지나치게 멀어서 현실적인 기준으로 삼기에는 적절하지 않습니다.

실제로 현재 대기의 꼭대기를 규정하는 몇 가지 기준이 있습니다. 먼저 가장 단순한 기준은 항공학 이론가 테오도어 폰 카르만Theodore von Kármán(1881~1963)의 이름을 딴 카르만 선입니다. 이 선은 지표면에서 100킬로미터 상공을 대기의 끝이자 우주의 경계로 정의합니다. 이 기준은 부분적으로는 항공기가 직선으로 비행할 수 있는 한계 고도(지구의 곡률을 따라 궤도를 도는 것이 아니라 직진 비행이 가능한 높이)를 바탕으로 하며, 또 부분적으로는 100이라는 깔끔한 숫자에서 비롯된 측면도 있습니다. 국제항공연맹에 따르면, 카르만 선 아래에서 일어나는 활동은 항공으로 분류되며, 그 위에서의 활동은 **우주비행**으로 간주됩니다. V2로켓은 이 선을 넘어선 최초의 물체였기에, 기술적으로는 최초의 우주선이라 할 수 있습니다.

우주비행에 있어서는 충분히 합리적인 정의라고 할 수 있지만, **물리적인** 관점에서는 그렇지 않습니다. 대기 과학자들은 대기의 꼭대기를 정의할 수 있는 기준이 적어도 세 가지는 더 있다고 주장합니다. 그중 하나는 카르만 선과 유사한 고도에 위치한 **터보권계면**입니다. 터보권계면은 그 아래에서는 대기를 구성하는 기체가 잘 혼합되어 있는 반면, 그 위에서는 기체 분자량에 따라 층을 이루며 분리되어 있는 지점을 의미합니다. 가장 무거운 분자들은 아래층에, 수소와 같이 가벼운 기체는 맨 꼭대기 층에 분포하게 되죠. 두 번째 기준은 열권의 꼭대기를 대기의 끝으로 보는 관점으로, 이는 약 600킬로미터 고도에 해당합니다. 이 높이에서도 수소나 이산화탄소 같은 분자들이 여전히 존재하고 지구의 중력에 끌리고 있습니다. 다만 그 수가 극히 적어, 더 이상 기체처럼 행동하지는 않습니다.

마지막으로 살펴볼 정의는 대기의 범위를 최대로 확장한 것으로, 지구 대기의 최외곽 경계이자 마지막 층인 **외기권**입니다. 이 영역에는 사실상 지구 중력에 간신히 붙잡혀 있는 소수의 분자들만이 존재하며, 상호작용도 거의 없는 극도로 희박한 공간입니다. 약 1만 킬로미터 고도에 이르면, 햇빛이 이 희박한 원자에 가하는 힘이 지구의 중력을 능가하기 시작합니다. 이 지점에서 지구는 분자들을 붙잡고 있던 마지막 미약한 지배력마저 상실하게 되죠. 다만 이 현상이 정확히 어디에서 일어나는지는 태양 활동의 강도나 관측 방향이 태양 쪽인지, 혹은 지구의 그림자 쪽인지에 따라 달라질 수 있습니다. 최근 연구에 따르면, 지구 대기의 마지막 흔적이라 할 수 있는 **지구 코로나**geocorona는 지표면으로부터 최대 60만 킬로미터 밖까지 뻗어 있을 수 있다고 합니다. 이는 곧 달이 종종 지구의 대기를 통과한다는 뜻이기도 합니다.

지구로부터 수천 킬로미터 위로 올라온 지금, 지구 대기의 마지막 흔적들이 거인의 머리카락처럼 흩날리고 있습니다. 아래를 내려다보면, 눈앞에는 초록빛과 푸른빛이 어우러진 작은 구슬 같은 행성이 보입니다. 그 표면은 사라질 듯 얇은 대기로 둘러싸여 있으며, 마치 우주 공간에 매달린 지구라는 구체 위에 희미한 광택제를 얇게 칠해놓은 듯한 모습입니다. 멀리서 바라보면, 대기는 안개처럼 흐릿하게 퍼져 있으며, 지구를 부드럽게 감싸고 있습니다. 기술적으로는 우리가 지금 서 있는 이곳이 지구 대기의 가장자리라 할 수 있을지도 모릅니다. 그러나 실제로 대기의 질량 중 약 99퍼센트는 지표면에서 불과 50킬로미터 이내에 집중되어 있습니다. 반지름이 6,400킬로미터에 달하는 거대한 지구와 비교하면, 대기는 정말로 작디작을 뿐이죠.

제3장

바람

날씨라는 것은 아주 오래된 개념입니다. 날씨를 뜻하는 영어 단어 '웨더weather'는 고대 영어 weder가 그 기원인데, 이는 약 2,500년 전 북서부 유럽에서 사용되었던 공용어로 추정되는 원시 게르만어에서 거의 그대로 전해졌다고 알려져 있습니다. 우리가 날씨에 집착하는 만큼, '날씨'라는 단어 역시 매우 오래된 어휘로, 그 기원은 신석기 시대까지 거슬러 올라갈 수 있습니다. 우리는 날씨라는 단어의 의미를 잘 알고 있습니다. 주변 대기의 상태를 나타내는 말이죠. 더운지, 추운지, 습한지, 건조한지, 맑은지, 흐린지를 표현합니다. 그러나 더 오래된 형태의 '날씨'에는 두 가지 의미가 존재했습니다. 하나는 우리가 익숙하게 알고 있는 그 의미이고, 다른 하나는 특히 **바람**을 지칭하는 의미였습니다. 실제로 'weather(날씨)'의 가장 오래된 어근은 현대 영어의 'wind(바람)'와 어근을 공유하는 'to blow(바람이 불다)'라는 동사에서 비롯된 것으로 알려져 있습니다. 이러한 점에서 볼 때, **날씨**의 뿌리는 곧 **바람**

이라고 할 수 있습니다.

저에게 바람은 날씨의 기본적인 요소입니다. 제가 그렇게 말할 수 있는 이유는, 제 연구가 북반구를 중심으로 대기가 어떻게 움직이는지에 초점을 맞추고 있기 때문입니다. 바람이 없다면 우리는 폭우, 폭염, 안개, 천둥, 폭풍 등 다양한 날씨 현상을 경험할 수 없을 것입니다. 바람은 그 자체로 하나의 날씨 현상이기도 하지만, 동시에 **모든** 날씨를 가능하게 합니다. 그 이유는 간단합니다. 혈액이 우리 몸속에서 산소와 영양분, 노폐물을 운반하듯, 바람은 대기 중의 물질을 지구 곳곳으로 실어 나르기 때문이죠. 이러한 관점에서 볼 때, 바람을 움직이는 원동력은 지구 구석구석으로 열과 수분을 전달하며 날씨를 만들어 내는, 대기라는 거인의 심장이라 할 수 있습니다.

그렇다면, 바람이란 과연 무엇일까요?

근본적으로 바람이란 공기의 움직임을 의미합니다. 우리가 바람을 느낀다는 것은, 대기라는 거대한 공기의 바닷속을 흐르는 기류를 몸소 체험하는 것이라 할 수 있습니다. 실제로 바다나 수영장에서 느껴지는 물의 흐름과 대기 중에서 감지되는 바람 사이에는 수학적인 관점에서 큰 차이가 없습니다. 산들바람은 그저 느긋하게 흐르는 공기이며, 폭풍은 한 지점에서 다른 지점으로 질주하는 엄청난 양의 공기 분자들이 만들어 내는 현상이죠. 지구에서의 풍속은 비교적 온화한 편입니다. 일반적으로 공기는 초당 몇 미터의 속도로 지구 전역을 이동합니다. 지표면에서 기록된 최고 풍속은 1996년 호주에서 발생한 사이클론 올리비아Olivia에서 측정된 바 있습니다. 당시 한 기상관측소의 기록에 따르면, 공기는 순간적으로 초당 113미터(250mi/h 또는 400km/h)의 속도로 이동했다고 합니다. 그러나 이러한 수치는 다른 행성과 비교하면 귀여운 수준입니다. 태양계에서 가장 빠른 바람이 부는 곳은 해왕성으로, 그 속도는 사이클론 올리비아에서 기록된 풍속보다 약 세 배나 빠릅니다. 하지만 이마저도 외계 행성 HD 189733b에서 관측된 초당 2,414미터(5,400mi/h 또는 8,700km/h)의 바람에 비하면, 지구의 바람은 콧바람 수준에 불과하죠.[1]

어떤 행성의 대기를 하나의 실체로 간주하고, 이를 우주에서 내려다본다고 상상해 봅시다. 우리는 그 대기가 **유체**처럼 행동한다고 말할 수 있습니다. 유체란 물과 같은 액체가 움직이는 방식, 질소나 산소 같은 기체가 흐르는 방식, 그리고 태양 중심부의 플라스마가 주변으로 출렁거리는 방식까지 아우르는 물리학의 일반적인 용어입니다. 유체는 고체처럼 분자와 원자로 이루어진 물질이지만, 이들 사이의 상호작용이 상대적으로 약하다는 특징을 지닙니다. 이를 새에 비유해 보면 이해가 더 쉬워집니다. 한 마리의 새는 분명 독립적으로 날지만, 여러 마리가 모이면 무리를 이룹니다. 이 무리의 행동 방식은 규모에 따라 달라집니다. 예를 들어, 까마귀 몇 마리가 모인 무리는 서로 가까이 붙어 다니면서도 여전히 개별적인 개체처럼 행동합니다. 반면, 수백만 마리의 찌르레기가 한데 모이면, **군무**murmuration라는 놀라운 현상이 펼쳐집니다.

이들은 마치 하나의 거대한 개체가 되어 건물 사이를 날아다니고, 급강하하는 매를 피해 홍해처럼 갈라지기도 합니다. 상승하는 기류를 타고, 곤충 무리를 쫓고, 포식자로부터 도망치고, 환경의 변화에 민감하게 반응하는 군무는 마치 살아 있는 구름을 보는 듯한 인상을 줍니다. 각각의 새는 자기만의 본능에 따라 움직이지만, 그 새 떼가 만들어 내는 군무는 단순한 개체들의 합을 넘어서는, 전혀 다른 차원의 행동을 보여줍니다.

마찬가지로, 지구에 부는 바람을 미시적 수준에서 바라보면, 개별적으로 움직이는 질소와 산소 분자를 관찰할 수 있습니다. 그러나 시야를 조금만 넓혀보면, 실제로는 하나의 응집된 흐름으로 움직이고 있다는 사실을 알 수 있습니다. 대기는 마치 거대한 찌르레기 떼의 군무처럼 행동합니다. 수없이 많은 분자들이 약하게 상호작용하며 단순하게 움직이는 것처럼 보이지만, 그 속에서는 아름답고도 복잡한 움직임이 펼쳐집니다. 이러한 움직임은 반구 전체를 도는 대기 순환처럼 거대한 규모일 수도 있고, 폭풍 주변의 바람 패턴처럼 중간 규모일 수도 있으며, 고층 건물 주변에서 발생하는 돌풍처럼 작은 규모일 수도 있습니다.

그렇다면 이런 행동의 원인은 무엇일까요? 찌르레기 떼는 매가 곤두박질치면 길을 열어주기도 하고, 저녁 식사가 될 곤충 떼를 따라가기도 합니다. 이는 무리를 이루는 새 하나하나의 의지에 따라 결정되는 움직임입니다. 하지만 이 비유와 달리, 분자는 실제로 살아 숨 쉬는 새가 아닙니다. 그렇다면 대기는 무엇에 반응하는 것일까요? 그리고 우리는 대기가 어떻게 흘러갈지를 예측할 수 있을까요?

이에 대한 대답은 분명히 '그렇다'입니다. 그러나 바람이 흐르는 원리를 이해하기까지, 학자들과 과학자들은 수백 년에 걸친 연구와 탐구를 거쳐야 했습니다. 이러한 이해를 바탕으로 우리는 비로소 현대적인 대기 개념을 정립할 수 있었고, 날씨를 예측하는 능력 또한 갖추게 되었죠. 앞으로 살펴볼 다음 장들에서는 현대 기상학이 이룩한 놀라운 성과들이 모두 이 흐름에 대한 깊은 이해에서 비롯되었음을 확인할 수 있을 것입니다.

앞서 언급했듯이, 기상학은 다양한 형태로 수천 년간 존재해 왔습니다. 초자연적 존재에 대한 해석을 기반으로 한 천문기상학에서 시작하여, 아리스토텔레스, 갈릴레오, 뉴턴과 같은 인물들의 사유를 바탕으로 자연철학으로 진화해 왔죠. 그러나 이러한 접근 방식에는 공통된 특징이 있었습니다. 그들은 날씨가 바로 **그 자리에서**in situ 발생한다고 믿었다는 것입니다. 다시 말해, 특정 지역의 날씨는 **그 지역**에서 발생하는 현상에 해당 이론 체계를 적용함으로써 설명할 수 있다고 여겼던 것입니다. 수천 년 전에는 특정 지역의 날씨가 하피나 제우스와 같은 신들의 행동에 의해서 결정된다고 생각했습니다. 초기 자연철학자들은 건조한 증기의 발산과 같은 개념을 통해 해당 지역에서 나타나는 기상 현상을 설명하려 했습니다. 그러나 대기에 대한 우리의 이해는 바람이라는 대기

제3장 바람

의 흐름이 한 장소에서 다른 장소로 날씨를 옮길 수 있다는 사실이 밝혀지면서 비약적인 발전을 이루게 되었습니다.

날씨가 넓은 지역에서 동시에 변할 수 있다는 최초의 단서는 『**폭풍**The Storm』이라는 책에서 찾아볼 수 있습니다. 이 책은 정치 선동가였던 대니얼 디포Daniel Defoe(1660~1731)가 저술한 것으로, 그는 훗날 『로빈슨 크루소』의 저자로 더 널리 알려지게 됩니다.[2] 디포는 감옥을 들락날락했으며, 때로는 스파이, 저널리스트, 벽돌공, 그리고 영어권 최초의 소설가로 활동하는 등 파란만장한 삶을 살았습니다. 1703년 11월 26일 밤, 감옥에서 막 출소한 그는 무시무시한 폭풍을 목격하게 됩니다. 이 폭풍은 훗날 다소 과장된 이름인 **1703년의 대폭풍**이라 불리게 되었는데, 기록에 따르면 그야말로 대참사였습니다. 배가 난파되어 약 8,000명이 목숨을 잃었고, 영국 해군의 약 5분의 1이 파괴되었으며, 지붕과 굴뚝이 무너져 잉글랜드에서만 수백 명이 사망했습니다. 바람이 얼마나 거셌던지 웨스트민스터 사원의 납 지붕이 날아갔고, 한 낡은 배는 무려 24킬로미터나 내륙 깊숙한 곳까지 날아가 버렸을 정도였습니다. 우리가 이 사건을 이렇게 자세히 알 수 있는 이유는 디포가 직접 나서서 기록을 수집했기 때문입니다. 그는 신문 광고를 통해 독자들에게 재난 당시의 경험을 보내달라고 요청했고, 그 내용을 책으로 엮었습니다. 그런데 이 보고들은 영국에서만 온 것이 아니었습니다. 풍차가 산산조각이 났다거나, 가축이 들판 밖으로 날아가 버렸다는 피해 상황이 서유럽 전역에서 전달되었죠. 디포는 이 보고들이 모두 동일한 폭풍과 관련되어 있으며, 폭풍이 서쪽에서 시작해 영국, 프랑스, 독일을 지나 발트해를 통과하며 파괴의 흔적을 남겼다고 추측했습니다. 이것은 **그 자리에서** 발생한 기상 현상이 아니었습니다! 바람이 동일한 대기 상태를 광범위한 지역으로 옮긴 것이었습니다.

    1743년 비교적 평화로웠던 어느 날, 미국의 지식인 벤저민 프랭클린Benjamin Franklin(1706~1790)은 필라델피아에서 월식을 관측하려고 했습니다. 그러나 구름이 끼는 바람에 관측에 실패하고 말았죠.[3] 반면, 보스턴에 있던 그의 친구들은 월식을 온전히 관측할 수 있었고, 월식이 끝난 지 약 1시간이 지난 뒤에야 구름이 끼기 시작했다고 보고했습니다. 프랭클린은 필라델피아에서 월식을 방해했던 구름과, 이후 보스턴에서 관측된 구름이 동일한 것이라는 사실을 정확히 인지했습니다. 이는 구름이 기류에 의해 필라델피아에서 보스턴까지 이동했다는 것을 의미합니다. 다시 말해, 날씨는 한 지역에서 다른 지역으로 운반될 수 있는 것입니다. 따라서 특정 지역의 날씨를 이해하기 위해서는 단순히 그 지역에서 발생한 원인만을 조사하는 것으로는 충분하지 않습니다. 다른 지역에서 형성된 날씨가 바람을 통해 이동해 올 수 있기 때문입니다. 결국, 날씨를 제대로 이해하기 위해서는 바람의 원리를 먼저 이해해야 한다는 결론에 도달하게 됩니다.

    19세기에 들어서면서, 바람에 대한 이해는 두 편의 전혀 다른 중요한 논문을 통해 본격적으로 진전되기 시작합니다. 그

중 첫 번째 논문은 미국의 독학 기상학자 윌리엄 레드필드William Redfield(1789~1857)가 작성한 것으로, 그는 정규 교육을 거의 받지 못했음에도 불구하고 과학적 재능이 뛰어난 인물로 평가받고 있습니다.[4] 1821년, 레드필드는 산책 중 폭풍으로 쓰러진 나무들이 일정한 기하학적 패턴을 이루고 있다는 사실을 발견했습니다. 좀 더 구체적으로 말하자면, 나무들이 나선 형태로 쓰러져 있었던 것입니다. 그는 이를 바탕으로, 폭풍 속 바람이 회전하는 패턴이 있다고 추론했습니다. 이후 레드필드는 카리브해에서 미국 동부 해안을 따라 북상한 여러 폭풍들을 분석했고, 이들 역시 유사한 회전 패턴을 보인다는 사실을 밝혀냈습니다. 그는 1831년 발표한 논문에서 이 패턴을 '점진적 회오리바람'이라 명명하며, 폭풍의 중심은 고요하고 바람은 반시계 방향으로 회전한다고 설명했습니다. 오늘날 우리는 이러한 패턴을 **사이클론**(고대 그리스어로 '원'을 뜻하는 **키클로스**에서 유래)이라 부릅니다. 사이클론은 대기라는 유체가 하나의 점을 중심으로 회전하는 현상입니다. 교회의 십자가 주위를 날아다니는 찌르레기 떼를 상상해 보세요. 십자가에 가까운 새들은 몸을 빠르게 틀어 방향을 급격히 바꾸어야 하지만, 멀리 떨어진 새들은 여유롭게 교회 주변을 맴돕니다. 그 중심에는 난리법석 속에서도 꼼짝하지 않고 운 좋게 십자가 위에 앉아 있는 새 몇 마리가 있을 수도 있고요. 이것이 바로 대기가 폭풍 주변에서 움직이는 방식입니다. 중심에 가까울수록 대기는 매우 빠른 속도로 회전하고, 바깥쪽으로 갈수록 점차 느리게 회전합니다.[7] 이 회전 방향은 북반구에서는 반시계 방향, 남반구에서는 시계 방향으로 나타나는데, 그 이유는 이후에 자세히 설명하겠습니다.

레드필드가 관찰한 폭풍은 모두 '점진적 회오리바람' 형태를 띠고 있었습니다. 왜 그랬을까요? 이 폭풍들은 분명 공통된 원인을 가지고 있었을 것입니다. 당시에는 폭풍의 중심부에서 기압이 급격히 떨어진다는 사실이 기압계 측정을 통해 널리 알려져 있었습니다. 19세기 중반까지 다니엘 베르누이Daniel Bernoulli, 조제프-루이 라그랑주Joseph-Louis Lagrange와 같은 수학자들의 연구를 통해 확립된 유체 흐름의 물리 법칙에 따르면, 유체는 압력이 낮은 곳으로 흐르려는 성질을 지닙니다. 마치 새들이 먹이를 찾아 황량한 지역에서 수풀이 우거진 곳으로 날아가듯, 유체 역시 기압이 낮은 지역을 향해 이동하려는 경향이 있는 것이죠. 이러한 원리를 바탕으로 단순하게 생각해 보면, 폭풍의 중심에 저기압 지역이 존재하므로 주변의 공기가 중심으로 곧장 몰려들 것이라고 예상할 수 있습니다. 그러나 레드필드의 관측 결과는 이러한 예측과 달랐습니다! 겉보기에는 모순되는 이 관측 결과로 인해, 레드필드의 '순환 이론'은 당시 많은 논란을 불러일으켰습니다. 시간이 지나 레드

---

7 물론, 이건 어느 정도까지만 해당하는 이야기입니다. 대부분의 폭풍 중심은 기압의 편차가 비교적 적습니다. 허리케인 같은 열대성 저기압도 그 중심에는 풍속이나 구름이 거의 없는 '눈'이 존재합니다. 이는 폭풍의 상층부에서 역회전하는 기류로 인해 일부 공기가 중심에서 강제로 하강하기 때문에 발생하죠. 이 과정은 아직도 연구 중입니다! 2006년 미국 기상학회가 몬터레이에서 개최한 27회 허리케인과 열대 기후 컨퍼런스에서 J. Vigh가 발표한 '허리케인 눈의 생성'을 참고하세요.

필드의 관측을 설명하는 또 다른 힘이 작용하고 있다는 사실이 밝혀졌고, 그 힘의 정체는 1년 뒤에 드러나게 됩니다.

　이 시점에서 우리가 주목해야 할 점은, 레드필드가 대기 과학에서의 중요한 개념적 간극을 메웠다는 사실입니다. 그는 관측을 통해 모든 폭풍이 대기 속에서 유사한 흐름 패턴을 보인다고 주장했습니다. 그렇다면 무엇이 폭풍을 폭풍답게 만드는 것일까요? 그것은 바로 바람의 세기와, 특히 바람이 흐르는 방향, 즉 반시계 방향의 소용돌이입니다. 그는 이 현상을 폭풍 중심의 저기압과 연결지으려 했지만, 이 연결이 정확히 어떻게 작동하는지는 끝내 명확히 밝혀내지 못했습니다.

　이 시점에서 윌리엄 페렐William Ferrel(1817~1891)이 등장합니다. 지금까지 언급된 여러 과학자와는 달리, 그는 부유한 집안 출신도, 명망 있는 가문 출신도 아니었습니다. 펜실베이니아 시골의 농부 가정에서 태어난 페렐은 친구들과 어울리는 것보다 농장에서 일하거나 책 속에 몰두하는 것을 더 좋아하는 수줍은 소년이었습니다.[5] 그는 자연에 대한 깊은 호기심을 지니고 있었고, 당시의 많은 아마추어 과학자들처럼 자연에 대해 더 많은 것을 배우고자 하는 열망으로 어린 시절의 역경을 극복하며 연구를 이어갔습니다. 그는 어린 시절 단 두 번의 겨울 동안만 정규 교육을 받았는데, 그마저도 다양한 연령대의 아이들이 한 교실에서 수업을 받는 작은 학교였습니다. 이 제한된 교육 환경은 오히려 페렐의 학구열을 자극했고, 그는 과학 서적을 구입하기 위해 메릴랜드 인근 마을까지 가는 힘든 여정을 마다하지 않았습니다. 수년간 독학하며 남을 가르칠 수 있을 정도의 수준에 도달했고, 마침내 대학 등록금을 마련할 수 있을 만큼의 수입도 얻게 되었습니다. 대학 졸업 후에도 그는 시골 지역으로 흘러들어 오는 과학 지식을 꾸준히 흡수하며, 뉴턴Newton(1643~1727)의 물리 법칙을 익히고, 자연 세계에 대한 자기만의 이론을 구축해 나갔습니다. 특히 피에르-시몽 라플라스 Pierre-Simon Laplace(1749~1827)가 제안한 조수 현상 이론을 공부하면서, 달과 태양이 지구의 자전을 가속한다는 라플라스의 결론에 (정확히) 반대되는 주장을 펼쳤습니다. 이 의견 차이는 1853년, 호기심 많던 서른여섯 살의 농장 소년이 발표한 첫 논문의 핵심이 되었습니다.[6] 그리고 불과 3년 뒤, 페렐은 완전히 새로운 학문 분야를 창시하게 됩니다.

페렐의 논문 「바람과 바다의 해류에 관한 소론」은 그의 친구가 운영하던 소규모 지역 정기 간행물에 게재되었습니다.[7] 이 논문에는 단 하나의 방정식도 등장하지 않지만, 오늘날 일부 학자들은 이를 **지구물리유체역학**GFD이라는 거창한 이름의 학문 분야의 최초의 논문으로 평가하기도 합니다. 이름만 들으면 마치 SF 소설 속에 등장할 법한 신기술처럼 느껴지지만, 그 핵심은 의외로 단순합니다. 앞서 대기를 찌르레기 떼의 군무에 비유한 바 있습니다. 이때 유체는 마치 움직이지 않는 테이블의 위를 흐르는 물과 유사합니다. 그러나 지구는 정지해 있지 않습니다! 지구는 자전축을 중심으로 회전하고 있으며, 이 회전은 유체가 표면에서 움직이는 방식에 중대한 영향을 미칩니다. 유체가 놓인 표면이 회전하게 되면, 상황은 훨씬 더 복잡해집니다. 마치 폭풍 속을 날아다니는 찌르레기 떼가 되어버리죠. 새들이 특정 방향으로 날아가려 해도 강한 바람에 의해 다른 방향으로 밀려나고, 바람의 흐름에 의해 무리 전체의 궤적이 뒤틀립니다. 폭풍 속에서는 특정 방향으로 날아가는 것이 불가능해집니다. 바람을 정면으로 뚫고 날아가려 하면 제자리에서 맴돌 뿐이고, 바람에 수직인 방향으로 날아가려 하면 대각선으로 밀려나게 됩니다. 표면의 회전 속도가 빠를수록, 새들이 맞서야 하는 폭풍은 더욱 거세지고, 찌르레기 무리 전체의 흐름은 그만큼 더 크게 영향을 받습니다. 이러한 현상은 회전하는 테이블 위의 물처럼 2차원적인 흐름에서 관찰되지만, 지구의 대기처럼 회전하는 구의 표면을 따라 흐르는 **3차원** 회전 흐름은 유사하면서도 훨씬 더 복잡합니다. 유체의 흐름에 영향을 주는 다양한 요인들을 수학적으로 기술하는 일은 매우 까다롭지만, 바로 그 복잡성 속에 지구물리유체역학의 가장 아름다운 본질이 담겨 있습니다. 페렐이 1856년에 발표한 이 논문은 지구물리유체역학의 조심스러운 첫걸음이었으며, 당시 알려져 있던 역학적 개념과 언어적 추론을 바탕으로 대기 중에 존재하는 새로운 특성을 탐구하려는 시도였습니다.

    1858년, 페렐은 「지구 자전이 지표면 근처 물체의 상대적 운동에 미치는 영향」이라는 논문을 발표하며 진정한 도약을 이룹니다.[8] 이 논문은 단 네 페이지 분량에 불과하지만, 수학적 우아함이 여백을 뚫고 나올 정도로 풍부하게 담겨 있으며, 오늘날까지도 기상학의 역사에서 중요한 이정표로 평가받고 있습니다. 지표면에서 공기가 어떻게 움직이는지를 예측하는 데 필요한 모든 요소를 결합한 최초의 시도였던 것이죠. 페렐은 수학자이자 동료 기상학자인 제임스 헨리 코핀James Henry Coffin(1806~1873)이 수집한 데이터를 활용하여, 뉴턴 제2법칙(물체에 작용하는 힘은 물체의 질량에 가속도를 곱한 값과 같다, 또는 $F=ma$)에 지구가 회전하는 구체라는 조건을 더해, 공기 덩어리가 받는 편향을 계산하는 회전 역학을 결합했습니다. 이로써 한때 농장에서 자란 소년이었던 페렐은 대기의 흐름을 수치로 표현해 내는 데 성공했고, 그 과정에서 레드필드의 '순환 이론', 즉 저기압 중심에서 공기가 회전하는 이유를 설명할 수 있게 되었습니다. 공기는 저기압을 채우기 위해 몰려들지만, 이 동하는 과정에서 지구의 자전에 의해 경로가 휘어지게 됩니다. 이 현상은 오늘날 **코리올리 편향**Coriolis deflection이라 불리며, 이에 대해서는 다음 장에서 더 자세히 살펴볼 예정입니다. 좀 더 일반적으로 말하자면, 페렐은 **모든 곳에서** 바람이 어떻게 형성되는지를 설명하는 방정식을 도출해 낸 것입니다. 특정 지역의 온도와 기압 분포를 몇 개만 측정하더라도, 이 방정식을 활용하면 그 지역에서 어떤 바람이 불지 예측할 수 있게 된 것이죠!

  제가 대학생이었을 때, 유체가 어떻게 흐르는지에 대한 강의를 들은 적이 있습니다. 어느 날 오후, 도서관에서 종이와 연필을 들고 연습문제를 풀던 중, 저는 이 주제에 완전히 매료되고 말았습니다. 특히 한 문제가 저를 깊이 사로잡았습니다. 두 개의 판 사이에 유체가 놓여 있고, 그중 한 판에 일정한 에너지를 가해 가열한다고 가정해 봅시다. 이때 판 사이에 놓인 유체는 어떻게 반응할까요? 먼저 열이 전달되며 판이 따뜻해지는 과정을 설명하는 간단한 방정식을 적용했습니다. 이어서 온도 변화에 따라 유체가 가속되는 방정식을 풀어보았는데, 그 결과는 충격적이었습니다. 단 몇 개의 수학식과 몇 가지 정보만으로도 두 판 사이에 갇힌 끈적한 유체의 움직임을 기술할 수 있었기 때문입니다. 그 속의 찌르레기들이 한쪽 판 근처에서 다른 쪽보다 더 자유롭게 움직인다는 사실까지도 말이죠. 물리학을 공부할 때는 대부분 현실과는 거리가 먼 이상적인 상황을 다루게 됩니다. 마찰이 없는 진자의 운동, 완벽하게 구형인 닭이 오븐에서 어떻게 구워지는지, 혹은 무한히 작은 두 전자가 서로를 어떻게 밀어내는지 같은 문제들에 대부분의 시간을 할애하곤 하죠. 하지만 이 문제는 달랐습니다! 실제로 존재하는 현상을 다루고 있었죠. 마찰이 전혀 없는 무한한 평면 위에 놓여 있는 무한히 작은 입자 같은 상황이 아니었습니다. 그 가상의 장면이 제 눈앞에서 생생하게 펼쳐지는 듯했습니다. 더 나아가 그것이 어떻게 일반화될 수 있는지도 이해할 수 있었습니다. 이 특별한 문제는 기름과 같은 액체에 관한 것이었습니다. 하지만 지구의 대기 역시 유체처럼 움직이며 지면, 즉 육지와 바다에 의해 가변적으로 가열됩니다. 제가 연필로 메모했던 그 방정식을 사용하면 대기가 어떻게 흐르고, 바람을 일으키며, 날씨를 만들어 내는지 계산할 수 있습니다. 만약 대기의 특성과 지면의 온도에 대한 정보가 있다면, 내일의 날씨까지도 예측할 수 있을 것 같다는 생각이 들었습니다! 물론, 회전하는 구체 위에서 발생하는 유체의 흐름이라는 복잡한 문제를 해결하여 이를 지구 대기에 실제로 적용하겠다는 것은 당시의 저에게는 그저 꿈같은 일이었습니다. 그러나 페렐은 그러한 개념적 도약을 이루었고, 세부 사항을 계산하여 실제로 적용 가능한 이론으로 정립한 인물이었습니다. 이후의 모든 기상학은 그에게 커다란 빚을 지고 있는 셈입니다.

이름마저 인상적인 네덜란드의 과학자 크리스토퍼러스 헨리쿠스 디데리쿠스 바위스 발롯Christophorus Henricus Diedericus Buys Ballot(1817~1890) 역시, 완전히 독립적인 연구를 통해 페렐과 유사한 결론에 도달했습니다. 이후 그는 페렐의 선행 연구에 대한 우선권을 인정하기도 했습니다. 바위스 발롯은 1857년, 네덜란드 연안에서 수집한 바람 데이터를 기압계로 측정한 수치와 비교함으로써 자신의 결과를 검증했습니다.[9] 이 실증적 접근은 페렐이 처음 유도한 바람의 방향과 기압 분포에 관한 이론이 실제 관측값과 일치한다는 사실을 뒷받침해 주었습니다. 비록 최초의 발견자는 아니었지만, 역사는 바위스 발롯의 이름을 기억하게 되었죠. 오늘날에도 사관학교에서는 '바위스 발롯의 법칙'을 교육하고 있습니다. 북반구에서 바람을 등지고 섰을 때, 왼쪽은 저기압이고 오른쪽은 고기압이라는 이 간단한 문장이 바로 그것입니다. 이 문장은 페렐과 바위스 발롯이 도출한 복잡한 물리 방정식을 압축하여 표현한 것입니다. 이처럼 간결한 문장을 접하고 나면, 과학이 바람의 원리를 설명하는 데 왜 그렇게 오랜 시간이 걸렸는지 의문이 들기도 합니다. 그러나 이러한 이해가 자리 잡기 위해서는 장비(기압계)뿐만 아니라 관측 데이터(레드필드), 그리고 이론적 틀(페렐과 바위스 발롯)이 순차적으로 등장하고 정교하게 맞물려야 했습니다.

    페렐은 안타깝게도 바위스 발롯의 법칙이라는 이름 뒤에 가려져 점차 잊혔습니다. 그러나 그는 농부의 아들로 태어나 당대 최고의 과학자들과 어깨를 나란히 할 정도로 성장한, 과학사에서 진정으로 놀라운 인물입니다. 그의 업적은 현대 기상학의 핵심을 이루는 토대를 마련했으며, 이후 이어질 여러 장에서 다루게 될 주제, 즉 바람이 어떻게 날씨를 유도하고 기후를 형성하는지를 이해하는 데 있어 중요한 기반이 되었습니다.

제4장

필드

⬤

　다소 이상하게 들릴지도 모르겠지만, 끝까지 들어봐 주시기 바랍니다.

　하나의 침실을 상상해 봅시다. 그 방 안에 고양이, 개, 새 들을 가능한 한 많이 채워 넣고 문을 잠급니다. 곧 대소동이 벌어질 것입니다. 새로운 친구를 만난 개들은 잔뜩 신이 나고, 고양이들은 덩치 큰 개들을 피해 안전한 장소를 찾기 위해 정신없이 방 안을 돌아다닙니다. 새들은 개들에게는 별 관심이 없진 않지만, 본능적으로 고양이를 피해 방 안을 날아다니며 앉을 만한 곳을 찾습니다. 처음 몇 분 동안 방 안은 털과 깃털이 휘날리며 아수라장이 됩니다. 그러나 시간이 지나면서 상황은 점차 안정됩니다. 한참을 짖고 쿵쿵거리던 개들은 방 한쪽에 모여 서열을 정리합니다. 고양이들은 방 구석구석에 흩어져 자리를 잡고, 대다수는 침대 밑에 숨어서 다른 동물들을 경계하죠. 몇몇 고양이는 전등 위에 앉은 새를 올려다보며 꼬리를 살랑거립니다. 새들 중 대담한 녀석들은 가장 큰 개의 등 위에 내려앉아, 인내심 많은 골든 리트리버의 털 속에서 먹이를 찾기도 합니다. 방 안은 일종의 균형 상태에 도달합니다. 그러나 만약 골든 리트리버가 새들의 공공 급식소가 되기를 거부하며 일어서기라도 한다면, 그 순간 균형은 깨지고 다른 동물에게 연쇄적인 파장이 발생합니다. 골든 리트리버 가까이에 있던 고양이들은 이 거대한 짐승의 다음 행동을 예측할 수 없어 겁에 질려 황급히 흩어지고, 그 공포는 다른 고양이들에게도 퍼집니다. 개 등 위에 있던 새들이 날아오르면, 몇몇 배고픈 고양이들이 새들을 쫓기 시작하고, 그러면 더 많은 새들이 놀라 날아오릅니다. 그중 일부가 개들의 관심을 끌면, 개들은 짖으며 달려들고, 그 소동에 고양이들은 더 멀리 흩어지게 됩니다. 결국, 동물들 사이의 완벽한 균형이란 결코 이루어질 수 없습니다. 작은 소동 하나가 개, 고양이, 새 들의 행동을 연쇄적으로 변화시키기 때문입니다. 이 세 부류의 동물들은 서로를 피해 영원히 춤추듯 빙빙 돌며 얽히게 될 것입니다.

　　물리학자는 이 혼란스러운 방을 **영역**, 즉 어떤 일이 벌어지는 무대나 물리적 공간이라고 정의합니다. 방 안에 있는 동물들, 즉 고양이, 개, 새 각각은 이 영역 안에 존재하는 하나의 **필드**로 표현할 수 있습니다. 예를 들어, 고양이 필드는 방 안에서 고양이가 어디에 위치하는지를 알려주는 역할을 하죠. 이러한 방식으로 접근하면, 바닥의 1제곱미터마다 고양이가 몇 마리 있는지를 나타내는 숫자가 하나씩 주어지게 됩니다. 이 숫자를 모두 합쳐 방 전체를 표현한 것이 바로 고양이 필드입니다. 좀 더 수학적으로 세련되게 표현하고 싶다면, 이러한 정보를 그리스 문자 γ 같은 기호로 요약할 수도 있습니다. 같은 방식으로, 동일한 영역 내에서 개 필드와 새 필드도 정의할 수 있습니다. 이들 필드는 δ와 β 같은 문자로 나타낼 수 있겠죠. 따라서 방의 각 1제곱미터마다 고양이 필드, 개 필드, 새 필드의 값이 모두 주어지게 됩니다. 다시 말해, 각 1제곱미터 안에 고양이, 개, 새가 각각 몇 마리나 있는지를 나타내는 숫자가 정해지는 셈입니다.

하지만 이러한 필드는 고정된 값이 아닙니다. 예를 들어, 침대 밑에 있는 고양이의 수는 시간이 지나면서 달라집니다. 처음에는 침대 프레임 아래에 숨어 있는 고양이가 한 마리도 없었지만, 점차 더 많은 고양이들이 그곳이 안전한 피난처라는 사실을 깨닫게 되면서, 처음에는 0이었던 침대 밑 고양이 필드 값은 점점 증가하게 됩니다. 물론, 개가 침대 밑에 코를 들이미는 일이 생기면 상황은 달라집니다. 고양이들은 놀라 흩어지게 되고, 침대 밑 고양이 필드 값은 다시 0으로 떨어지게 됩니다. 반면에 개 필드는 거의 변하지 않습니다. 침대 근처의 개 필드 값은 이전에도 개 한 마리였고, 이후에도 여전히 개 한 마리일 가능성이 높기 때문이죠.

혹시 제가 너무 서둘러 설명드렸을지도 모르니, 다시 한번 차근차근 정리해 보겠습니다. 우리가 이야기하고 있는 방은 하나의 영역이며, 이 안에는 여러 개의 필드를 겹쳐서 정의할 수 있습니다. 각 필드는 서로 다른 종류의 동물을 나타내며, 이 필드의 값은 방의 특정 위치에 해당 동물이 몇 마리나 존재하는지를 의미합니다. 시간이 흐르면서 동물들 사이에 상호작용이 일어나게 되면, 이 세 가지 필드에도 변화가 생기게 됩니다.

　수학적으로는 필드가 다른 필드와 **상호작용**한다고 표현할 수 있습니다. 더 나아가 고양이 필드, 개 필드, 새 필드의 값을 서로 연결하는 방정식을 정의할 수도 있습니다. 예를 들어, 개 필드와 새 필드에 대한 정보만 가지고 있다면, 고양이 필드에 대한 정보가 전혀 없다고 하더라도 그 방정식을 통해 다른 두 필드의 조합으로 고양이 필드 값이 어떻게 결정되는지를 유추할 수 있게 되는 것이죠. 조금 더 멋을 부려 표현한다면, 이러한 식으로 표현할 수도 있습니다.

$$\gamma = \delta \times \beta$$

　이 방정식은 특정 위치에 있는 고양이의 수(γ)가 그 위치의 개의 수(δ)에 새의 수(β)를 곱한 값과 같다는 것을 의미합니다. 이렇게 시간에 따라 변하는 모든 **동적 필드**들을 서로 연결하는 관계식 $\gamma = \delta \times \beta$는 방의 **상태 방정식**이라고 부릅니다. 상태 방정식이란, 하나의 시스템이 어떻게 작동하는지를 설명하기 위해 그 안의 모든 필드를 연결해 주는 수학적 표현입니다. 우리의 경우에는 고양이, 개, 그리고 새를 나타내는 필드들이 그 시스템을 구성하고 있습니다.

하지만 이 방정식은 단순한 예시일 뿐입니다! 실제 상태 방정식은 다른 두 필드를 곱해서 나머지 필드를 계산하는 것보다 훨씬 더 복잡할 가능성이 큽니다. 예를 들어, 고양이 필드는 새 필드의 변화율에 따라 달라질 수도 있고, 방 전체에서 개 필드가 변화하는 방식(개가 가장 적은 곳에서 가장 많은 고양이가 발견될 테니)에 따라 영향을 받을 수도 있습니다. 따라서 세 필드를 연결하는 실제 방정식을 찾아내기 위해서는 고양이, 개, 새의 행동 심리를 면밀히 분석하거나, 시간이 지나면서 방 안의 상황이 어떻게 변화하는지를 관찰하고, 그 행동에 맞는 적절한 방정식을 도출해야 합니다. 비록 이 과정이 복잡하고 혼란스럽게 느껴질 수는 있겠지만, 결국에는 고양이, 개, 그리고 새의 상태를 정확히 설명해 주는 방정식을 얻어낼 수 있을 것입니다.

이쯤 되면 도대체 이 모든 이야기가 대기와 무슨 관련이 있는지 궁금해지실 수도 있겠습니다.

자, 이제 그 연결고리를 설명드리겠습니다.

먼저, 우리가 상상했던 방을 지구로 바꿔보겠습니다. 이제 개 필드 대신 **온도 필드**를 생각해 봅시다. 이는 대기 곳곳에서 기온이 어떻게 분포되어 있는지를 나타내는 필드입니다. 그리고 고양이 필드 대신에는 **압력 필드**를 도입해 보죠. 이 필드는 대기 전체에서 기압이 어떻게 변하는지 알려주는 역할을 합니다. 따라서 대기의 각 위치에는 해당 지점의 온도와 압력을 나타내는 두 개의 숫자가 존재하게 됩니다. 대기 전반에 걸쳐 이러한 온도와 압력의 변화를 살펴보는 것은 곧 이 두 물리량의 필드를 정의하는 것과 같습니다. 우리는 이미 필드 간의 상호작용에 대해 이야기한 바 있습니다. 하나의 필드가 변화하면, 다른 필드에도 영향을 미친다는 것이죠. 대기 역시 마찬가지입니다! 실제로 대기의 상태를 설명하는 상태 방정식은 아주 간단하게 표현할 수 있습니다:

$$p = \rho \times R_s \times T$$

어느 한 위치의 기압(p)은 해당 위치의 온도(T)에 두 가지 요소를 곱한 값과 같습니다. 그중 하나는 물리 상수인 R_s이며,[8] 다른 하나는 해당 위치의 공기 밀도(ρ)입니다. 공기 밀도는 1세제곱미터 안에 들어 있는 공기의 질량을 나타내는 동적 필드로, 앞서 이야기했던 방에 비유하자면, 새 필드에 해당한다고 볼 수 있습니다.

이상기체법칙 ideal gas law이라고도 불리는 상태 방정식은 대기 과학에서 핵심적인 정보를 제공하는 이론적 도구입니다.[1] 대기 물리학의 대부분의 연구는 온도, 기압뿐만 아니라, 함수율, 에어로졸 밀도 등 다양한 필드들이 어떻게 상호작용하며 시간에 따라 어

---

[8] 이 값은 건조한 공기에 대한 특정 이상기체 상수로, 약 287J kg⁻¹ K⁻¹입니다. 이상기체법칙 $pV = nRT$에 익숙하다면 일반적인 기체 상수 R도 알고 계시겠지만, 여기서 말하는 특정 기체 상수는 **비**기체 상수(Specific Gas Constant)로, 기체 상수를 건조한 공기의 몰 질량으로 나눈 값입니다. 물론, 실제 대기의 공기가 항상 건조한 것은 아닙니다! 그래서 상태 방정식을 적용할 때는 온도 대신 수증기에 대한 정보를 포함한 **가상 온도**를 사용하여 이 문제를 간단하게 해결합니다.

떻게 변화하는지를 탐구합니다. 기압, 온도, 밀도 등 수많은 요소들이 서로 얽혀 있는 방식은 겉보기엔 혼란하여 무작위처럼 보일 수 있지만, 이 모든 상호작용은 상태 방정식이라는 단 하나의 식으로 압축할 수 있습니다. 상태 방정식은 대기를 이해하는 데 있어 없어서는 안 될 이론적 도구로, 마치 정보를 통역해 주는 만능 번역기와도 같습니다. 예를 들어, 기온과 기압은 알고 있지만 공기 밀도를 알고 싶은 경우, 이상 기체 방정식을 적용하면 바로 답을 얻을 수 있습니다. 이렇게 자세히 설명하는 이유는, 이 식이 물리학자들이 대기를 상호작용하는 필드들의 집합이라는 관점에서 이해하는 방식을 보여줄 뿐만 아니라, 실제 대기 연구에서도 매우 보편적으로 사용되기 때문입니다. 이 방정식이 얼마나 중요한지는, 굳이 말하지 않아도 모두가 인정하는 사실이죠.

결국 대기 온도의 변화를 추적하면 상태방정식을 통해 기압의 변화를 대체로 이해할 수 있습니다. 그리고 앞서 배운 것처럼, 대기가 흐르는 주된 원인은 바로 기압의 변화입니다. 즉, 바람은 기압에 의해 만들어지고, 기압은 다시 기온에 의해 결정됩니다. 윌리엄 페렐은 기압이 어떻게 바람을 만들어 내는지를 설명하는 방정식을 도출했습니다. 이는 날씨의 사슬에서 첫 번째 연결고리입니다. 그리고 지금 우리는, 기압이 온도에 의해 어떻게 영향을 받는지를 설명하는 두 번째 연결고리를 찾아낸 셈입니다.

이제 우리는 날씨라는 단어의 본래 의미에 담긴 근본적인 원인을 이해하는 데 가까이 다가왔습니다! 대기가 어떻게 작동하고, 특히 어떻게 움직이는지를 이해하게 되었죠. 그렇다면 다음 질문은 자연스럽게 떠오릅니다. 기온은 어떻게, 그리고 왜 변하는 걸까요?

그 답은 우리 머리 위에서 활활 타오르고 있습니다.

태양은 수소를 헬륨으로 끊임없이 바꾸는 용광로입니다. 이렇게 말하면 엄청나게 복잡하고 장엄하게 들릴 수 있지만, 사실 우리의 별은 단지 거대한 가스 덩어리에 불과하죠. 그 안에 모인 가스의 양이 워낙 많다 보니, 중심부에서는 압력과 온도가 극도로 높아져 핵융합이 일어납니다. 수소 원자들이 서로 압착되어 헬륨 원자를 만들고, 이 과정에서 마치 용광로가 불꽃을 내뿜듯 엄청난 양의 에너지가 방출됩니다. 수만 도까지 달아오른 태양은 막대한 양의 전자기 복사를 태양계 전역으로 퍼뜨립니다. 태양을 공전하는 행성을 포함한 모든 천체들은 이 방대한 에너지 중 아주 작은, 정말로 미미한 일부만을 받습니다. 별의 관점에서 보면, 행성이란 존재는 자동차 헤드라이트 속에 둥둥 떠다니는 먼지 티끌처럼, 알아차리기조차 어려운 존재일지도 모릅니다. 그런데도 지구가 받는 에너지의 양은 말 그대로 천문학적인 수준입니다. 지구는 태양이 바라보는 전체 공간 중 **500억분의 1퍼센트**만을 차지하지만, 그 작은 면적을 통해서도 매초 약 15만 조 줄의 태양 에너지를 흡수하고 있습니다.

태양은 엄청난 양의 전자기 복사를 우주로 내뿜기 때문에 특별하게 느껴질 수 있지만, 사실 물리학적으로 보면 우주의 모든 천체는 전자기 복사를 방출합니다. 모든 물체는 끊임없이 에너지를 전자기 복사의 형태로 내보내며, 이를 **흑체 복사**라고 부릅니다. 하지만 모든 물체가 태양처럼 눈에 띄게 빛나지 않는 이유는, 복사되는 에너지의 양이 온도에 따라 달라지기 때문입니다. 물체가 뜨거울수록 더 많은 에너지를 방출하며, 좀 더 구체적으로 설명하자면, 이 양은 온도의 네제곱, 즉 T^4에 비례합니다. 여기서 온도 T는 켈빈K 단위로 측정됩니다.² 켈빈은 절대 온도 단위로, 물체가 절대 영도에 비해 얼마나 뜨거운지를 나타냅니다. 섭씨 온도와 단위 간격은 같지만, 기준점이 다르기 때문에 절대 영도 0켈빈은 섭씨로 환산하면 영하 273.15도에 해당하죠. 이 네제곱 관계식은 물체의 온도가 아주 조금만 올라가도 방출되는 복사 에너지는 기하급수적으로 증가한다는 것을 의미합니다. 그래서 태양처럼 극도로 뜨거운 천체는 지구상의 평범한 물체와는 비교할 수 없을 만큼, 제곱미터당 엄청난 양의 에너지를 우주로 내뿜게 되는 것이죠.

  흑체 복사를 이해하는 데 가장 중요한 점은, 에너지 방출량이 단순히 온도뿐만 아니라 복사의 파장에도 영향을 받는다는 사실입니다. 아마 불 속에 금속을 넣어 달궈본 경험이 있다면, 그 색이 어떻게 변하는지 눈으로 직접 본 적이 있을 것입니다.⁹ 처음에는 칙칙한 체리빛 붉은색으로 빛나던 금속이, 점점 더 뜨거워지면

---

9 이 문장을 읽으니, 불장난을 좋아했던 제 보이스카우트 시절이 떠오르네요.

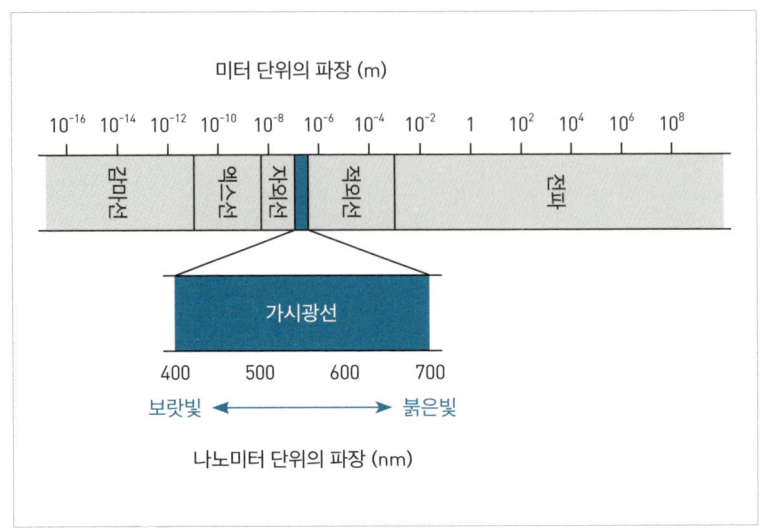

그림 5 전자기 스펙트럼.

주황색, 그리고 불이 정말로 뜨거워지면 새하얀 빛을 내뿜습니다. 이것이 바로 흑체 복사의 시각적 표현입니다! 이렇게 색깔이 바뀌는 이유는, 물체의 온도가 올라갈수록 짧은 파장의 복사 에너지가 더 많이 방출되고, 긴 파장의 복사는 상대적으로 줄어들기 때문입니다.[10] 예를 들어, 불 속에 넣은 깡통은 처음에는 긴 파장의 붉은빛을 방출합니다. 더 가열되면 짧은 파장의 노란빛이 추가로 방출되면서 붉은빛이 섞여 주황빛이 되고, 이후에는 초록빛과 파란빛

10   이는 짧은 파장의 빛이 긴 파장의 빛보다 더 많은 에너지를 갖기 때문입니다. 그래서 물체가 뜨거워질수록, 열을 더 효율적으로 방출하기 위해 짧은 파장의 빛을 더 많이 내보내게 되는 것이죠.

까지 방출할 정도로 뜨거워지면, 다양한 파장이 섞여 하얀빛처럼 보이게 되는 것이죠.

다시 이야기로 돌아가 보면, 지구처럼 상대적으로 차가운 물체(온도가 수백 켈빈 정도)는 많은 에너지를 방출하지 않으며, 대부분 긴 파장의 빛을 방출합니다. 좀 더 구체적으로 말하자면, 지구는 가시광선보다 파장이 긴 적외선 영역의 복사 에너지를 주로 내보냅니다. 반면, 태양은 매우 크고 뜨거운 천체로(표면 온도가 수천 켈빈에 이릅니다), 자외선과 같은 짧은 파장의 빛을 주로 방출합니다. 이처럼 태양광과 '지구반사광' 사이의 파장 차이는 대기를 이해하는 데 있어 매우 중요한 의미를 갖습니다.

지금까지의 이야기가 다소 추상적으로 느껴졌을지도 모르겠습니다. 아마도 이 장 전체가 그런 특징을 갖고 있죠. 하지만 저는 이 모든 추상적인 개념들이 충분히 가치 있었다고 생각합니다. 왜냐하면 이제 우리는 처음에 던졌던 질문, 즉 '기온은 어떻게, 그리고 왜 변하는가?'에 답할 수 있는 모든 개념적 도구를 갖추게 되었기 때문입니다.

태양의 용광로에서 막 방출된, 주로 짧은 파장의 태양 빛은 지구 대기를 통과하여 지표면에 도달하고, 그곳에서 흡수됩니다.[11] 이 에너지를 흡수한 지구는 따뜻해지며, 우주의 모든 물체와 마찬가지로 자체적으로 흑체 복사를 방출하죠. 하지만 앞서 설명

11 　다만 여기에 중요한 예외가 하나 있습니다. 앞서 성층권에 대해 설명할 때 언급했듯이, 오존이 짧은 파장의 빛을 흡수하는 과정입니다.

드린 것처럼, 지구는 비교적 차가운 천체이기 때문에 주로 긴 파장의 적외선 복사를 대기 방향으로 방출합니다. 그런데 대기는 짧은 파장의 태양 빛에 대해서는 거의 아무런 저항 없이 통과시키는 반면, 지구에서 방출되는 적외선, 즉 지구반사광에 대해서는 그다지 관대하지 않습니다. 실제로 대기는 긴 파장의 빛에 대해서는 마치 벽돌 벽처럼 작용하여, 지구가 흑체 복사로 내놓는 에너지의 상당 부분을 흡수합니다. 이렇게 에너지를 흡수한 대기는 가열되어, 다시 자체적으로 흑체 복사를 방출합니다. 그 방출된 에너지의 절반은 우주로 빠져나가고, 나머지 절반은 지구를 향해 되돌아오게 됩니다.

에너지가 바깥쪽과 안쪽으로 나뉘는 이 과정은 전 지구의 기후를 이해하는 데 있어 매우 중요한 요소입니다. 다만 이 주제는 이후에 더 깊이 다루기로 하고, 지금 가장 핵심적인 사실은 다음과 같습니다. 대기는 **그 위에 있는** 태양에 의해 직접적으로 데워지는 것이 아니라, **그 아래에 있는** 지구에 의해 가열된다는 점입니다. 요리에 비유하자면, 대기라는 유체는 마치 오븐 그릴 아래에 놓인 냄비의 물처럼 위에서 가열되는 것이 아니라, 가스레인지에 올려진 냄비의 물처럼 아래에서 가열되는 것입니다.

겉보기에는 사소해 보일 수 있지만, 이러한 차이는 실제로 매우 큰 결과를 초래합니다. 예를 들어, 오븐 그릴 아래에 놓인 냄비의 물은 끓는점에 도달하면 표면에서 증기만 발생합니다. 반면, 가스레인지에 올려진 냄비의 물은 거품이 부글부글 일며 격렬하게 끓기 시작하죠. 오븐 그릴 방식에서는 물이 위쪽부터 가열되기 때문에, 표면에 가까운 몇 밀리미터의 물이 가장 뜨겁고, 그 아래는 조금 더 차갑고, 그 아래는 그보다 더 낮은 온도를 갖습니다. 가장 뜨거운 표면층이 끓는점에 도달하면 수증기로 증발하고, 그 아래 몇 밀리미터의 물이 새롭게 공기와 접촉하게 됩니다. 이처럼 위에서부터 가열된 물은 층을 이루며 안정적으로 유지되는데, 이러한 상태를 우리는 '정적 안정성'이라고 부릅니다.

하지만 가스레인지 위에 놓인 냄비에서는 그 과정이 완전히 반대입니다. 이제 물은 아래에서부터 가열되며, 바닥에 접한 몇 밀리미터의 물이 가장 뜨겁고, 그 위로 갈수록 점차 온도가 낮아집니다. 가장 아래쪽의 뜨거운 물이 끓는점에 도달하면 수증기로 변하게 되는데, 이 수증기는 주변보다 밀도가 낮아 위로 솟구쳐 오릅니다. 표면에서 터지며 대기와 섞이고, 이 과정에서 거품이 형성됩니다. 형성된 거품은 마찰을 통해 주변의 물 분자들을 끌어당기며 순환을 유도합니다. 즉, 바닥에서 데워진 따뜻한 물은 상승류를 타고 표면까지 올라가고, 대기로 빠져나가지 못한 물은 다시 아래로 내려오면서 하나의 순환 흐름을 만들어 냅니다. 물이 팔팔 끓는 냄비를 본 적이 있다면[12], 끓는 물 속에서 거품이 줄지어 솟아오르며 냄비의 형태를 따라 순환 세포가 형성되는 모습을 떠올릴 수 있을 것입니다.

---

12   만약 이 과정을 직접 해볼 생각이라면, 충분한 시간을 확보해 두는 것이 좋습니다.

대기에서도 이와 유사한 현상을 관찰할 수 있습니다. 물론 거품은 생기지 않지만요! 이 현상의 원리는 상태 방정식을 통해 쉽게 이해할 수 있습니다. 지표면의 공기는 지구에서 복사되어 올라오는 열에 의해 가열되지만, 그 열이 고르게 퍼지는 것은 아닙니다. 예를 들어, 육지 위의 공기는 물 위의 공기보다 더 따뜻한 경향이 있으며, 이처럼 일부 지역은 다른 지역보다 온도가 높습니다. 주변보다 더 따뜻한 공기는 밀도가 낮습니다. 상태 방정식은 공기가 받는 압력이 밀도와 온도의 곱에 비례한다는 사실을 알려줍니다. 지표면에서의 공기 압력은 대부분의 지역에서 거의 일정한데, 이는 위에서 누르는 공기의 무게에 의해 결정되기 때문입니다. 따라서 공기의 온도가 **상승**하면, 상태 방정식의 균형을 유지하기 위해 공기의 밀도는 반드시 **감소**해야 합니다. 이렇게 형성된 저밀도의 따뜻한 공기 덩어리는 주변의 고밀도의 차가운 공기와의 차이로 인해, 마치 가스레인지에 올려진 냄비 바닥에서 솟아오르는 수증기 거품처럼 위로 상승하게 됩니다!

우리는 이러한 과정을 **대류** convection 라고 부릅니다. '함께 옮기다'라는 뜻의 라틴어에서 유래한 용어랍니다. 가스레인지 위 냄비에서 일어나는 순환처럼, 지구 곳곳에서도 대류에 의해 거대한 순환이 발생합니다. 그러나 대기는 고정된 원통형 냄비가 아니라 회전하는 구체의 지표면을 덮고 있는 유체이기 때문에, 그 순환 패턴은 훨씬 더 복잡하고 독특한 형태를 띱니다. 이러한 대류 패턴 가운데 가장 규모가 큰 것은 고위도 지역보다는 적도 지역을 중심으로 형성됩니다. 적도에서 끊임없이 데워진 공기는 상승하고 이후 북쪽과 남쪽으로 확산되며 지구 전역에 강력한 대류의 띠를 만들어 냅니다. 이처럼 지속적이고 강력한 대류의 되돌이 흐름은 매우 중요한 역할을 하며, 대기 과학의 발전뿐만 아니라 인류 사회 전체에도 깊은 영향을 미쳐왔습니다. 이에 대해서는 다음 장에서 더욱 집중적으로 살펴볼 예정입니다.

이제부터는 대담한 비행사 콕스웰과 글레이셔 이야기로 다시 돌아가 보려 합니다. 그들의 비행에 제가 왜 그토록 깊은 관심을 가졌는지, 그리고 성층권이 왜 대기 구조에서 특별한 의미를 갖는지, 마침내 그 이유를 설명할 시간이 된 것 같습니다.

글레이셔는 의식을 잃은 상태였습니다. 콕스웰은 기구의 밧줄에 매달려 릴리스 밸브의 끈을 풀기 위해 필사적으로 몸을 움직이고 있었죠. 의식을 잃은 글레이셔의 옆에는 등나무로 만든 바구니에 담긴 서리가 낀 과학 장비들이 이리저리 흔들리며 정신없이 움직이고 있었습니다. 기압계는 이들이 출발했을 당시의 3분의 1 수준까지 기압이 떨어졌음을 나타내고 있었고, 여전히 하강 중이었습니다. 습도계의 수치는 완전히 곤두박질쳤습니다. 하지만 이 모든 혼란과 긴박함 속에서도, 단 하나의 장비만큼은 아마도 변함이 없었을 것입니다. 여기서 '아마도'라고 표현한 이유는, 안타깝게도 글레이셔가 그 장비를 읽을 만큼 의식이 또렷하지 않았기 때문입니다. 수백 피트 위로 상승했음에도 불구하고, 온도계는 기구 내부의 온도가 변하지 않았음을 가리키고 있었죠. 앞서 우리는 이러한 온도 분포가 바로 성층권을 정의하는 특징이라는 이야기를 나눈 바 있습니다. 대류권에서는 고도가 높아질수록 기온이 점차 낮아지지만, 성층권에서는 처음에는 일정하게 유지되다가, 일정 고도가 넘어서면 오히려 따뜻해지기 시작합니다.

이번 장에서 살펴본 내용을 바탕으로 보면, 대류권에서 고도에 따라 기온이 감소하는 이유를 쉽게 이해할 수 있습니다. 대기는 마치 가스레인지에 올려진 냄비 속의 물처럼, 아래에서부터 가열되기 때문에 지면과 가장 가까운 공기가 가장 따뜻합니다. 이 공기는 지구가 방출하는 흑체 복사를 흡수하여 데워지고, 동시에 자체적으로도 흑체 복사를 방출합니다. 지면에서 처음 방출된 에너지는 이러한 방식으로 대기의 몇 밀리미터에서 다음 밀리미터로, 차례차례 전달되며 지표면에서 시작해 우주의 가장자리까지 이어집니다. 그러나 이 과정에는 한계가 존재합니다. 고도가 높아질수록 공기는 점점 더 희박해지고, 그에 따라 에너지가 전달되는 각 단계에서 손실이 발생합니다. 이 '손실된' 에너지는 결국 우주로 방출되며, 그 결과 대류권에서는 고도가 높아질수록 기온이 낮아지게 되는 것입니다. 이는 우리가 대기에 대해 직관적으로 예상했던 바와도 일치하죠. 물론 성층권에서는 전혀 다른 현상이 벌어집니다. 그 이유에 대해서는 앞서 간단히 언급한 바 있습니다. 바로 오존 때문입니다.

오존은 공식적으로는 O_3, 즉 산소 원자 세 개가 결합한 분자입니다. 이는 태양 빛이 지구 대기를 거의 방해받지 않고 통과한다는 일반적인 규칙의 예외에 해당하는 존재입니다. 오존은 특이한 생성과 소멸 과정을 거치는데, 이는 태양 복사에 의해 O_2 분자가 분해되고, 동시에 고도가 높아질수록 공기 밀도가 낮아지는 현상과 균형을 이루면서 성층권 내부의 특정 고도에 집중적으로 존재하게 됩니다. 자연적으로는 이 외의 지역에서 거의 발견되지 않죠. 이 분자는 자외선을 흡수하는 능력이 매우 뛰어납니다. 특히 특정 파장의 자외선(정확히 말하자면 UV-B)은 대기 상층에서 지표면으로 내려오면서 그 세기가 약 3억 5,000만분의 1로^3 감소합니다. 오존이 이러한 특정 파장의 빛을 흡수함으로써, 암을 유발할 수 있는 방사선의 강도를 크게 줄여 지구의 생명체에게 결정적인 보호막 역할을 해온 것입니다. 만약 오존층이 존재하지 않았다면, 지구상의 생명체는 훨씬 짧은 수명을 가졌거나 지금과는 매우 다른 형태로 진화했을 가능성이 큽니다. 이러한 이유로, 20세기에 인간이 만든 화학 물질인 염화불화탄소(CFCs)가 오존층을 파괴한 사건은 전 세계적으로 큰 우려를 불러일으켰습니다. 다행히도 국제적인 협약과 노력 덕분에, 이 글을 쓰는 시점에서는 오존층이 금세기 중반쯤이면 19세기 수준으로 회복될 것으로 전망되고 있습니다.[4]

    이는 지구의 생명체에게 반가운 소식일 뿐만 아니라, 성층권에도 긍정적인 영향을 미치는 소식입니다. 왜냐하면 오존이 성층권의 독특한 온도 분포를 형성하는 핵심적인 역할을 하기 때문입니다. 오존 분자는 자외선을 흡수하면서, 그 에너지를 열에너지로 전환하여 대기를 가열합니다. 성층권에는 오존이 풍부하게 존재하기 때문에 이 가열 효과는 매우 강력하며, 지표에서 위로 전달되며 점차 '새어 나가는' 에너지를 어느 정도 상쇄할 수 있습니다. 그 결과, 성층권은 자체적인 온도 분포를 형성하게 됩니다.

하지만 이것만으로는 성층권이 왜 그렇게 특별한지를 충분히 설명할 수 없습니다. 성층권에서는 고도가 높아질수록 기온이 상승하는데, 이는 우리가 대기가 작동한다고 믿어온 기본적인 원칙을 완전히 뒤흔드는 현상입니다. 왜 이런 일이 벌어지는지를 이해하려면, 먼저 **공기덩이**라는 개념부터 살펴볼 필요가 있습니다.

무한히 얇고 무게가 전혀 없으며, 내부와 외부 간의 열 전달을 완전히 차단하는 풍선을 상상해 보세요. 이 풍선은 작은 부피의 공기를 열적으로 고립시키지만, 그 내부의 공기는 자유롭게 움직이고 변형될 수 있습니다. 이제 이 풍선을 손에 쥐고, 대략 쓰레기통 정도 크기의 공기를 감싸서 밀봉한다고 가정해 봅시다. 축하합니다. 여러분은 공기덩이를 만들었습니다! 물론 현실에서는 이러한 풍선을 만드는 것이 불가능하지만, 과학의 많은 개념들이 그렇듯이, 이는 매우 유용한 사고 실험입니다. 공기덩이는 일정한 부피의 공기의 움직임과 변화를 추적할 수 있게 해줍니다.

이제 여러분의 손에는 공기덩이가 있습니다. 이 글을 장거리 비행기 안에서 읽고 있는 것이 아니라면,[13] 여러분은 대류권의 공기에 둘러싸여 있을 것입니다. 여러분 주변의 공기가 완전히 정지해 있고, 완전히 건조하다고 단순하게 가정해 봅시다. 이제 이 공기덩이를 머리 위로 약 1미터쯤 들어 올린 뒤, 그대로 놓아보세요.

공기덩이를 수직으로 위로 이동시키면, 그것은 고도에 따라 기압이 지수적으로 감소하는 환경 속으로 들어가게 됩니다. 동일한 무게의 공기가 위에서 공기덩이와 그 주변을 누르고 있기 때문에, 가상의 풍선 안팎의 기압은 항상 같아야 합니다. 그러나 이 풍선은 열적으로 고립되어 있으므로, 내부와 외부의 온도가 반드시 같을 필요는 없습니다. 대류권에서 고도가 높아질수록 공기 온도가 감소한다는 사실을 떠올려 보세요. 단순하게 생각하면, 지표면 근처에서 출발한 공기덩이는 새로운 고도의 주변 공기보다 더 따뜻할 것으로 예상할 수 있습니다. 하지만 실제로는 공기덩이가 상승하면서 **단열 냉각**adiabatic cooling이라는 과정을 겪으며 약간 차가워집니다. 이는 공기덩이가 열적으로 고립되어 있다는 가정과는 무관하게, 자연스럽게 발생하는 현상입니다. 고도가 높아질수록 주변 공기의 온도가 얼마나 빠르게 낮아지는지에 따라, 공기덩이는 주변보다 따뜻할 수도 있고, 같은 온도일 수도 있고, 더 차가울 수도 있습니다.

이제 대기의 상태 방정식을 다시 떠올려 봅시다.

$$p = \rho \times R_s \times T$$

13   혹시 지금 이 글을 지구 저궤도 혹은 그 너머에서 읽고 계신 분이 있다면 부디 알려주세요. 꼭이요!

제4장 필드

우리의 공기덩이가 새로 옮겨진 고도에서 주변과 동일한 기압과 온도를 가지고 있다면, 상태 방정식을 통해 공기덩이의 밀도 역시 주변과 같다는 결론을 내릴 수 있습니다. 이런 경우, 공기덩이는 더 이상 상승하거나 하강하게 만드는 힘을 받지 않으며, 그 자리에 그대로 머무르게 됩니다. 더글러스 애덤스Douglas Adams의 표현을 빌리자면, 우리의 풍선은 벽돌이 공중에 떠 있지 않는 것과 정확히 같은 방식으로 떠 있는 셈이죠. 하지만 공기덩이의 온도가 주변과 다르다면, 이야기는 훨씬 흥미로워집니다. 예를 들어, 공기덩이가 주변보다 따뜻하면서도 기압은 동일하다면, 상태 방정식에 따라 공기덩이의 밀도는 주변보다 **덜** 높습니다. 이는 마치 밀도가 높은 물속에서 밀도가 낮은 공기 방울이 위로 솟아오르는 것과 같은 원리입니다. 우리의 공기덩이는 위로, 더 위로 치솟게 됩니다. 바로 대류가 발생하는 것입니다! 대류는 일반적으로 고도에 따라 기온이 빠르게 감소하거나, 지표면이 매우 뜨거울 때 발생합니다. 반대로, 고도에 따라 기온이 천천히 감소한다면, 우리가 들어 올린 공기덩이는 주변보다 더 차가워지고, 상태 방정식에 따라 밀도는 더 높아집니다. 이 경우 공기덩이는 상승하지 않고, 천천히 우리 손으로 되돌아와 자기와 같은 온도의 환경으로 돌아가게 됩니다.

이 모든 내용을 종합하면, 대류권은 **조건부 안정성**conditional stability을 가진다고 볼 수 있습니다. 즉, 상황에 따라 공기덩이는 대류 현상으로 인해 불안정해져서 상승할 수도 있고, 반대로 원래 위치로 되돌아가며 안정될 수도 있습니다. 하지만 대류권의 공기는 실제로 자주 불안정한 상태에 놓이기 때문에, 대류 현상이 널리 발생합니다. 그 결과 대기의 움직임은 3차원적 구조를 띠게 됩니다.

　　이제 같은 실험을 성층권에서 반복해 봅시다. 15킬로미터 높이의 가상 사다리를 타고 올라가, 열적으로 고립된 풍선 안에 일정한 양의 공기를 채운 뒤 묶습니다. 머리 위로 풍선을 들어 올리고 손을 놓아보면, 공기덩이는 천천히 가라앉아 원래 있던 위치로 되돌아옵니다. 사다리를 챙겨 다른 장소에서 다시 같은 실험을 해보아도 공기덩이는 원래 위치로 돌아옵니다. 이 실험을 아무리 반복해도 결과는 동일합니다. 성층권에서는 고도가 높아질수록 기온이 **증가**하기 때문에, 공기덩이가 위로 이동하면 주변보다 더 차가워지고, 그 결과 밀도가 더 높아져 아래로 가라앉게 됩니다. 이러한 특성 때문에 우리는 성층권이 **정적으로 안정적이다**라고 표현합니다. 이 말은 곧, 성층권에서는 수직 방향의 운동이 거의 대부분 억제되며, 대류 현상이 사실상 발생하지 않는다는 것을 의미합니다.

　　따라서 콕스웰과 글레이셔가 비행의 정점에 이르렀을 때 의식이 있었다면, 그리고 그들을 향해 달려드는 죽음을 개의치 않았다면, 그들은 마치 완전히 새로운 세계에 발을 들인 듯한 기분을 느꼈을 것입니다. 지표면에서 불과 10킬로미터 위에서는 공기의 거동이 완전히 달라지기 때문입니다. 성층권에서는 역학적 움직임이 마치 평평한 면 위에서만 일어나는 것처럼 보입니다. 수직 운동이 억제되기 때문에, 바람의 흐름은 각 고도에서 2차원적인 흐름으로 제한됩니다.[14] 이러한 상승 운동의 억제는 성층권이 거의 완전히 건조한 영역이라는 사실을 의미하기도 합니다. 수분은 오직 대류권에서만 유입될 수 있으며, 수분을 머금은 공기가 대류 기류를 타고 상승하다가 정적으로 안정된 성층권에 부딪히면 더 이상 위로 오를 수 없게 됩니다(물론 매우 강한 에너지를 가진 경우에는 예외적으로 더 높이 올라가기도 합니다). 이 현상은 적란운에서 아주 뚜렷하게 관찰됩니다. 이 구름의 독특한 모루 형태는, 수분을 대량으로 머금은 상승 공기가 대류권계면에 부딪혀 더 이상 상승하지 못하고 옆으로 퍼지면서 형성됩니다. 그 결과 구름의 평평한 꼭대기는 성층권과 대류권의 경계를 시각적으로 아름답게 그려내는 자연의 선이 됩니다.

밀도가 높고 습한 3차원의 대류권에 비하면, 성층권은 마치 유령처럼 존재하는 영역입니다. 콕스웰과 글레이셔의 뜻밖의 성층권 모험이 가슴을 두근거리게 만드는 이유는, 그곳이 우리와 지리적으로는 매우 가까우면서도 물리적으로는 완전히 이질적인 세계이기 때문입니다. 만약 성층권이 수직이 아닌 수평 거리로 존재

---

[14] 성층권에도 전 지구적인 규모의 순환이 존재하는데, 이를 브루어-돕슨 순환이라고 부릅니다. 그러나 이 순환은 대류권에서 나타나는 거대하고 활기찬, 에너지 넘치는 대류 순환과는 성격이 매우 다릅니다. 보다 자세한 내용은 다음 자료를 참고하시기 바랍니다. N. Butchart, 'The Brewer-Dobson Circulation', *Reviews of Geophysics* (2014), pp. 157-84.

그림 6 적란운.
평평한 꼭대기는 성층권과 대류권의 경계인 대류권계면의 경계를 나타냅니다.
© Tom Grundy / Alamy Stock Photo.

했다면, 자동차를 타고 단 몇 분 만에 도달할 수 있었을 것입니다. 도착하자마자 찢어질 듯 건조하고 평평한 움직임만이 존재하는 세계와 마주하게 되었겠죠. 하지만 아주 오랜 시간 동안 인류는, 얇은 대기 위로 펼쳐진 사막 같은 비행기 길이 존재한다는 사실을 전혀 알지 못했습니다. 우리는 인류 역사 내내 이 낯선 세계에 둘러싸여 살아왔으면서도, 그 존재를 인식하지 못했던 것입니다. 두 열기구 비행사는 이전에는 상상조차 할 수 없었던 경이로운 장면을 우연히 목격했지만, 준비되지 않은 상태였기에 결국 구름을 뚫고 안전한 곳으로 슬그머니 물러날 수밖에 없었습니다.

성층권과 그곳의 독특한 순환에 대해서는 다음 기회에 더 깊이 살펴보기로 하고, 지금은 다시 대류권으로 내려가 보겠습니다. 이제 우리는 대기 과정에 대해 새롭게 얻은 지식을, 지구 전체에서 가장 중요한 바람일지도 모를 현상에 적용해 보려 합니다. 이 바람이 없었다면, 오늘날 우리가 누리는 대기 과학의 풍부한 지식은 결코 존재할 수 없었을 것입니다.

제5장
무역풍

알렉산더 대왕의 아버지인 마케도니아의 필립 2세Philip II of Macedon(기원전 382~336)는 전쟁을 준비할 때마다 여름을 선택했습니다. 이는 단순히 전투하기에 적합한 날씨를 고려한 것이 아니었습니다. 그가 주목한 것은 지중해 동부에서 여름철에 발생하는 특정한 기상 현상이었죠. 매년 5월에서 8월 사이, 에게해 북부에서 남부를 향해 강하고 건조한 바람이 지속적으로 불어옵니다. 필립은 강력한 경쟁 도시 국가인 아테네가 그의 적을 지원할 가능성이 있다는 사실을 알고 있었습니다. 아테네가 가장 효과적으로 병력을 파견할 수 있는 수단은 해상 수송이었기 때문에, 그는 작전 시기를 여름으로 정하여 아테네의 원군이 반드시 이 거센 역풍을 정면으로 맞으며 항해하도록 유도했습니다. 그 결과, 아테네의 지원군은 이동이 지연되었고, 실질적으로 전쟁에서 배제되고 말았습니다.[1]

아리스토텔레스도 언급한 이 바람은 고대 그리스어로 '해마다 반복되는 바람'을 뜻하는 단어에서 유래하여, 오늘날 에테시안 바람이라 불리게 되었습니다. 이 바람은 1년 중 특정 시기와 특정 장소에서 주기적으로 발생하는 바람으로, 유럽 각지에서도 유사한 현상이 관측됩니다. 지중해의 시로코, 프랑스의 미스트랄, 스페인의 예반타데스 등이 그러하죠. 인류는 오래전부터 이러한 대기의 반복적 행동을 인지하고 있었지만, 그 원리를 명확히 설명하지는 못했습니다. 앞서 살펴본 바와 같이, 초기에는 초자연적 해석이 주를 이루었으나, 오늘날 우리는 이러한 바람이 거대한 회전 유체인 대기에 물리 법칙이 적용된 결과임을 알고 있습니다. 실제로 허리케인, 한랭전선, 폭염, 오로라 등 다양한 대기 현상은 모두 이러한 물리적 원리에 의해 설명될 수 있습니다. 이런 현상의 근간을 이루는 물리학은 마치 대기라는 거인의 근육과 힘줄과도 같아서, 우리가 날씨라고 부르는 대기의 움직임에 생동감을 부여합니다.

    그렇다면 왜 이 거인은 때때로 규칙적인 보폭을 보이는 것일까요? 왜 에테시안 바람처럼 일부 현상은 매년 빠짐없이 반복되며 예측 가능하게 나타나는 반면, 대부분의 바람은 마치 무작위로 불어오는 듯한 인상을 주는 걸까요? 이 거인이 어떻게 깊고 규칙적인 발자국을 남길 수 있는지를 이해하려면, 먼저 그 근본적인 메커니즘을 파악해야 합니다. 과연 무엇이 거인의 근육을 움직이게 하는 것일까요?

    우리는 앞서 대기 흐름이 궁극적으로 기압 변화에 기인한다는 사실을 살펴보았습니다. 물론 수증기, 지형과 같은 다양한 요소들도 영향을 미치지만, 대기를 보다 거시적인 관점에서 바라볼 때 가장 핵심적인 요소는 단연 기압입니다. 그리고 이 기압은 다시 온도, 구체적으로는 지구 표면의 온도에 의해 결정되죠. 그렇다면 지구의 온도를 결정짓는 힘, 즉 지구의 모든 바람을 일으키는 궁극적 원인은 무엇일까요? 앞 장에서 살펴본 바와 같이, 그 답은 바로 태양입니다.

하지만 태양의 에너지는 지구에 고르게 분포되지 않습니다. 이를 이해하기 위해 정사각형 형태의 태양광 패널이 적도 지역의 지표면에 평평하게 놓여 있다고 가정해 봅시다. 태양이 머리 위에 떠 있을 때, 태양은 이 패널을 정면에서 바라보며, 복사 에너지를 균등하게 비춥니다. 그러나 동일한 패널을 들고 극지방으로 이동하여 눈 위에 똑같이 평평하게 놓는다면, 상황은 전혀 달라집니다. 적도에서 극지방으로 갈수록 지구 표면은 태양으로부터 멀어지고, 밤의 영역으로 휘어지게 됩니다. 간단히 말하자면, 지구는 구형이라는 것이죠. 물론 완전한 구는 아니지만, 그 이야기는 잠시 뒤로 미루겠습니다. 이 곡률로 인해 눈 위에 놓인 패널은 우리 눈에는 여전히 정사각형으로 보이지만, 1억 5,000만 킬로미터 떨어진 태양의 시선에서는 얇고 납작한 직사각형으로 인식됩니다. 동서 방향의 길이는 그대로지만, 남북 방향의 길이는 원근 효과로 인해 줄어들기 때문입니다. 따라서 태양광 패널은 정사각형처럼 보이는 대신, 극도로 납작한 직사각형으로 단축되어 보이게 됩니다. 이는 곧 태양의 시야에서 볼 때, 해당 패널이 차지하는 면적이 더 작아진다는 뜻입니다. 태양은 자신이 비추는 모든 공간에 동일한 양의 에너지를 고르게 방출하기 때문에, 두 패널이 크기가 같고 태양과의 거리도 거의 동일하더라도, 극지방에 위치한 패널은 적도에 위치한 패널보다 더 적은 에너지를 받게 됩니다.

이러한 기본적인 기하학적 원리로 인해 적도는 항상 극지방보다 따뜻합니다. 태양이 바라보는 공간에서 적도가 더 넓은 면적을 차지하기 때문이죠. 그러나 지구의 자전축이 기울어져 있기 때문에, 한 해가 지나가는 동안 지구의 각 지역은 태양에 더 많이 혹은 덜 노출됩니다. 예를 들어 북반구의 여름에는 북반구가 태양을 향해 기울어져 더 많은 면적을 차지하게 되고, 그 결과 더 많은 에너지를 받게 됩니다. 이로 인해 북반구는 따뜻해지고, 해마다 여름이 찾아오게 되는 것이죠. 그리고 이러한 계절적 변화는 대기 속에서 예측 가능한 패턴을 만들어 냅니다.

예를 들어 북반구에 여름이 도래하면 서아시아의 건조한 사막과 대초원은 태양 아래에서 급격히 달아오릅니다. 낮 기온은 흔히 섭씨 40도까지 치솟고, 긴 낮과 강한 햇빛, 부족한 수분은 이라크, 터키, 시리아, 그리고 이란에 극심한 더위를 가져오죠. 예상하셨겠지만, 이는 대류 현상을 유발합니다. 기압은 일정하게 유지되지만, 기온이 상승하면서 상태 방정식에 따라 공기 밀도가 감소합니다. 주변 공기보다 밀도가 낮아진 따뜻한 공기는 더 큰 부력을 가지게 되어 상승하고, 이로 인해 부분적인 진공이 형성되며 지표면 부근의 기압은 낮아집니다. 그 결과, 아시아 또는 이란 저기압이라 불리는 저기압대가 여름철 서아시아에 자리잡게 됩니다. 여기에 중부 유럽의 습한 기후로 인해 형성된 상대적으로 높은 기압이 결합하면서, 두 기압계 사이에 공기가 모여드는 기압골이 형성됩니다. 이로 인해 매년 동유럽의 덥고 건조한 내륙에서 지중해로 향하는 공기 흐름이 발생하는데, 이것이 바로 에테시안 바람입니다. 해마다 불어와 아테네의 함대를 항구에 묶어버린 바로 그 바람 말입니다.

그런데 여기서 한 가지 의문이 생깁니다. 왜 공기는 유럽 고기압 지역에서 아시아의 저기압 영역으로 직접 흐르지 않는 걸까요? 단순하게 생각하면 서쪽에서 동쪽으로 바람이 불 것 같지만, 실제로는 남쪽으로 향하는 기압골이 형성됩니다. 왜 그런 걸까요?

이 질문의 답을 찾기 위해 우리는 역사 속 수많은 위대한 과학자들과 함께 또 다른 끊임없는 대기의 바람을 마주하게 됩니다. 하지만 이번 바람은 단지 필립 2세와 그의 마케도니아 군대의 운명에만 영향을 미친 것이 아니었습니다. 이 바람은 세계사의 흐름 전체를 형성했습니다.

에드먼드 핼리Edmond Halley(1656~1742)는 역사 속에서 다소 불공정하게 기억되어 온 인물입니다. 그의 이름은 약 76년 주기로 밤하늘로 찾아오는 혜성과 연결되어 널리 알려져 있죠. 맨눈으로 관측 가능한 그 단주기 혜성 말입니다. 하지만 핼리가 혜성 궤

제5장 무역풍

도 계산 외에 어떤 업적을 남겼는지 묻는다면, 대부분의 사람들은 선뜻 답하기 어려울 것입니다. 런던 웨스트민스터 사원의 남쪽 회랑에 자리한 검은 석판과 금장으로 꾸며진 기념 명판에는 핼리의 다양한 업적이 기록되어 있습니다. 그 가운데는 제2대 왕실 천문대장, 영국 왕립학회 회원, 그리고 옥스퍼드대학교 기하학 교수직이 포함되어 있죠. 그는 또한 과학사에서 가장 영향력 있는 저작이라 평가받는 아이작 뉴턴의 **『자연철학의 수학적 원리**Philosophiæ Naturalis Principia Mathematica(프린키피아)**』**의 중요성을 누구보다 먼저 알아보고, 자비를 들여 출간을 후원함으로써 이 위대한 책이 세상에 나올 수 있도록 결정적인 역할을 했습니다.[15] 흥미롭게도 핼리는 동시대 많은 과학자들과는 달리, 유쾌한 면모를 지닌 인물로도 기억됩니다. 이전 왕실 천문대장은 핼리가 브랜디를 마시며 '바다 선장처럼 욕을 하다'고 비난한 바 있으며, 러시아의 황제 표트르 대제Peter the Great(1672~1725)와 함께 술에 취해 서로를 손수레에 태워 저택의 울타리 사이로 밀어 넣는 장난을 쳤다는 일화도 전해집니다.[2] 그러나 우리의 이야기와 가장 깊은 관련이 있는 것은 그의 비문에 새겨진 간결한 한 문장입니다. 바로 '해양학자, 기상학자, 지구 물리학자'라는 표현입니다.

---

[15] 주목해야 할 점은, 핼리가 **『프린키피아』** 출간 비용 전부를 부담했다는 사실입니다. 그가 서기로 활동했던 영국 왕립학회가 사실상 파산 상태였기 때문이죠. 구체적으로 말하면, 학회는 프랜시스 윌러비(Francis Willughby, 1635~1672)의 책 **『물고기의 역사**De Historia Piscium**』** 출간에 전 재정을 쏟아부었습니다. 예상한 대로, 이 책은 처참할 정도로 팔리지 않았고, 잘못된 투자에 낚인 왕립학회는 인류 역사상 가장 중요한 과학 작품을 놓칠 뻔했습니다.

계몽주의 시대의 위대한 인물들이 그러했듯, 핼리 역시 집안의 재산 덕분에 과학자의 길을 걸을 수 있었습니다. 그의 아버지는 토지를 소유한 상류층이자 소금 상인이었으며, 1666년 런던 대화재로 인해 재산 일부를 잃었음에도 불구하고, 개인 교사를 두어 에드먼드를 교육하고 옥스퍼드대학교에 진학시킬 만큼의 재력을 유지하고 있었습니다. 그러나 핼리는 옥스퍼드에 오래 머물지 않았습니다. 학부 시절부터 이미 학문적으로 두각을 나타내어, 권위 있는 학술지인 《왕립사회회보Philosophical Transactions of the Royal Society》에 논문을 게재할 정도의 성취를 이루었지만, 그는 1676년 학업을 중단하고 말았습니다. 저 역시 옥스퍼드에서 공부한 경험이 있어, 핼리가 가능한 한 빨리 수업과 공부로부터 벗어나고 싶었을 마음을 충분히 이해할 수 있습니다. 다만, 그 핑계로 배를 타고 외딴 화산섬으로 떠나겠다는 생각은 단 한 번도 해본 적이 없습니다. 그러나 핼리는 실제로 그렇게 했습니다. 그것도 왕의 허락을 받아서 말입니다. 그는 아버지의 인맥을 활용하여 찰스 2세Charles II(1630~1685)로부터 친서를 받아냈고, 이를 통해 남대서양 한가운데 자리한 영국령의 작은 섬, 세인트헬레나로 향하는 동인도회사 소속 배에 승선할 수 있었습니다.

그곳에서 그는 2년간 남반구의 밤하늘을 기록할 계획이었습니다. 적어도 계획상으로는 그랬습니다. 그러나 남대서양의 날씨는 자주 흐렸고, 그로 인해 야간 관측이 어려웠습니다. 하지만 곧 그는 관측 외에도 할 일이 많다는 사실을 깨달았고, 대신 대기와 해양의 상태를 세심하게 기록하기 시작했습니다. 1678년, 영국으로 귀환한 핼리는 찰스 2세에게 남반구의 별들을 기록한 별자리판(회전판 형태의 하늘 지도)을 헌정했습니다. 이에 대한 보답으로 그는 시험을 치르지 않고도 옥스퍼드대학교에서 학위를 받을 수 있는 일종의 왕실 특혜를 부여받았습니다. 결국 중요한 것은 무엇을 아느냐가 아니라 누구를 아느냐였던 셈이죠. 이후 핼리는 현미경학, 고고학, 생물학, 공학, 천문학, 수학 등 다양한 분야를 넘나들며 연구를 이어갔습니다. 그러나 몇 년이 흐른 뒤, 그는 다시금 기상 관측으로 돌아오게 됩니다.

'평소보다 날씨를 더 주의 깊게 살펴야만 하는 일'[3]에 종사했던 핼리는 1686년에 「무역풍과 계절풍에 관한 역사적 고찰 - 열대 지역 및 인근 해역에서 관찰되는 바람과 그 원인을 물리적으로 설명하려는 시도」라는 제목의 논문을 발표했습니다. 이 논문은 오늘날 우리가 **기후학**이라 부르는 학문 분야에서 최초의 학술 논문으로 평가받을 만한 업적이며, 당시 신사 학자들이 대기를 바라보는 관점을 한층 성숙하게 끌어올린 이정표라 할 수 있습니다. 핼리는 세계 각지의 관측자들이 남긴 기록을 면밀히 분석하여 지구 전역의 바람 패턴을 재구성했고, 나아가 이러한 바람의 흐름을 하나의 지도 위에 시각적으로 표현하려는 시도까지 감행했습니다.

이처럼 이해하기 까다로운 문제를 독자가 보다 명확히 떠올릴 수 있도록, 나는 여러 지역에서 관측된 다양한 바람의

그림 7 핼리의 전 세계 바람 패턴 지도.
1686년. © Darling Archive / Alamy Stock Photo.

경로와 흐름을 한눈에 보여주는 도식을 함께 제시하는 것이 반드시 필요하다고 판단하였다. 이러한 시각적 자료는 언어로 된 설명보다 훨씬 더 효과적으로 독자의 이해를 돕는다고 믿는다.

핼리는 특정 지점마다 바람의 방향과 속도를 부여함으로써, 대기가 단순히 무작위로 움직이는 것이 아니라 예측 가능성을 지닌 존재로 묘사했습니다.

나는 지도 위에 바람의 흐름을 표시하는 데 있어 이보다 더 나은 방법을 떠올릴 수 없었다. 그래서 배가 항상 바람을 받아 항해하는 방향과 같은 선을 따라 작은 선들을 그려 넣었다. 각각의 작은 선 끝은 바람이 끊임없이 불어오는 지평선

제5장 무역풍

쪽을 가리키도록 하였다.

오늘날 우리는 인공위성 관측 기술 덕분에, 핼리가 그려낸 바람 패턴이 대체로 정확하다는 사실을 확인할 수 있습니다. 이 자체만으로도 놀라운 성취이지만, 사실 이는 핼리의 시도 가운데 절반에 불과합니다. 핼리는 바람을 단순히 묘사하는 데 그치지 않고, 그 원인을 **설명**하려는 데까지 나아갔습니다. 당시까지도 아리스토텔레스의 영향력은 여전히 강력했으며, 바람이란 지구에서 내뿜는 건조하고 따뜻한 숨결이 축적된 결과라는 그의 주장은 17세기에도 널리 받아들여지고 있었습니다. 그러나 핼리는 자신의 논문에서 이와 같은 설명을 단호히 거부하며, 다음과 같이 기술했습니다. "바람이란 공기의 줄기 또는 흐름으로 정의하는 것이 옳다. 그리고 그러한 흐름이 지속적이거나 일정한 방향을 유지한다면, 그것은 반드시 끊임없이 작용하는 어떤 영구적인 원인으로부터 비롯되어야 한다." 핼리는 태양이 대기의 특정 영역을 가열하면, 그 부분의 공기가 팽창하여 밀도가 낮아지고, 이에 따라 공기가 상승한다고 보았습니다. 이로 인해 해당 지역의 기압이 낮아지며, 주변의 공기가 그 빈자리를 메우기 위해 몰려드는 현상이 발생한다는 것입니다. 핼리는 이를 통해 지구 대기 순환의 핵심 메커니즘 중 하나인 **무역풍**trade winds을 설명하였으며, 그의 도표에서도 이러한 흐름이 뚜렷하게 시각화되어 있습니다.

무역풍은 지구 열대 지역에서 지속적으로 나타나는 대기의 특성으로, 지표면 부근의 공기가 동쪽에서 서쪽으로 일정하게 흐르는 현상입니다. 핼리의 지도에서도 이러한 무역풍의 흐름은 뚜렷하게 나타나며, 아프리카 서해안에서 메소아메리카로, 태평양에서는 필리핀을 향해 불어가는 바람이 그 대표적인 예입니다. 이처럼 안정적인 바람의 존재는 항해에 있어 특정 지역으로의 접근을 용이하게 만들었으며, 반대로 다른 지역은 외부의 간섭으로부터 상대적으로 보호받을 수 있는 환경을 제공했습니다. 특히 대서양의 무역풍을 따라 유럽에서 북아메리카로 항해할 수 있었던 점은 중요한 사례로, 15세기 초 포르투갈 선원들이 이를 최초로 인지하였고, 이후 크리스토퍼 콜럼버스와 그보다 앞서 항해한 존 캐벗 John Cabot과 같은 탐험가들이 아메리카 대륙으로 향하는 데 결정적인 역할을 했습니다. 16세기와 17세기에 걸쳐 신대륙에서 유럽으로 유입된 자원은 세계의 권력 구조를 근본적으로 재편하는 계기가 되었으며,[4] 유럽은 그 중심축으로 부상하게 됩니다. 유럽으로 유입된 부는 과학 혁명의 촉매제가 되었고, 기압계와 온도계의 발명 등 근대 과학의 기초를 마련하는 데 기여했습니다. 무역풍을 통해 발견된 신대륙의 부는 핼리의 연구에도 자금줄이 되었으며, 대기 흐름을 이해하는 데 필요한 관측 제도와 데이터 수집 체계가 구축될 수 있었습니다. 만약 무역풍이라는 자연 현상이 존재하지 않았다면, 오늘날 우리가 알고 있는 수준의 대기 과학은 결코 이루어지지 못했을지도 모릅니다.

과학은 본질적으로 데이터를 기반으로 하는 탐구 과정입니다. 과학적 방법론에서는 먼저 가설을 설정하고, 이를 실제 데이터에 비추어 검증하는 절차를 따릅니다. 만일 데이터가 가설을 뒷받침한다면, 이후의 데이터가 이를 반박하기 전까지 해당 가설은 유효한 것으로 간주할 수 있습니다. 따라서 과학자는 가설을 세우는 데에도, 이를 시험하는 데에도 모두 데이터를 필요로 합니다. 이러한 점에서 대기 과학은 다소 독특한 위치를 차지합니다. 대기의 거시적인 거동을 이해하기 위해서는 지리적으로 멀리 떨어진 지역에서 수집된 데이터를 통합해야 하기 때문입니다. 다양한 현상을 설명하려면, 이처럼 분산된 데이터가 하나의 데이터 집합으로 모여야 하며, 이를 바탕으로 예측을 시도하려면 데이터의 전달과 통합이 거의 동시에 이루어져야 합니다. 인류는 지구 곳곳에 흩어져 살아왔지만, 앞서 살펴본 바와 같이 기온이나 기압과 같은 관련 변수를 측정할 수 있는 도구를 갖추게 된 것은 불과 몇 세기 전의 일입니다. 인쇄술이 발명되기 이전에는 자연철학자들이 간헐적으로 데이터를 공유했으며, 이후에도 국가 간의 갈등과 정치적 제약으로 인해 정보의 흐름은 제한을 받았습니다. 그런 점에서 대기 과학의 변혁이 일어난 시기와 전 지구적 정치 및 경제 구조의 재편, 즉 전례 없는 규모의 정보 흐름이 가능해진 시기가 거의 동시에 도래했다는 사실은 결코 우연이라 할 수 없습니다. 이는 곧 **원시적 세계화**의 탄생을 의미하는 것이었습니다.[5]

핼리는 영국 동인도 회사의 배를 타고 세인트헬레나섬으로 향했습니다. 그가 1686년에 발표한 획기적인 논문은, 당시 유럽인들에게 알려진 전 세계의 관측자들이 제공한 자료를 바탕으로 작성된 것이었습니다. 실제로 그는 이렇게 말했습니다. "완전하고 충실한 바람의 역사를 쓰기 위해서는 한 사람이나 몇 사람이 아니라, 수많은 관측자들의 경험을 모아야 한다." 그의 무역풍 이론은 유럽의 해외 영토 곳곳에 흩어져 있던 수많은 관측자들의 편지를 취합할 수 있었기에 가능했던 것입니다. 앞서 언급했듯이, 콜럼버스 교환과 기타 식민 활동을 통해 유럽으로 유입된 부는 과학자들과 과학 기관에 대한 재정적 지원으로 이어졌습니다. 우리는 이 시기를 우리는 원시적 세계화라 부르는데, 이는 오늘날 전 세계의 사람, 기업, 정부가 통합된 현대적 세계화의 서막이라 할 수 있습니다. 식민지 전초기지와 동인도 회사와 같은 원시적 세계화 기관들은 과학의 가장 근본적인 화폐인 데이터를 통해 대기 과학의 발전을 이끌었습니다. 이러한 데이터는 다국적 기업의 원양 선박에서 수집되어 본사로 전달되었고, 유럽의 식민지에서 모은 자료는 영국 왕립학회와 같은 기관의 관리들에 의해 정리되었습니다. 이러한 원시적 세계화의 활동은 단순히 과학자들에게 재정적인 후원을 제공한 것에 그치지 않고, 그들이 연구를 완성하는 데 필수적인 데이터를 제공했습니다. 대기 과학은 아마도 모든 과학 분야 중에서도 이 식민 통치 구조에 가장 큰 빚을 진 분야라고 할 수 있을 것입니다. 그 발전은 지리적으로 흩어진 정보를 극도로 집중해 모으는 데 전적으로 의존했기 때문이죠.

과학은 종종 스스로를 윤리와 정치에 무관하며, 무엇보다 객관적이라고 간주합니다. 실제로 많은 과학자들은 그러한 태도를 지니고 있습니다. 그들은 세상을 더 깊이 이해하고자 하는 호기심 많은 개인들이며, 자신에게 주어진 데이터를 바탕으로 성실하게 연구를 수행합니다. 그러나 근대 과학의 발전은 초기 근대 시기의 유럽 열강들의 활동 없이는 불가능했음을 부인할 수 없습니다. 과학은 대서양을 중심으로 한 삼각 노예무역, 식민지 침략과 억압, 그리고 사회진화론에 입각한 국제 정책 등으로부터 데이터와 자금의 빚을 지고 있는 셈입니다. 오늘날의 데이터 기반 과학은 이러한 무거운 빚을 고스란히 안고 있습니다. 물론, 과학자 개개인이 이러한 역사적 행위에 직접적인 책임을 져야 한다는 뜻은 아닙니다. 하지만 이러한 맥락을 인식하지 못한다면, 핼리가 1686년의 논문에서 왜 그토록 열정적인 호소를 남겼는지를 이해하기 어렵습니다.

앞서 언급한 세계 여러 지역에서 바람의 성질에 대해 잘 알고 계신 선장이나 기타 관계자 들께서 본인의 관측을 공유해 주신다면 대단히 감사하겠습니다. 그렇게 된다면 제가 이곳에 모은 자료는 확인되거나 수정될 수 있으며, 혹은 일부 중요한 사항이 추가되어 더욱 풍부한 내용으로 완성될 것입니다.

만약 역사가 다른 방향으로 흘러갔다면, 대기 과학은 보다 인간적이고 공정한 방식으로 발전했을지도 모릅니다. 그러나 실제 역사는 그러하지 않았습니다. 우리는 근대 초기 과학이 식민지적이고 때로는 잔혹한 방식을 통해 데이터를 획득했다는 사실을 직시해야 합니다.

핼리는 이 데이터에 힘입어 무역풍의 원리를 거의 정확하게 설명해 냈습니다. 그는 태양이 동쪽에서 서쪽으로 하늘을 가로지르는 동안, 햇빛에 데워진 따뜻한 공기가 태양의 뒤편에서 밀려와 대기를 동에서 서로 흐르게 만든다고 주장했습니다. 그의 설명은 놀라울 정도로 근접했지만, 완전한 정답은 아니었습니다. 탁월한 과학자였던 그는 스스로 이 한계를 인식했습니다. 무역풍의 해답은 분명 데이터 속에 숨어 있었고, 핼리는 그 해답의 끝자락을 더듬거리며 손끝으로 간신히 스친 셈이었죠. 그는 자신의 연구를 완성해 줄 후속 연구자들이 나타나기를, 그들이 데이터를 샅샅이 뒤져 진실을 밝혀주기를 간절히 바랐습니다. 그리고 50년 뒤, 이 행운의 추첨 상자에 손을 넣어 그 해답을 움켜쥔 사람은 뜻밖에도 과학자가 아닌, 다소 심심함을 느끼던 한 변호사였습니다.

조지 해들리George Hadley(1685~1768)는 옥스퍼드에서 법학을 공부한 뒤, 18세기 초 런던에서 변호사 자격을 취득했습니다. 하지만 그의 진정한 관심사는 이제 막 태동하던 기상학에 있었고, 7년간 전 세계에서 영국 왕립학회로 보낸 기상 보고서를 해석하는 중

대한 역할을 맡았습니다. 이 덕분에 핼리와 마찬가지로 광범위하게 퍼져 있는 관측 자료망에 접근할 수 있었고, 역시나 핼리와 마찬가지로 이러한 데이터를 바탕으로 무역풍에 관한 자신의 이론을 정립할 수 있었습니다. 1735년, 영국 왕립학회 회원으로 선출된 직후, 그는 「일반적인 무역풍의 원인에 관하여」라는 제목의 짧은 논문을 발표했습니다.[6] 이 논문에서 그는 핼리의 기존 이론을 두 가지 측면에서 개선했습니다. 첫째, 그는 태양의 경로 뒤편에서 따뜻한 공기가 밀려온다는 핼리의 가설을 완전히 폐기했습니다. 만약 그 가설이 옳았다면, 지구 전역은 끊임없이 동풍이 불어오는 현상을 겪었을 것이기 때문입니다. 해들리는 대신, 열대 지역에서 공기가 태양에 의해 가열되어 상승하면, 상대적으로 태양의 영향이 덜한 적도 북쪽과 남쪽에서 차가운 공기가 그 자리를 메우게 된다고 주장했습니다. 이로 인해 공기 덩어리들이 적도 부근에서 수렴하게 된다는 것이죠. 둘째, 이 수렴하는 공기 덩어리들이 지구의 자전에 의해 영향을 받는다는 점을 지적했습니다. 이는 특히나 영리한 통찰이었습니다.

한여름의 무더운 날, 공기는 유난히 무겁게 느껴집니다. 두터운 공기가 우리를 에워싸고, 바람 한 점 없이 정체된 듯한 답답함이 감돕니다. 지표면에 있는 우리의 관점에서는 대기가 마치 고요히 정지해 있는 것처럼 보입니다. 이는 지극히 우리의 관점일 뿐입니다. 지구 정지 궤도에서 지구를 내려다보는 우주 관찰자의 시선에서는, 대기가 시속 수백 킬로미터의 속도로 지구와 함께 회전하며 질주하는 모습이 포착될 것입니다. 이는 지구가 자전하기 때문입니다. 지구는 24시간마다 한 바퀴를 돌며, 이때 적도 부근의 지표는 시속 약 1,770킬로미터의 속도로 우주 공간을 가로지릅니다. 반면, 극지방으로 갈수록 이 속도는 점차 감소하여, 자전축과 맞닿은 극점에서는 속도가 0에 가까워집니다. 우주 관찰자는 지표면에 의해 끌려가는 적도 부근의 대기가 북쪽과 남쪽의 대기보다 더 빠르게 움직인다는 사실을 쉽게 알아차릴 수 있을 것입니다. 해들리는 이러한 차이를 바탕으로, 상승한 공기의 자리를 채우기 위해 적도 지역으로 몰려드는 공기는 적도 부근의 공기보다 느리게 움직인다고 보았습니다. 즉, 지구가 서쪽에서 동쪽으로 회전하기 때문에, 이 공기는 상대적으로 **동쪽**으로의 이동 속도가 더 느린 셈입니다. 따라서 지표면의 관찰자는 이 동쪽으로의 속도 감소를 **서풍**으로 인식하게 되는 것입니다.[7]

이해를 돕기 위해 비유를 들어보겠습니다. 여러분이 2차선 도로를 달리고 있다고 상상해 봅시다. 한 차선은 저속 차선이고, 다른 차선은 고속 차선입니다. 여러분이 저속 차선에서 주행하고 있을 때, 고속 차선의 차량들은 여러분보다 훨씬 빠른 속도로 같은 방향을 향해 달리고 있는 것이 보일 것입니다. 이제 속도를 유지한 채 저속 차선에서 고속 차선으로 차선을 변경한다고 가정해 봅시다. 그러면 여러분은 같은 차선의 다른 차량들보다 느린 속도로 주행하게 됩니다. 길가에 서 있는 관찰자의 시선에서는 고속 차선의 모든 차량들이 빠른 속도로 동일한 방향으로 달리고 있는 것처럼

제5장 무역풍

보이겠지만, 여러분 앞 차량의 운전자의 입장에서는 백 미러로 보았을 때 여러분의 차량이 점점 멀어지는 것처럼 보일 것입니다. 같은 방향으로 움직이고 있음에도 불구하고, 상대적으로 느린 속도로 움직이기 때문이죠. **앞차 운전자와 비교하면** 여러분은 마치 반대 방향으로 움직이는 것처럼 인식되는 것이죠. 이와 같은 현상은 공기 덩어리가 '차선을 바꾸듯' 적도를 향해 이동할 때에도 발생합니다. 공기 덩어리는 새로운 위도에서 적도 지역의 공기보다 동쪽으로의 속도가 느립니다. 이로 인해, 해당 위도의 관찰자에게는 그 공기덩이가 반대 방향, 즉 서쪽으로 이동하는 것처럼 보이게 됩니다.

    해들리의 주장은 당시로서는 실로 놀라운 성취였습니다! 그는 전 세계에서 수집된 기상 데이터를 정리한 경험에 탁월한 물리적 직관을 더하여, 오랫동안 풀리지 않았던 무역풍의 비밀을 풀어낸 것입니다. 그의 업적을 기리기 위해, 적도를 중심으로 남북 위도 약 30도까지 이어지며 무역풍을 형성하는 대기 순환을 해들리 순환이라 부릅니다.

    그럼에도 불구하고, 해들리가 이 수수께끼를 완전히 해결한 것은 아니었습니다. 여전히 고려해야 할 요소가 하나 남아 있었습니다.

    다시 한번, 지구의 극지방 상공으로 높이 올라가 지면을 수직으로 내려다보고 있다고 상상해 봅시다. 시간의 흐름을 빠르게 설정하면(주변 공기와의 마찰은 무시한다고 가정합니다. 이는 물리학자라면 거의 당연하게 받아들이는 전제입니다), 바로 아래에서 지구가 자전하는 모습을 볼 수 있습니다. 북극에서는 지구가 반시계 방향으로, 남극에서는 시계 방향으로 회전하는 것이 보이죠. 이제 적도로 이동하여 같은 실험을 반복해 봅시다. 열대 상공으로 올라가 시간을 빠르게 흐르게 하면, 이번에는 지면이 회전하는 모습이 잘 보이지 않습니다. 물론 지구는 여전히 **움직이고** 있지만, 그 움직임은 단지 서쪽에서 동쪽으로 향하는 직선 운동처럼 보일 뿐입니다. 풍경이 회전하거나 방향을 바꾸는 일은 없습니다. 다시 말해, 자전하는 지구에서 적도로부터 멀어질수록, 자전의 효과는 점점 더 뚜렷해집니다. 이 현상을 가장 잘 이해할 수 있는 방법은 바로 **각운동량**angular momentum이라는 개념을 통해서일 것입니다.

학교에서 물리학을 배울 때, 우리는 운동량이 물체의 질량과 속도의 곱이라고 배웁니다. 그러나 이는 운동량의 한 형태, 즉 **선운동량**linear momentum에 해당하는 개념일 뿐입니다. 과학적인 용어로 표현하자면, 선운동량은 물체의 '움직임성'을 나타낸다고 할 수 있습니다. 예를 들어, 동일한 속도로 움직이는 두 물체가 있을 때, 가벼운 물체는 더 작은 움직임성을 지니게 됩니다. 반대로 동일한 질량을 가진 물체라도 더 빠르게 움직일수록 그 움직임성은 커지죠. 좀 더 구체적으로 말하자면, 물체가 움직인다고 할 때 우리는 그 물체가 직선으로 움직이는 것을 얘기하는 것입니다. 그런데 물체의 궤적을 구부리는 순간, 우리는 약간 다른 성질을 지닌 새로운 형태의 운동량을 고려해야 합니다. 이것이 바로 **각운동량**입니다. 전문적으로 표현하자면, 각운동량은 운동의 '회전성'을 나타내는 물리량이라 할 수 있습니다. 어떤 물체가 특정 축을 중심으로 회전할 때, 회전 속도가 빠를수록, 즉 단위 시간당 회전수가 많을수록 그 회전성은 더욱 커집니다. 또한 물체가 회전축으로부터 멀리 떨어져 있을수록 회전성은 커집니다. 마지막으로 선운동량과 마찬가지로, 동일한 축을 중심으로 같은 속도로 회전하는 두 물체가 있을 경우, 더 무거운 물체가 더 큰 회전성을 지니게 됩니다.

운동량의 두 가지 형태는 물리학 전반에서 매우 널리 활용됩니다. 그 이유는 바로 그들이 공유하는 중요한 특성, 바로 보존성 때문입니다. 간단히 말해서 어떤 물체 혹은 물체들의 집합이 외부로부터 힘을 받지 않거나, 각운동량의 경우 외부 토크가 작용하지 않는다면, 총 운동량은 항상 일정하게 유지된다는 뜻입니다. 예를 들어 일정한 각운동량을 지닌 물체가 회전축과의 거리를 줄이게 되면, 각운동량을 보존하기 위해 회전 속도는 자연스럽게 증가하게 됩니다. 이를 직접 체험해 보고 싶다면, 회전하는 사무용 의자에 앉아 팔을 쭉 뻗은 채 무거운 책을 손에 들고 회전해 보세요. 그런 다음 책을 몸 가까이로 끌어당기면, 회전 속도가 눈에 띄게 빨라지는 것을 느낄 수 있을 것입니다. 각운동량을 보존하기 위해 더 빨리 돌게 되는 것이죠! 반대로 회전하는 물체가 회전축으로부터 더 멀어지면, 각운동량을 보존하기 위해 회전 속도는 느려지게 됩니다. 이러한 현상은 학교 물리 시간에 충돌 파트에서 배우는 운동량 보존 법칙의 회전 버전이라 할 수 있습니다. 물체의 궤도가 변화하거나, 마찰이 없는 평면 위에서 이상적인 물체들이 충돌할 때 발생하는 결과를 우리는 이 운동량 보존 법칙을 통해 예측할 수 있습니다.[16]

이제 해들리의 적도 수렴 이론을 다시금 살펴보도록 하겠습니다. 4장에서 다루었던 공기덩이를 기억 속에서 꺼내봅시다. 이는 추상적인 대기 실험에서 유용하게 쓰이는, 이론적으로 고립된 작은 공기 덩어리입니다. 이제 이 공기덩이를 현재의 맥락에 적용하여 어떤 일이 벌어지는지를 살펴보겠습니다. 해들리가 정확히 밝혀낸 바와 같이, 이 공기덩이는 지구의 회전축에 가까운 지역에서 출발하기 때문에, 지표면에 정지해 있는 것처럼 보일지라도, 적도 부근의 공기보다 상대적으로 느리게 움직이고 있습니다. 이러한 선속도의 차이는 동서 방향의 바람을 만들어 내는 원인이 됩니다. 그러나 해들리의 계산에는 한 가지 중요한 요소가 빠져 있었습니다. 바로 움직이는 공기덩이 역시 **각운동량**을 보존해야 한다는 점입니다. 공기덩이가 적도 방향으로 이동함에 따라, 그 회전

---

[16] 이러한 보존성은 수학에서 가장 아름다운 정리 가운데 하나에서 비롯된 결과입니다. 바로 에미 뇌터(Emmy Noether, 1882~1935)가 도출한 정리에서 유래한 것이죠. 간단히 말하자면, 선운동량이 보존되는 이유는 우리가 우주의 어느 위치에 있든 물리 법칙이 동일하게 적용되기 때문입니다. 반면, 각운동량이 보존되는 이유는 우리가 어느 방향을 바라보든 물리 법칙이 변하지 않기 때문입니다. 이는 물리학 이론을 구성하는 데 있어 매우 강력하고 유용한 도구로 작용합니다. 자세한 내용은 다음 자료를 참고해 보시기 바랍니다. D. Neuenschwander, *Emmy Noether's Wonderful Theorem*, Baltimore, MD: Johns Hopkins University Press, 2017.

반경은 점점 커지게 됩니다. 이는 적도가 극지방보다 회전축으로부터 더 멀리 떨어져 있기 때문이죠. 따라서 각운동량을 보존하기 위해, 공기덩이는 속도가 줄어야만 합니다. 이러한 감속 현상은 해들리가 예측한 것보다 실제 무역풍이 다소 약하게 나타나는 이유를 설명해 줍니다. 이 효과는 18세기 초에는 아직 알려지지 않았으며, 약 100년이 지난 후에야 가스파르-귀스타브 코리올리Gaspard-Gustave Coriolis(1792~1843)에 의해 수학적으로 정식화되었습니다.

  육군 장교의 아들로 태어난 코리올리는 어린 시절부터 수학적 재능을 드러냈으며, 결국 역학을 연구하는 교수로서 학문적 경력을 쌓아 올렸습니다. 그는 코시, 나비에, 갈루와, 라플라스, 푸리에 등과 함께 파리에서 활동하던 뛰어난 프랑스 수학자 중 한 사람이었습니다. 그는 현대 역학의 발전에 결정적인 기여를 했으며, 물리학에서 오늘날 널리 사용되는 '일'과 '운동 에너지'라는 용어를 도입한 인물로도 알려져 있습니다.[8] 그러나 무엇보다도 그는 '코리올리 힘' 또는 '코리올리 가속도'라는 개념을 제시한 인물로 가장 널리 기억되고 있습니다.

  앞에서 살펴본 바와 같이, 이 힘(또는 가속도. 뉴턴 덕분이죠)은 어떤 물체가 자신의 각운동량을 보존하려 할 때 발생하며, 그 결과 물체의 궤도는 회전축을 중심으로 변화하게 됩니다. 예를 들어, 적도에서 북쪽으로 이동하는 공기덩이는 오른쪽, 즉 동쪽으로 편향됩니다. 하지만 이 효과는 단지 지구 표면에서의 움직임에만 국한되지 않습니다. 물체가 회전 좌표계 내에서 움직일 때마다 나타나는 보편적인 현상이죠. 실제로 코리올리가 1835년에 발표한 「물체 시스템의 상대 운동 방정식에 관하여」란 논문에서는, 대기나 지구의 자전에 대해 직접적으로 언급하지 않았습니다. 대신 그는 물레방아를 예로 들며, 일반적인 회전계에서 에너지가 어떻게 이동하는지를 설명했습니다.[9]

북남 방향의 운동이 코리올리 가속도에 의해 편향된다는 사실은 널리 알려져 있으며, 대기의 움직임을 이해하는 데 절대적으로 중요한 요소입니다. 그러나 이와는 별개로, 동서 방향의 운동에 영향을 미치는, 훨씬 덜 알려진 또 다른 형태의 가속도가 존재합니다. 이 효과가 대기 역학에 미치는 영향은 상대적으로 미미하지만, 그 유명한 코리올리 편향과는 뚜렷한 대조를 이룹니다. 그리고 엄밀히 말하면, 이 현상은 체중을 빠르게 줄이는 간단한 방법이기도 합니다!

앞서 살펴본 것처럼, 적도에서 멀어지는 공기는 동쪽으로 편향되는 경향이 있습니다. 예를 들어, 북반구에서 북쪽으로 이동하려는 공기덩이는 결국 북동쪽으로 움직이게 되는데, 이는 공기덩이가 적도에서 멀어질수록 지구 자전축과의 거리가 줄어들기 때문입니다. 그 결과, 각운동량을 보존하기 위해 공기덩이는 회전속도를 높여야 합니다. 이번에는 남북 방향이 아닌, 동서 방향으로 움직이는 경우를 고려해 보겠습니다. 이 경우에는 물체의 위도가 변하지 않기 때문에 회전 반경 자체는 바뀌지 않습니다. 그러나 자전축을 중심으로 한 회전 속도는 달라지게 됩니다. 만약 어떤 물체가 처음에 지표면에 대해 정지해 있었다면, 실제로는 지표면과 함께 지구의 자전 속도로 회전하고 있던 것입니다. 적도에 위치한 경우, 그 회전 속도는 매우 크며, 극지방에 가까워질수록 점차 작아집니다. 이 상태에서 물체를 서쪽에서 동쪽으로 움직이게 하면, 물체는 기존의 자전 속도에 더해 지표면에 대한 상대 속도를 추가로 갖게 됩니다. 예를 들어, 우리가 적도에 있다고 가정해 봅시다. 처음에 물체가 지표면에 대해 정지해 있었다면, 실제로는 자전축에 대해 시속 약 1,770킬로미터의 속도로 회전하고 있는 셈입니다. 이 상태에서 물체를 지표면에 기준으로 시속 48킬로미터로 동쪽으로 움직이면, 자전축 기준으로는 시속 약 1,820킬로미터의 속도를 갖게 됩니다. 반대로, 지표면을 기준으로 시속 48킬로미터로 서쪽으로 움직이면, 자전축 기준 속도는 시속 약 1,720킬로미터로 줄어들게 됩니다.

물체의 자전축에 대한 속도가 변하게 되면, 그 물체에는 새로운 형태의 가속도가 작용하게 됩니다. 바로 원심 가속도입니다. 원심가속도는 자전축을 중심으로 회전하는 물체가 그 회전 반경을 변화시키려는 성질을 지니고 있습니다. 즉, 물체의 속도가 빨라지면 물체를 더 바깥쪽 궤도로 밀어내려는 힘이 작용하고, 반대로 속도가 느려지면 더 안쪽 궤도로 끌어들이려는 효과가 나타나죠. 이 가속도는 지구 중심에서 바깥쪽을 향해 작용하는데, 이는 중력 가속도가 지구 중심을 향해 작용하는 것과 정확히 반대 방향입니다. 따라서 물체가 동서 방향으로 움직일 때, 그 속도에 따라 물체의 무게가 달라진다고 말할 수 있습니다.[17] 만약 물체가 동쪽으로 움직이기 시작하면, 원심 가속도가 중력의 일부를 상쇄하게 됩니다. 그 결과, 물체를 끌어 내리는 전체 가속도가 줄어들어 중력이 감소한 것처럼 느껴지게 되죠. 다시 말해, 동쪽으로 움직일 때에는 기술적으로 약간 더 가볍게 느껴지는 현상이 발생합니다. 물론 그 차이는 매우 미미합니다. 예를 들어, 시속 96킬로미터로 영국의 M4 고속도로를 따라 브리스톨에서 런던으로 동쪽을 향해 주행하고 있다면, 정지해 있을 때보다 몸무게가 0.03퍼센트 정도 덜 나가는 셈입니다.

이 현상은 헝가리 물리학자 롤란드 폰 외트뵈시 남작Baron Roland von Eötvös(1848~1919)의 이름을 따서 외트뵈시 효과라고 불립니다. 이 효과를 극한까지 적용하면, 중력 가속도와 원심 가속도가 서로 같아지는 지점이 존재하게 되며, 이는 곧 무중력 상태가 되는 속도를 의미합니다. 계산 결과에 따르면, 이러한 속도는 시속 약 2만 8,000킬로미터로 나타나며, 이는 국제 우주 정거장과 같은 저궤도 위성이 지구를 공전할 때의 속도와 일치합니다! 다시 말해, 물체가 충분히 빠른 속도로 동쪽 방향으로 움직이면, 외트뵈시 효과에 의해 중력의 영향을 완전히 상쇄할 수 있으며, 그 결과 지구 궤도에 진입하게 되는 것입니다.

17   물체의 무게는 결국 그 물체의 질량에 그것이 경험하는 중력 가속도를 곱한 값으로 정의됩니다.

공정한 세상이라면 외트뵈시의 이름은 코리올리만큼 널리 알려졌을 것입니다. 그러나 안타깝게도 그의 이름(그리고 그가 유도한 놀랍도록 우아한 가속도의 수학적 과정 역시)은[18] 일부 지구과학자들 사이에서만 회자될 뿐입니다. 그러니 독자 여러분, 부디 외트뵈시의 이름을 널리 알려주시길 바랍니다! 그리고 혹시 누군가 체중 감량을 고민하고 있다면 이렇게 말해주세요. 동쪽으로 달려. 아주 아주 빠르게!

---

[18] 이 주제에 대해 영상으로도 설명한 바 있습니다. 유튜브에서 'why you weigh more when travelling east'를 검색해 시청해 보시기 바랍니다.

제6장

거리

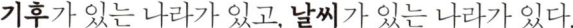

기후가 있는 나라가 있고, **날씨**가 있는 나라가 있다.

이 문장은 제가 이 책을 집필하면서 알게 된 표현인데, 간결하면서도 놀라울 정도로 정확한 통찰을 담고 있습니다. 영국 제도와 캘리포니아로 예를 들어 비교해 보겠습니다. 영국과 아일랜드의 날씨는 하루하루, 때로는 몇 시간 단위로도 자주 변합니다. 외출을 하려면 비와 기온 변화에 대비해 여러 벌의 옷을 챙겨야 할 정도입니다. 특정한 기상 조건이 며칠 이상 지속되는 경우는 드물죠. 따라서 영국과 아일랜드에는 확실히 날씨가 있다고 말할 수 있습니다. 반면, 로스앤젤레스나 샌디에이고와 같은 캘리포니아의 도시들은 날씨가 하루하루 거의 비슷한 편입니다. 구름이 끼거나, 기온이 다소 오르내릴 수 있고, 안개가 낄 수도 있습니다. 하지만 영국과 아일랜드의 날씨와 비교해 보면, 캘리포니아는 기후를 가진 지역이라고 할 수 있습니다.

물론 모든 나라에는 날씨와 기후 **모두** 존재합니다. 기후란 단순히 날씨의 장기적인 평균일 뿐이며, 날씨는 기온, 습도, 구름양 등과 같은 대기 조건의 일상적인 변화를 의미합니다. 예를 들어, 에든버러는 대서양과 가까운 지리적 특성으로 인해 온대 해양성 기후를 띠고 있으며, 로스앤젤레스는 주로 따뜻하고 계절에 따라 강수량이 달라지는 지중해성 기후를 보입니다.[1] 하지만 실제로 에든버러와 로스앤젤레스에서 살아보면, 전자에서는 단기적인 날씨 변화가, 후자에서는 장기적인 기후 패턴이 더욱 뚜렷하게 체감됩니다.

오늘날 우리가 알고 있는 대기 과학의 대부분이 기후가 아닌 날씨를 중심으로 한 지역에서 시작되었다는 사실은 결코 우연이 아니라고 생각합니다. 이미 소개한 이탈리아의 토리첼리, 매사추세츠의 페렐, 그리고 아직 소개하지 않은 잉글랜드의 피츠로이와 노르웨이의 비에르크네스까지. 이들의 이야기를 살펴보면 공통된 실마리를 발견할 수 있습니다. 그것은 바로, 예측할 수 없는 날씨의 불확실성입니다. 만약 창밖의 풍경이 오늘도 같고 내일도 같다면, 우리는 그 세계가 어떻게 작동하는지에 대해 궁금해할 이유가 별로 없을 것입니다. 하지만 몇 시간마다 변덕을 부리는 세계라면, 그것은 곧 풀어야 할 수수께끼가 되겠죠!

서유럽은 기상학적 관점에서 볼 때 세계에서 가장 흥미로운 지역 중 하나입니다. 특히 영국 제도의 날씨는 예측하기 어려울 정도로 복잡하고 변화무쌍합니다. 우리는 이미 아메리카 대륙의 식민지화로 축적된 부가 세계 무역 체계와 맞물려 어떻게 유럽에서 대기 과학의 기초를 마련했는지 살펴보았습니다. 하지만 저는 유럽의 날씨가 보여주는 극심한 변동성이야말로 대기 과학이 태어나고 성장하는 데 결정적인 역할을 했다고 생각합니다. 마침내 적절한 도구를 손에 쥔 과학자들은 풀어야 할 수수께끼를 마주하게 되었고, 그 해답을 찾기 위해 열정적으로 탐구에 나섰습니다.

그렇다면 왜 서유럽에는 기후가 아니라 날씨가 있다고 말하는 걸까요? 왜 런던이나 오슬로의 창밖 풍경은 그렇게 자주 변하는 걸까요?

그 답은 바로 제트 기류에 있습니다.

간단히 말해, 제트 기류란 지구 전역을 서쪽에서 동쪽으로 가로지르며 흐르는 좁고 빠른 공기의 띠입니다. 좀 더 실질적으로 설명하자면, 중위도 지역에 거주하는 사람들이 겪는 날씨의 상당 부분은 이 제트 기류에 의해 결정됩니다. 제트 기류는 날씨 예측은 물론, 대기의 전반적인 움직임을 이해하는 데 있어 매우 중요한 역할을 합니다.

지구에는 각 반구마다 두 개의 제트 기류가 존재합니다. 하나는 적도로부터 약 30도 지점, 다른 하나는 적도로부터 약 60도 지점에서 형성되죠. 이 중 첫 번째인 아열대 제트는 해들리 순환이 하강하면서 코리올리 효과에 의해 동쪽으로 휘어질 때 발생합니다. 그 결과, 고도 약 10킬로미터 상공에서 강하고 지속적인 서풍이 형성됩니다. 각 반구의 또 다른 제트 기류는 더욱 강력하며, 우리가 다루고자 하는 주제와도 밀접한 관련이 있습니다. 바로 한대 제트 혹은 중위도 제트입니다. 한대 제트는 '소용돌이에 의한 제트 eddy-driven jet'의 대표적인 예로, 고기압과 저기압이 교대로 나타나며 복잡한 상호작용을 거쳐 중위도에서 바람이 수렴하면서 생성됩니다. 이 제트는 지구를 큰 고리 모양으로 휘감으며 흐르고, 그 아래 지역의 날씨에 지대한 영향을 미칩니다. 때때로 북반구에서는 이 제트 기류가 남쪽으로 깊숙이 내려와 아열대 제트와 연결되기도 하며, 이로 인해 적도 북쪽에는 단 하나의 제트만 남게 되는 경우도 있습니다. 만약 지구의 크기가 지금보다 조금 더 컸다면, 두 제트 기류는 훨씬 더 뚜렷하게 구분되었을 것입니다. 실제로 자전 속도가 일정하다고 가정할 경우, 행성의 크기가 클수록 대기 중에 존재하는 제트의 수는 더 많아집니다. 그 극단적인 예가 바로 목성인데, 각 반구마다 무려 일곱 개의 제트가 존재합니다!

중위도 날씨에 결정적인 영향을 미치고, 지표면과도 그리 멀지 않은 위치에 있음에도 불구하고, 제트 기류는 비교적 최근에 발견된 현상입니다. 제트 기류가 처음 확인된 것은 20세기 중반으로, 역사적으로는 시카고대학교 기상학과에서 발견한 것으로 알려져 있습니다. 이곳에서는 1947년에 획기적인 논문을 발표했는데, 저자 명단이 특이하게도 한 명의 과학자나 연구진이 아닌, '기상학과 직원들'로 표기되어 있었습니다.[2] 만약 20세기 중반의 기상학자들로 상상의 연구팀을 구성한다면, 그 명단은 전설 그 자체인 카를 로스비 Carl Rossby (1898~1957)가 이끌던 당시 시카고대학교 기상학과(1947~1948)와 놀라울 정도로 흡사할 것입니다. 이 연구는 제2차 세계대전 당시 유럽과 태평양 상공을 비행하던 연합군 폭격기 승무원들의 경험에서 비롯되었습니다. 당시 폭격기들은 높은 고도에서 전혀 알려지지 않았던 빠른 기류로 인해 예상보다 훨씬 빠르거나 느리게 비행하게 되었던 것이죠.

하지만 이 접근에는 두 가지 중요한 오류가 있었습니다. 첫째, '제트 기류'라는 용어는 이미 1939년에 독일의 과학자 하인리히 자일코프Heinrich Seilkopf(1895~1968)가 기상학에 도입한 바 있습니다. 둘째, 더 중요한 점은 중위도 제트에 관한 최초의 논문이 시카고 팀보다 10년 앞서 발표되었다는 사실입니다.[4] 이 논문은 여러 면에서 주목할 만한 가치를 지니고 있으면서, 동시에 비극적이었죠.

오이시 와사부로大石和三郎(1874~1950)에게 문제가 하나 있다면, 그것은 재능이 지나치게 뛰어났다는 것일지도 모르겠습니다. 1920년, 일본 이바라키현 쓰쿠바산 관측소의 초대 소장으로 임명된 그는 리하르트 아스만의 기상 풍선에서 영감을 받아 상층 대기 관측 프로그램을 시작했습니다.[5] 오이시는 수소를 채운 대형 풍선을 띄우고, 수직 및 수평 각도를 측정할 수 있는 망원경으로 풍선의 경로를 추적하여 해당 고도에서의 풍속과 풍향을 측정했습니다. 수년에 걸쳐 1,000번이 넘는 풍선 발사를 통해 오이시는 중요한 사실 하나를 발견하게 됩니다. 그것은 일본 상공 약 10킬로미터

제6장 거리

부근에서 매우 강한 바람이 지속적으로 불고 있다는 점이었습니다. 때로는 초속 70미터(250km/h 또는 155mi/h)에 달하기도 했습니다. 오이시의 풍선들은 믿기 어려울 정도의 속도로 끊임없이 태평양 동쪽으로 휩쓸려 갔습니다. 오이시는 이 현상이 중요한 발견임을 직감했고, 가능한 한 널리 공유해야 한다고 판단했습니다. 그는 자신의 획기적인 연구가 최대한의 영향력을 발휘하길 바라며 들뜬 마음으로 논문을 집필했습니다. 당시 일본어에 익숙한 외국 과학자가 거의 없다는 점을 고려한 오이시는, 모국어가 아닌 제2외국어로 논문을 작성하기로 결정했습니다.

그러나 오이시와 전 세계를 안타깝게 만든 것은 그가 선택한 언어였습니다. 학술적 공통어인 영어가 아닌, 인공어인 에스페란토를 선택했기 때문이죠.

1887년에 창안된 에스페란토는 세계 평화 증진이란 숭고한 목적을 지닌 국제어로, 배우기 쉽도록 설계되었습니다. 현대에 들어 어느 정도 부흥을 겪었다고는 하나, 에스페란토 사용자 수는 200만 명이 채 되지 않으며, 1920년대엔 그 수가 훨씬 적었습니다. 그들 중 한 명이었던 오이시는 뛰어난 기상학자이기도 했지만, 훗날 일본 에스페란토 협회의 회장을 맡았을 정도로 열정적인 에스페란토 사용자이기도 했습니다. 두 가지 열정을 결합할 기회라고 믿어 의심치 않았던 그는 이렇게 중요한 발견을 에스페란토로 발표한다면 세계적으로 널리 주목받을 수 있으리라고 기대했겠죠. 그러나 결과적으로 그의 논문은 전 세계에서 철저히 외면당하고 말았습니다. 이후 오이시가 에스페란토로 작성한 18편의 후속 논문들 역시 모두 무시당하고 말았습니다.

하지만 일본 내에서 그의 연구가 전혀 주목받지 못한 것은 아니었습니다. 제2차 세계대전 당시 일본군은 제트 기류에 관한 지식을 활용해 '후고'라 불리는 풍선을 발사했습니다. 이 풍선은 인명 살상용 폭탄이나 소이탄을 장착한 수소 풍선으로, 일본에서 띄워 올린 뒤 제트 기류를 타고 미국 상공에 도달했을 때 폭탄을 투하하도록 설계된 무기였습니다. 미국의 민간인들에게 공포심을 조성하고, 산불을 일으켜 막대한 피해를 입히려는 의도였죠. 이 풍선은 시대를 앞선, 사상 최초의 대륙 간 사거리 무기였습니다. 그러나 실제 효과는 미미했습니다. 전체 풍선 중 약 3퍼센트만이 북아메리카 대륙에 도달한 것으로 추정되며(그래도 약 300건의 잠재적 폭격 사건에 해당합니다), 당시 일본군은 태평양 전역에 걸친 제트 기류의 속도를 다소 과대평가했기 때문에, 대부분의 풍선은 태평양 상공에서 조기에 폭탄을 떨어뜨렸고, 결국 무해하게 끝나고 말았습니다.[6] 팀 울링스Tim Woollings는 저서 『**제트 기류: 기후 변화 속의 여정**Jet Stream: A Journey Through Our Changing Climate』에서 이 풍선이 일으킨 주목할 만한 공격은 단 두 건뿐이었다고 언급합니다.[7] 첫 번째는 오리건주의 한 주일학교 소풍에서 여섯 명이 사망한 사건으로, 이들은 사실상 미국 본토에서 전쟁으로 인해 사망한 유일한 민간인이었습니다. 이는 전쟁 역사상 가장 먼 거리에서 발생한 사상자이기도 합니다. 두 번째는 워싱턴주의 핸퍼드 핵무기 공장을 공격해 전력 공급에 피해를 준 사건입니다. 불과 1년 뒤, 이 공장은 미국이 나가사키에 투하한 핵탄두의 플루토늄을 생산하게 됩니다.

오늘날 후고 풍선들은 전쟁의 흐름에 거의 영향을 미치지 않은, 호기심을 불러일으키는 역사적 유물로 여겨지고 있습니다. 만약 당시 제트 기류에 대한 자료가 더 방대하고 정밀했다면, 폭탄 투하 시점을 보다 정확히 조절할 수 있었을 것이며, 태평양 전쟁의 양상은 상당히 달라졌을지도 모릅니다. 그러나 반대로, 오이시가 자신의 연구 결과를 일본어나 영어로 발표하여 연합군이 대류권 상부의 강력한 풍속을 인지했더라면, 태평양과 유럽 전선 모두에서 폭격 작전은 전혀 다른 방식으로 전개되었을 가능성도 있습니다. 제2차 세계대전 이후 일본 외부에서 인식된 것처럼, 제트 기류는 중위도 지역의 날씨에 지대한 영향을 미칩니다. 실제로 넓은 범위에서 바라볼 때, 이 지역 대류권의 움직임은 본질적으로 제트 기류의 흐름이라 할 수 있습니다.

제트 기류는 **기상 시스템**에 영향을 줌으로써 유럽의 날씨는 물론, 중위도의 전역의 날씨에 결정적인 영향을 미칩니다. 여기서 말하는 기상 시스템은 소나기나 안개처럼 국지적인 기상 현상도 아니고, 무역풍처럼 대기에서 지속적으로 나타나는 패턴도 아닙니다. 기상 시스템은 대기라는 거대한 존재의 변덕스러운 기분과도 같아서, 지구의 지형을 따라 흘러가며 때로는 가볍게 스쳐 지나가기도 하고, 때로는 파괴적인 힘으로 압도하기도 합니다. 그 규모는 수 킬로미터에서 수천 킬로미터에 이르며, 덥거나 춥거나, 건조하거나 습할 수도 있지만, 모두 동일한 물리 법칙과 몇 가지 핵심 방정식에 따라 움직입니다.

서유럽에 영향을 미치는 기상 시스템은 주로 중위도 제트 기류의 배치에 의해 결정됩니다.[19] 제트 기류의 위치와 파형은 특정 기단의 유입을 차단하거나, 다른 지역에서 열과 수분을 끌어올 수 있습니다. 제트 기류가 날씨 자체를 **형성**하는 것은 아니지만, 어떤 기상 조건을 겪게 될지를 결정짓고, 날씨의 형성을 다른 지역에 위임하는 일종의 진행자 역할을 합니다. 예를 들어, 제트 기류가 약해지거나 북쪽으로 멀리 굽이칠 경우, 고기압이 해당 지역을 지배하게 됩니다. 이로 인해 더 차갑고 습한 기단이 유입되지 못하고, 여름철에는 건조하고 따뜻한 날씨가 장기간 지속되곤 합니다. 이러한 현상을 '저지고기압blocking highs'이라고 부릅니다.

일반적으로 제트 기류는 서쪽에서 날씨를 '수입'해 옵니다. 제트 기류 자체와 그 경로가 서쪽에서 동쪽으로 흐르기 때문입니다. 서쪽에서 유입되는 대서양의 공기는 연중 내내 습하고 온화하기 때문에 서유럽, 특히 영국 제도는 대체로 온화하고 습한 날씨를 보입니다. 하지만 이는 어디까지나 장기 평균일 뿐이며, 유럽의 날

---

[19] 물론, 이건 복잡한 문제이며, 유럽 날씨의 대부분을 제트 기류 탓으로 돌리는 건 지나치게 단순화한 설명입니다. 여기서는 뒤에서 언급할 텔레커넥션(teleconnection) 같은 대규모 요인은 차치하고서라도, 지형이나 토지 이용 등과 같은 지역적 요인들도 반영하지 않았습니다. 이런 요인들은 다음 장에서 자세히 설명하겠습니다.

씨는 제트 기류의 끊임없는 배열 변화로 인해 변동성이 큽니다. 제트 기류가 남쪽으로 굽이치면, 북극의 차가운 공기가 유럽으로 유입되고, 반대로 제트 기류가 대서양에서 남쪽으로 깊이 파고들면 아프리카의 따뜻한 공기(때로는 사하라 사막의 모래까지)가 유럽으로 유입될 수 있습니다.[8]

그러나 **그 자리에서 발생하는** 날씨를 넘어서 더 넓은 시야로 나아가는 여정은 아직 끝나지 않았습니다. 우리는 지역적 요인을 고려하는 것에서 출발해, 점차 더 넓은 범위의 요인으로 시선을 확장해 왔습니다. 하지만 아직 남아 있는 한 가지 규모가 있습니다. 바로 전 지구적 규모입니다. 제트 기류는 결국 어떤 변화에 반응하는 것일까요? 수백 킬로미터 떨어진 사건이 날씨에 영향을 줄 수 있다면, 수천 킬로미터 떨어진 사건도 영향을 줄 수 있을까요? 이 질문에 답하기 위해서는, 우리는 지구 반대편으로 시선을 돌려야 합니다.

몬순('계절'을 의미하는 아랍어 **마우심**에서 유래)은 열대 인도양에서 발생하는 규칙적인 패턴의 계절풍과 강우 패턴을 의미합니다.[9] 몬순은 지구상에서 가장 중요한 대기 순환 중 하나로, 수십억 인구의 생계에 결정적인 영향을 미칩니다. 쿠쉬완트 싱Khushwant Singh은 그의 소설 『**나이팅게일의 노래는 듣지 않으리**I Shall Not Hear the Nightingale』에서 "유럽인에게 1년의 사계절은 인도인에게 몬순의 한 계절과 같다"라고 비유하며, "황량함에 앞서 찾아오고, 봄의

희망을 가져오며, 여름의 충만함과 가을의 결실을 함께 가져다준다."라고 표현했습니다.[10]

몬순은 인도양의 남북 비대칭 구조에서 비롯됩니다. 적도 북쪽에는 인도 아대륙이 위치해 있고, 남쪽에는 남극 대륙까지 이어지는 광활한 해양이 펼쳐져 있습니다. 북반구의 여름철에는 육지가 바다보다 더 빠르게 가열되기 때문에, 북쪽에서 남쪽으로 온도 기울기가 형성됩니다. 이 온도 기울기는 대기 순환을 유도하여 따뜻하고 습한 공기를 바다 위로 이동시키는데, 처음에는 서쪽으로, 그다음에는 북쪽으로 흐르게 합니다. 이렇게 운반된 공기는 인도 아대륙 위에서 수분을 방출하며, 단 몇 달 만에 인도 연간 강우량의 80퍼센트를 제공합니다.[11] 몬순 비는 초반에는 며칠간 쉬지 않고 내리다가 계절이 지나면서 대부분 며칠 동안 몇 시간씩 내린 뒤에 완전히 그칩니다. 겨울이 되면 순환이 역전되어 인도 아대륙에는 거의 비가 내리지 않게 됩니다. 몬순 비의 도래는 메마른 풍경을 푸르고 풍성한 모습으로 변화시키는 중대한 사건입니다. 농부들은 이 비에 절대적으로 의존하고, 몬순이 오기만을 애타게 기다리죠. 땅은 물 없이 오래 버틸 수 없기 때문에, 시기가 정말 중요합니다. 만약 몬순이 몇 주라도 늦게 오거나 평소보다 비가 적게 내리기라도 한다면 농작물은 물론 사람의 생명까지 위협받게 됩니다.

이런 이유로 몬순은 수천 년 전부터 연구되어 왔습니다. 인도의 서사시와 고대 철학 문헌에는 계절성 비에 대한 언급이 있으며, 고대 중동의 기상학과 마찬가지로 민속, 자연철학, 종교가 결합된 형태였습니다. 그러나 영국이 아대륙을 점령하면서, 몬순은 통계적이고 서구적인 방식으로 접근되기 시작했습니다.

18세기 후반, 대영 제국은 자국의 군사력을 기반으로, 거의 전적으로 동인도회사를 통해 오늘날의 인도 지역에 영향력을 행사하기 시작했습니다.[12] 19세기 중반에 이르러, 인도 아대륙에 대한 영국의 지배력은 사실상 절대적이었습니다. 이 광대한 식민지는 세계 제국의 핵심이었으며, 그 경제 구조는 오직 영국을 위한 돈을 버는 데 초점이 맞춰져 있었습니다. 복잡한 식민 지배 역사를 아주 단순하게 표현하자면, 인도 식민지 행정의 관심사는 사람보다 이윤이었습니다. 전체 식민 기간 동안 약 44조 6,000억 달러에 달하는 자원이 수탈된 것으로 추정됩니다.[13] 이 시기 동안 현지 인구는 극심한 고통을 겪었고, 특히 1876년, 1896년, 1902년에 발생한 대기근은 그 고통을 절정으로 몰고 갔습니다. 식민지에서 수조 달러의 돈을 긁어모으는 동안, 기근으로 인해 약 6,000만 명이 사망했으며, 그중 상당수는 영국 경제 정책이 직접적으로 초래한 결과였습니다.[14]

영국 식민 정부의 관료들은 몬순에 대한 이해를 높이라는 명령을 받았습니다. 몬순이 예기치 않게 발생하지 않으면 식민지 경제가 타격을 입기 때문이죠. 기상학자들은 바다의 온도 차이에 의해 형성되는 적도 해류가 계절성 강우의 근본 원인이라는 사실을 밝혀냈습니다. 그러나 1899년에 발생한 끔찍한 대가뭄은 그들의 예측을 완전히 빗나가게 만들었고, 수백만 명의 목숨을 앗아 갔습니다. 이는 몬순 실패에 또 다른 외부 요인이 작용하고 있음을 암시했습니다. 그 요인이 무엇인지 밝혀내는 일은 수백만 명의 생사가 달린 중대한 과제였습니다.

이 외부 요인은 지구 반대편에서 비롯된 것이었습니다. 그리고 단지 인도 아대륙의 운명에만 영향을 미치는 것이 아니라, 지구 전체에서 가장 중요한 기후 변동 현상 중 하나라는 사실이 드러났습니다. 비록 지구 반대편에서 발생하는 현상이지만, 그 신비로운 영향력은 인도에서 처음으로 이해되기 시작했죠. 그 정체는 무엇일까요? 바로 엘니뇨El Niño입니다.

엘니뇨는 약 400년 전, 페루에 도착한 스페인 식민지 개척자들에 의해 처음으로 기록되었습니다. 그러나 문자 체계를 갖추지 못했던 당시의 원주민들 역시 이미 이 현상을 인지하고 있었던 것으로 보입니다.[15] 개척자들은 어떤 해에는 폭우가 내리고 바다가 따뜻해지며 초목이 무성해지는 반면, 또 다른 해에는 토양이 척박해지고 극심한 건조가 지속된다는 사실을 관찰했습니다. 이처럼 풍요로운 해는 크리스마스 무렵, 북쪽에서 따뜻한 해류가 태평양 연안을 따라 흘러들어 와 해당 지역에 온기와 습기를 가져다주었기 때문에 가능했습니다. 이 현상이 발생하는 시기적 특성 때문에, 현지 어부들은 이 해류를 스페인어로 어린 남자아이(또는 아기 예수)를 뜻하는 엘니뇨라 불렀습니다. 어떤 해에는 이 해류가 강하게 나타나 많은 비를 동반했고, 또 어떤 해에는 해류가 덜 따뜻해지면서 육지의 강우량도 줄어들었습니다. 반대로, 차가운 태평양 해류가 흐르며 육지에 비가 적게 내리는 해도 있었습니다. 이에 식민지 개척자들은 이 차가운 해류를 엘니뇨와 대칭되는 개념으로, 어린 여자아이를 뜻하는 **라니냐**La Niña라고 불렀습니다.

스페인 식민지 시절, 엘니뇨 해류의 출현과 그로 인한 많은 비는 축복으로 여겨졌습니다. 그러나 인구 밀도가 증가하면서 강력한 엘니뇨 현상은 점차 두려움의 대상이 되었습니다. 이제 아기 예수라 불리던 이 따뜻한 해류는 산사태를 유발하고 다리를 휩쓸며 수백 명의 목숨을 앗아 갈 수 있는 폭우를 동반하는 존재로 인식되고 있습니다. 하지만 이러한 피해는 국지적인 차원에 불과합니다. 강한 엘니뇨는 말 그대로 전 지구적 규모로 영향을 미치며, 특히 인도 아대륙에서 그 영향이 더욱 뚜렷하게 나타납니다.

엘니뇨의 수수께끼를 처음으로 풀어낸 사람은 식민지 관리였던 길버트 워커Gilbert Walker(1868~1958)입니다. 부유한 가정에서 태어난 워커는 케임브리지대학교에서 수학을 전공했으며, 통계학은 물론 수채화, 플루트 연주에 이르기까지 폭넓은 관심사를 갖고 있었습니다.[20] 그는 비행, 특히 부메랑 날리기에 푹 빠져서 케임브리지에서 '부메랑 워커'라는 별명으로 불리기도 했죠. 1903년, 인도에서 근무하게 된 워커는 몬순 현상에 깊은 관심을 갖게 되었습

---

[20] 실제로 그는 현대식 플루트의 디자인을 일부 변경하기도 했습니다. 다음을 참고하세요. P. Sheppard, 'Obituary of Sir Gilbert Walker, CSI, FRS', *Quarterly Journal of the Royal Meteorological Society*, vol.83, no.364(1959)

니다. 이 책에 등장하는 인물들 중 이례적으로 기상학 교육을 받지 않았음에도 불구하고, 그는 통계적 방법을 활용하여 몬순과 다양한 기상 현상 간의 관계를 규명하고자 했습니다. 그는 15년에 걸쳐 방대한 기상 데이터를 분석하고, 여러 기상 조건 사이의 상관관계[21]를 직접 계산한 끝에, '세계 날씨의 전략적 지점'이라는 개념을 제시했습니다.[16] 그가 밝혀낸 전략적 요지 중 하나는 오늘날 우리가 북대서양 진동NAO이라 부르는 북대서양 지역입니다(이에 대해서는 다음 장에서 자세히 다루겠습니다). 그리고 그 당시까지 알려지지 않았던 또 다른 중요한 지점에는, '남방 진동'이라는 이름을 붙였습니다.

간단히 말해, 남방 진동이란 태평양과 인도양 사이에서 기단이 마치 시소처럼 출렁거리는 현상을 의미합니다. 일반적으로는 태평양 동부와 서부(각각 타히티와 호주의 다윈) 지역 간의 기압 차이를 기준으로 이 현상을 측정합니다. 시소 또는 출렁거린다는 표현은, 한 지역의 기압이 상대적으로 높을 때 다른 지역의 기압은 상대적으로 낮다는 의미입니다. 앞서 살펴본 바와 같이, 이러한 기압의 불균형은 필연적으로 대기 순환을 유발합니다. 이 경우에 발생하는 기류를 **워커 순환**이라고 합니다. 이 순환은 태평양을 가로질러 공기를 운반하며, 남방 진동 지수라는 수치로 흐름의 방향(동

---

21 간단히 말해서 상관관계란 '이것이 있으면 저것이 있는 관계'입니다. 두 변수 중 하나의 값이 증가할 때, 다른 값도 증가한다면 두 변수는 상관관계가 있다고 간주합니다.

쪽에서 서쪽 또는 서쪽에서 동쪽)과 강도(양수든 음수든 숫자가 클수록 순환이 강함)를 표현합니다.

치밀한 통계 분석을 통해 워커는 남방 진동 지수의 값이 인도 몬순에 영향을 미친다는 사실을 밝혀냈습니다. 특히 동태평양 지역의 기압이 비정상적으로 낮을 경우, 몬순이 발생하지 않을 가능성이 높다는 점을 발견한 것입니다. 다만 워커는 통계적 상관관계에 대한 물리적 해석을 제시하지 못했고, 통계의 의미를 설명해 줄 적절한 방정식도 부족했습니다. 그럼에도 불구하고, 남방 진동 지수는 비교적 느리게 변화하는 특성이 있어, 이 지식은 인도의 가뭄과 기근을 예측하는 데 여전히 유용하게 활용될 수 있었습니다. 동태평양 평균 기압이 평년보다 낮다는 사실만으로도, 인도 당국은 잠재적인 재앙에 대비할 수 있는 소중한 시간을 확보할 수 있었던 것입니다.

그렇다면 남방 진동은 어떻게 남아메리카 연안의 해류와 연결되는 것일까요? 이 결합의 원인을 설명할 수 있는 물리적 방정식이 도출되기까지는 또다시 반세기의 시간이 필요했습니다. 그리고 엘니뇨와 몬순 사이의 연결고리를 밝혀내는 결정적인 역할은 노르웨이의 기상학자 야코브 비에르크네스Jacob Bjerknes(1897~1975)에게 넘어갔습니다. 비에르크네스는 엘니뇨와 남방 진동이 서로 밀접하게 연결되어 있다는 사실을 인식했고, 이는 훗날 **엘니뇨 남방 진동**El Niño Southern Oscillation, 줄여서 ENSO라는 이름으로 불리게 되었습니다.[17] ENSO는 대기와 해양 요소가 복합적으로 얽혀 있는, 놀랍도록 복잡하고 정교한 체계입니다.[18] ENSO는 지구에서 가장 큰 두 유체역학적 시스템이 만들어 내는 거대한 이중주로, 지구에서 가장 거대한 해양 분지를 가로지르며, 지구 전역에 영향을 미칩니다.

이 모든 것은 워커 순환에서 시작됩니다. 공기는 태평양 적도를 따라 대규모로 동쪽에서 서쪽으로 흐르고(무역풍과 유사한 형태), 이는 태평양 상공의 기압 변동에 의해 조절됩니다. 이러한 공기 흐름은 태평양을 가로질러 동쪽에서 서쪽으로 흐르면서 해류를 발생시킵니다. 이 해류는 태평양 동부의 바닷물을 서쪽으로 운반하며, 그 과정에서 태양에 의해 점차 가열됩니다. 결과적으로 서태평양에 도달한 바닷물은 동태평양을 떠날 때보다 약 섭씨 8~10도 정도 더 따뜻해집니다. 이처럼 우리는 두 개의 평행한 흐름, 즉 물과 공기의 컨베이어 벨트를 얻게 됩니다. 물의 컨베이어 벨트는 이동하면서 서서히 가열되므로, 서태평양은 동태평양보다 훨씬 더 따뜻한 해역이 됩니다. 여기에 더해, 동쪽 바다의 표층수가 서쪽으로 밀려나면서, 그 빈자리를 동태평양의 심층수가 채우게 됩니다. 이 심층수는 훨씬 더 차갑지만 영양분이 풍부하기 때문에, 물고기가 서식하기엔 안성맞춤입니다. 이런 이유로 남아메리카 서해안은 풍부한 어장을 형성하게 되었고, 여러 문명들이 그 기반 위에서 번성할 수 있었던 것입니다.

워커 순환은 태평양을 가로질러 열을 간접적으로 운반하는 역할을 합니다. 동태평양에서 열을 제거하여 서태평양으로 전달하죠. 이와 더불어 수분도 함께 운반합니다. 공기 흐름 아래의 바닷물이 따뜻해지면 증발이 활발히 일어나고, 이로 인해 공기의 습도가 증가합니다. 결국 공기 중에 과도하게 축적된 수분은 서태평양 지역에 광범위한 강우 형태로 극적으로 쏟아지게 됩니다. 이러한 수분과 열의 공동 운반은 인도네시아를 넘어 다음 해양 분지인 인도양으로 확산되며, 해당 지역의 기후 조건에 직간접적인 영향을 끼칩니다. 특히 워커 순환은 해수의 온도를 변화시키는 핵심적인 역할을 하며, 이는 증발량과 증발된 수분의 이동 경로를 결정짓습니다. 일반적으로는 이 수분은 서쪽과 북쪽 방향으로 이동하여, 인도 상공에서 몬순을 형성하는 데 기여합니다. 다시 말해, 워커 순환은 몬순을 직접 **만들어 내는** 것은 아니지만, 몬순을 **가능하게** 하며, 이 순환의 변화는 지구 반대편의 몬순에도 연쇄적인 영향을 미칠 수 있습니다.

  엘니뇨 현상이 발생하면 워커 순환이 약화되며, 이는 일련의 연쇄적인 기후 변화를 초래합니다. 가장 먼저 그 영향을 감지하는 이들은 현지 어부들입니다. 적도 태평양을 가로지르는 해류의 흐름이 약해지면서, 동태평양에서의 용승 현상도 감소하게 됩니다. 그 결과, 페루 연안으로 유입되는 차가운 심층수의 양이 줄어들고, 지역 해수면 온도는 급격히 상승합니다. 이로 인해 따뜻한 해류가 형성되며, 물고기들은 더 차가운 바다를 찾아 남쪽으로 이동하게 됩니다.

  이 따뜻한 해류가 바로 스페인 식민지 개척자들이 기록한 엘니뇨 해류입니다. 따뜻해진 바닷물은 동태평양 상공의 대기를 가열하여 대류 활동을 증가시키고, 이로 인해 기압이 낮아지면서 워커 순환은 더욱 약화됩니다. 열과 수분을 운반하던 컨베이어 벨트는 거의 멈춰 설 정도로 느려지고, 비는 태평양 반대편까지 도달하지 못하고 태평양 중부에서 집중적으로 쏟아지게 됩니다. 이러한 변화는 워커 순환에 의존하던 호주와 인도네시아 지역에 심각한 가뭄을 일으킵니다.[19] 열과 수분이 인도양으로 쉽게 넘어가지 못하게 되면서, 육지와 바다 사이의 온도 기울기가 줄어들고, 이에 따라 몬순 바람도 약해지죠. 태평양 상공에서의 대기 순환이 약화된 결과, 몬순 비는 인도에 늦게 도달하게 됩니다. 강한 엘니뇨가 발생하는 해에는 몬순이 아예 발생하지 않기도 합니다. 그 피해는 앞서 보았듯이 매우 참혹합니다. 물론 엘니뇨가 항상 인도에서 몬순을 완전히 차단하는 것은 아니지만, 몬순이 발생하지 않았던 해에는 예외 없이 엘니뇨 현상이 동반되었습니다.[20]

워커 순환이 비정상적으로 강해지는 현상도 존재하는데, 이를 라니냐 상태라고 부릅니다. 워커 순환이 평소보다 강해질 경우, 태평양을 가로지르는 해류의 이동량이 증가하고 남아메리카 연안의 바닷물은 더욱 차가워지며, 서태평양 지역의 강수량은 증가하게 됩니다. 이로 인해 몬순도 강해지는 경향을 보이죠. 이러한 라니냐 현상들은 일반적인 날씨 패턴과 크게 구분되지 않는 경우가 많고, 심각한 기후 재앙으로 이어지는 사례도 상대적으로 적기 때문에, 엘니뇨에 비해 주목을 덜 받는 경향이 있습니다.

바다의 역학에 대해 깊이 다루지 않으려는 이유는, 그 분야가 제 전문 영역이 아닐 뿐만 아니라, 대기에 영향을 미치는 수많은 체계들을 하나하나 설명하다 보면 이 책이 끝도 없이 이어질 지도 모릅니다! 대기는 다양한 체계로부터 영향을 받는 매개체이지만, 앞서 살펴본 바와 같이 그 자체로도 매우 복잡한 구조를 지닙니다. ENSO는 지구의 바다와 대기가 함께 연주하는 장엄한 이중주로 볼 수 있습니다. 이 현상은 때로 지역 환경을 황폐화시키는 선율을 만들어 내며, 그 여파는 지구 전역으로 퍼져 나갑니다.

여기서 우리가 주목해야 할 점은, 바다와 대기가 수분과 온도라는 두 가지 메커니즘으로 긴밀히 연결되어 있다는 사실입니다. 브라이언 페이건Brian Fagan은 그의 저서 **『홍수, 기근 그리고 황제들**Floods, Famines, and Emperors**』**에서 이러한 연결고리를 상세히 설명하고 있습니다.[21] 엘니뇨와 남방 진동은 이런 메커니즘을 통해 역사적으로 엄청난 영향을 끼쳐왔습니다. 예를 들어, 태평양에서 출렁거리던 따뜻한 해수의 변화는 고대 이집트의 고왕국 몰락을 초래했으며, 마야 문명을 황폐화시킨 가뭄을 일으켰습니다. 또한 페루의 모체 문명, 미국 남서부의 아나사지 문명, 그리고 인도 아대륙 전역의 고대 문명에 이르기까지, ENSO는 고대 문명 형성과 붕괴에 깊은 영향을 미쳤습니다.

이들 고대 문명은 남아메리카 연안의 해류 변화가 전 지구적인 연쇄 반응을 일으켜, 대기라는 거인의 발걸음이 먼 곳에서부터 쿵쿵 울려 퍼진다는 사실을 상상조차 하지 못했을 것입니다. 그러나 현대의 분석 기법과 데이터 네트워크 덕분에, 과학자들은 이제 대기와 바다가 복잡하게 얽힌 변동 신호들을 하나하나 해독하며, 전 세계에서 수집한 날것 그대로의 데이터를 엮어 예측이라는 황금을 만들어 내고 있습니다. 대기 과학은 수 세기에 걸친 관측과 이론적 축적을 바탕으로, 미래의 기후와 날씨를 예측할 수 있는 능력을 갖추게 되었습니다. 이는 마야 제국이나 이집트 중왕국 사람들에게는 마치 마법처럼 보일 것입니다.

엘니뇨나 라니냐와 같은 현상이 발생한 태평양의 상태는 인도 몬순을 넘어, 중위도에 위치한 제트 기류에까지 영향을 미칩니다. 서유럽의 날씨는 이러한 제트 기류에 크게 좌우되며, 제트 기류 역시 ENSO와 같은 전 지구적 연결고리에 의해 조절됩니다. 그러나 이는 단지 수많은 연결망 중 하나에 불과합니다. 유럽의 날씨는 궁극적으로 북극의 얼음, 열대 성층권의 바람, 인도양의 강우 패턴 등 다양한 여러 요인들의 복합적인 영향을 받습니다. 대기는 지역적, 지역 간, 그리고 전 지구적 규모로 작용하며, 이 모든 요소들은 때때로 놀라운 방식으로 서로 연결되어 있습니다.

오늘날 기상학자들은 하나의 기후 사건이 지구 반대편의 또 다른 사건과 연결되어 있다는 사실을 인지하고 있으며, 대기 내 거대한 정보 흐름을 거의 완전히 파악한 듯 보입니다. 그 복잡함은 실로 경이롭지만, 과학적으로 분명히 이해되고 있습니다.

그렇다면 왜 일기예보는 여전히 그렇게 신뢰하기 어려운 걸까요?

제7장

예보

열대 저기압은 대기 중에서 가장 널리 알려져 있으며, 동시에 가장 파괴적인 현상 중 하나로 꼽힙니다. 지역에 따라 허리케인, 사이클론, 태풍 등 다양한 명칭으로 불리지만, 이들 모두는 본질적으로 동일한 기상 현상을 지칭합니다. 이러한 현상은 열대 해역에서 공기가 가열되면서 광범위한 대류가 발생하는 데서 비롯됩니다. 대류에 의해 형성된 부분적인 진공을 메우기 위해 주변의 공기가 몰려들고, 이 과정에서 코리올리 효과에 의해 공기가 회전하기 시작합니다. 그 결과, 따뜻하고 저기압인 중심을 빠르게 회전하는 공기가 둘러싸는 구조가 형성됩니다. 만약 이러한 기상 시스템이 대서양의 열대 해역에서 발생하고(연간 약 10개 정도), 주변 바람의 속도가 시속 120킬로미터(75mi/h)에 이르면(연간 약 6개 정도), 우리는 이를 허리케인이라고 부릅니다.[1]

1985년 9월, 미국 걸프만 지역은 허리케인 엘레나의 직격탄을 맞았습니다.[22] 당시 방대한 양의 기상 데이터, 슈퍼컴퓨터, 수천 명의 전문 기상학자들이 있었음에도 불구하고, 허리케인 엘레나의 이동 경로는 예측을 완전히 벗어났습니다. 허리케인은 내륙으로 진입할 것이라는 예보와 달리, 플로리다 서해안 앞바다에서 약 48시간 동안 정체된 채 머물며 지역 사회에 심각한 피해를 입혔습니다. 해변은 심각하게 침식되었고, 어장은 붕괴되었으며, 수천 명의 주민들이 집과 생계를 잃었습니다. 기상학자들은 인명 피해를 최소화하기 위해 정부에 광범위한 대피령을 권고했지만, 허리케인 엘레나는 예측이 거의 불가능한 양상을 보였고, 결국 내륙으로 진입하여 약 13억 달러에 달하는 피해를 남겼습니다. 이 피해에는 약 1만 3,000여 채의 주택 파손과 9명의 사망자가 포함되어 있었습니다.²

    수백 년간 과학은 발전을 이루었고, 세계 최고의 기상학자들이 활동하고 있음에도 불구하고, 왜 우리는 이러한 거대한 허리케인을 정확히 예측하지 못했을까요? 더 나아가, 왜 일기예보는 크고 작은 오류를 반복하는 것일까요?

    이 질문에 답하기 위해서는 먼저 날씨가 어떻게 예측되는

---

22   허리케인 및 대서양에서 발생하는 대형 폭풍은 일반적으로 미국국립허리케인센터(United States National Hurricane Center)에서 명명하며, 남녀 이름이 섞인 6개의 알파벳 이름 목록 중 하나를 사용합니다. 1985년에 발생한 허리케인 엘레나는 다섯 번째로 명명된 폭풍이었으며, 그해 네 번째는 허리케인 대니(Danny), 여섯 번째는 열대폭풍 파비안(Fabian)이었습니다. 특히 큰 피해를 남긴 폭풍의 이름은 일반적으로 영구히 사용 중단됩니다. 예를 들어 1985년 이후로는 허리케인 엘레나라는 이름이, 2006년 이후로는 허리케인 카트리나(Katrina)라는 이름이 다시 사용되지 않고 있습니다. 해당 목록에서 다섯 번째 이름과 열한 번째 이름은 각각 엘사(Elsa)와 카티아(Katia)로 교체되어 있습니다.

제7장 예보

지를 살펴볼 필요가 있습니다.

윌리엄 페렐이 1858년에 발표한 논문은 다음과 같은 문장으로 마무리됩니다. "언젠가는 이 원리들을 폭풍 이론에 완전히 적용할 수 있기를 바란다." 페렐이 이 문장을 통해 전달하고자 했던 바는, 아마도 폭풍의 움직임을 설명하기 위해 물리학적 방정식을 활용하고, 더 나아가 날씨 전반의 현상을 체계적으로 설명하려는 시도였을 것입니다. 이는 자연에서 벌어지는 현상을 묘사하고 이해하려는 것이지, **예측**하려는 목적은 아니었죠. 당시 기상학은 과학의 한 분야로서 급격한 관심과 성장을 경험하고 있었지만, 예측이라는 개념은 이제 막 수평선 너머로 모습을 드러내기 시작한 단계에 불과했습니다.

18세기에 본격적으로 시작된 기상 관측의 흐름은 19세기에도 지속적으로 이어졌으며, 특히 1830년대에서 1840년대 사이에 여러 인물들에 의해 독립적으로 발명된 전신기의 등장은 결정적인 전환점을 마련했습니다. 이 기술 덕분에 멀리 떨어진 지역에서 기상 관측이 가능해졌고, 수집된 자료들은 거의 실시간으로 중앙에 취합할 수 있게 되었습니다. 이러한 가능성을 빠르게 인식한 이들은 유럽과 북아메리카 전역에 기상 관측 네트워크를 구축하기 시작했습니다. 우리의 용감한 성층권 비행사 제임스 글레이셔 역시 그 흐름에 동참하여, 영국 전역에서 자원봉사자들을 모집하고 매일 오전 9시에 기상 관측을 실시하게 했습니다. 관측 결과는 전신을 통해 런던의 그리니치 천문대로 전달되었죠.[3] 한편, 미국에서는 워싱턴 소재 스미소니언 협회의 사무총장이었던 조지프 헨리 Joseph Henry(1797~1878)가 미국 전역에서 수집된 기상 정보를 취합하는 역할을 맡았습니다.[4] 이는 기상 데이터 수집 방식에 있어 중대한 전환점이었습니다. 식민지 제국의 운영 과정에서 부수적으로 수집되던 방식에서 벗어나, 직접 현장에 나가 물리적 환경의 특성을 의도적으로 측정하는 방식으로 변화한 것입니다. 이러한 과학적 접근은 훔볼트식 과학이라 불리게 되있는데, 이는 독일의 서명한 학자 알렉산더 폰 훔볼트 Alexander von Humboldt(1769~1859)의 이름에서 유래한 개념으로, 19세기 지구과학의 방향을 규정짓는 데 큰 영향을 미쳤습니다.[5]

초기에는 다소 산발적으로 이루어졌던 기상 관측이 점차 국가 기관의 체계 안에서 정착하기 시작했습니다. 최초의 국가 기상 기관은 1851년 오스트리아에서 설립되었으며, 이어 1854년에는 영국에서도 기상청이 창설되었습니다. 이는 기상학의 역사에서 또 하나의 중요한 전환점으로 평가됩니다. 다른 학문 분야들과 마찬가지로, 19세기의 기상학 역시 민간에 전승된 지식이나 개인적 접근 방식에서 벗어나, 정량적 데이터를 기반으로 대규모 기관에서 체계적인 연구를 수행하는 방향으로 나아갔습니다. 앞서 살펴본 바와 같이, 기상학은 이 분야의 발전을 위해 필요한 데이터의 성격이 독특합니다. 무역풍과 같은 현상을 이해하기 위해서 필요한 전 지구적 규모의 데이터를 한 개인이 모으는 것은 애초에 불가능한 일이죠. 이에 따라 정부 기관이나 대학은 다수의 인력을 조직적으로 참여시켜, 개별 학자가 단독으로는 결코 풀 수 없는 대기 현상에 대한 질문에 답할 수 있는 기반을 마련했습니다. 그러나 이러한 제도화의 흐름은 화학이나 지질학 등 다른 과학 분야와 마찬가지로, 대규모 과학 조직에 접근할 수 없었던 이들을 배제하는 결과를 낳기도 했습니다. 특히 여성과 유색 인종은 이러한 변화 속에서 오랜 시간 동안 대기 과학의 역사에서 거의 모습을 드러내지 못한 채 주변부로 밀려나게 되었습니다.

　이러한 정부 산하의 기상 부서는 본래 데이터를 수집하는 조직으로 출발하였으며, 그 목적 또한 농부들이 수확 시기를 계획하는 데 도움을 줄 수 있을 정도의 실용적인 수준에 머물렀습니다. 그러나 그보다 더 원대한 비전을 품고 있었습니다. 영국 의회에서 열린 한 토론회에서, 한 연설자는 국가 기상청에 자금을 지원한다면 '이 대도시의 날씨 상태를 24시간 전에 알 수 있을지도 모른다'고 제안했습니다. 이는 당시로서는 매우 이례적인 발언이었을 것입니다. 공식 기록에 따르면, 이 말이 나오자 회의장은 웃음으로 가득 찼으며, 연설자는 결국 발언을 중단할 수밖에 없었다고 전해집니다.[6] 그럼에도 불구하고, 날씨를 단순히 기록하는 것을 넘어 예측할 수 있다고 믿었던 소수의 인물들 덕분에 기상학은 지속적으로 발전할 수 있었습니다. 그 선구자들 가운데 가장 주목할 만한 인물은 로버트 피츠로이 Robert FitzRoy(1805~1865)로, 매혹적이면서도 동시에 비극적인 삶을 살아간 인물일 것입니다.

찰스 다윈Charles Darwin(1802~1882)을 태우고 세계 일주를 떠난 탐험대의 선장으로 널리 알려진 피츠로이는, 우리가 오늘날 현대 기상학이라 부르는 분야의 창시자 중 한 사람으로 평가받기도 합니다. 포츠머스(현재의 다트머스)에 위치한 왕립 해군대학에서 우수한 성적으로 졸업한 피츠로이는 지휘관으로서 참여한 첫 항해에서 큰 실패를 겪었습니다. 당시 그가 이끌던 HMS **비글호**는 악천후로 인해 거의 전복될 뻔했고, 그 과정에서 두 명의 선원이 목숨을 잃었습니다.[7] 당시 선박에는 폭풍과 관련된 기압 하강을 감지할 수 있는 기압계가 설치되어 있었지만, 피츠로이는 그 경고를 간과했기 때문이었죠. 이 경험은 그에게 깊은 교훈을 남겼습니다. 이후 다시 HMS **비글호**의 선장을 맡게 된 그는, 다윈이 자연 선택설을 구상하게 된 5년간의 세계 일주 항해에서 가장 혹독한 날씨 속에서도 배를 무사히 운항해 냈으며, 단 한 명의 인명 피해도 발생하지 않았습니다. 배 역시 5년 동안 단 한 번도 심각한 손상을 입지 않았죠. 과학 기기를 신뢰했던 그는, 충분한 기술과 지식이 뒷받침된다면 이러한 기기를 통해 미래의 기상 조건을 예측할 수 있다고 굳게 믿었습니다.

가장 유명한 항해 이후, 피츠로이는 눈부신 경력을 이어갔습니다. 그는 영국 하원의원으로 활동했으며, 뉴질랜드의 두 번째 총독을 역임한 뒤, 1851년에는 영국 왕립학회 회원으로 선출되어 해양 기상 데이터를 수집하는 새로운 부서를 이끌게 되었습니다. 피츠로이는 이 새로운 데이터 수집 네트워크가 지닌 잠재력을 빠르게 간파했습니다. 하나의 기기를 능숙하게 해석하여 미래의 기상 상황을 예측할 수 있다면, 수백 번의 관측을 통해서는 과연 무엇을 이룰 수 있을까요? 이제 피츠로이의 손에는 선박뿐만 아니라 해안과 내륙 기상 관측소에서 실시간으로 수집되는 방대한 양의 데이터가 있었고, 이를 바탕으로 그는 오늘날 우리가 **기상도** synoptic charts라고 부르는 도표를 제작할 수 있게 되었습니다.[23] 기상도란, 영국 제도와 같은 광범위한 지역의 기압, 온도, 습도 등의 기상 변수를 특정 시점에 시각적으로 나타낸 지도입니다. 넓은 지역의 대기 상태를 한눈에 파악할 수 있는 일종의 스냅 사진이라 할 수 있죠. 피츠로이는 이 기상도를 활용하여 영국 제도 전역의 기상 변화를 분석했고, 반복적으로 나타나는 패턴을 찾아냈습니다. 그는 멀리 떨어진 수많은 관측소의 데이터를 해석함으로써, 특정 지역의 날씨 변화를 예측할 수 있다는 확신을 점차 굳혀갔습니다. 얼마 지나지 않아, 피츠로이는 가까운 미래의 날씨를 예측하는 기상도를 그리기 시작했습니다. 1842년 초, 그는 선원들에게 다가오는 폭풍이나 기타 극단적인 기상 현상을 사전에 경고할 수 있다면, 난파 사고를 예방하고 수많은 생명을 구할 수 있을 것이라 믿었습니다. 그는 이러한 예측을 처음으로 **예보**forecast라고 명명했습니다.

서유럽 전역의 초기 기상학자들 역시 비슷한 생각을 품고

---

[23] synoptic은 대기 상태의 개요(synopsis)에서 유래한 말로, 고대 그리스어로 '함께'와 '보다'에서 비롯되었습니다.

있었습니다. 1854년 크림 전쟁 당시, 프랑스 군함 열두 척이 참혹한 폭풍에 휘말려 큰 피해를 입은 사건 이후, 프랑스 정부는 선원들에게 향후 폭풍을 사전에 경고하기 위한 기상 관측소 네트워크를 구축하기 시작했습니다. 네덜란드 기상 연구소 또한 유사한 폭풍 경보 시스템을 모색하고 있었죠. 1859년에는 거대한 폭풍이 영국 제도를 강타하여, 유명한 증기선 **로열 차터호**를 침몰시키는 참사가 발생했고, 이로 인해 약 800명이 목숨을 잃었습니다.[8] 이 사건은 폭풍 경보가 생명을 구할 수 있다고 확신하던 피츠로이에게 결정적인 계기가 되었으며, 그는 행동에 나서게 됩니다. 하지만 그는 단순히 기상도에 표시된 폭풍을 전신망을 통해 신속히 알리는 것에 만족하지 않았습니다. 그는 자신이 새롭게 고안한 예보 기법을 활용하여, 앞으로 날씨가 어떻게 변할지를 예측하고자 했습니다. 1860년, 피츠로이는 '대규모 대기 변화는 갑작스럽게 발생하는 것이 아니라, 하루 혹은 며칠 전부터 전조 증상을 보인다'고 주장하며 자신의 방식이 타당함을 강조했습니다.[9] 그리고 그로부터 1년 뒤인 1861년, 다소 모호하고 정성적인 형태였지만, 피츠로이는 세계 최초의 일기예보를 런던 〈**타임스**The Times〉에 게재하게 되었습니다.

    흥미롭게도, 이러한 시도 자체가 당시로서는 매우 급진적인 발상이었으며, 법률적으로도 논란의 여지가 있었습니다. 1735년에 제정된 영국의 주술법은 미래를 예측할 수 있다고 주장하는 행위를 주술의 한 형태로 규정했고 있었기 때문이죠.[10] 이 법률이 폐

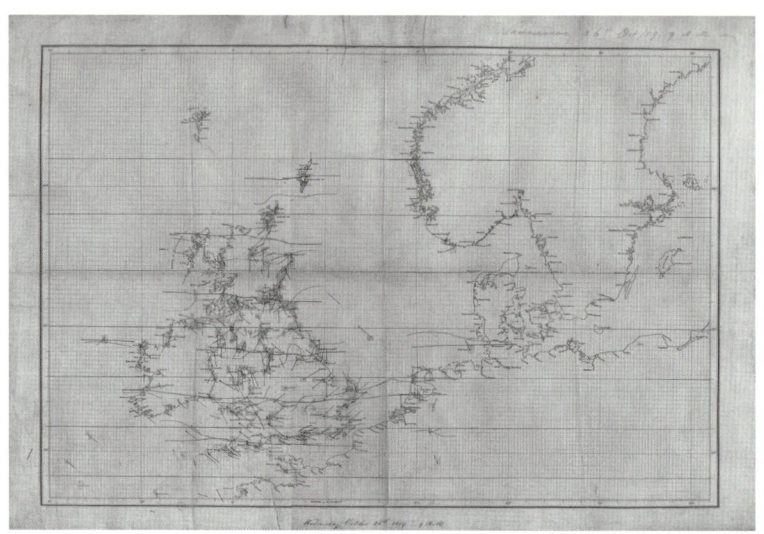

그림 8　피츠로이가 제작한 기상도(synoptic chart).
로열 차터호를 가라앉게 만든 1859년 10월 26일의 강력한 폭풍을 묘사했다. 영국 기상청 국립 기상 도서관 및 기록보관소(National Meteorological Library and Archive – Met Office, UK)에서 이미지 제공.

지되기 전까지(무려 1953년!), 엄격한 법 해석에 따르면 영국의 모든 일기예보관들은 이론적으로 주술 행위를 저지른 셈이었습니다. 그만큼 기상 예측 기술은 당시로서는 너무나도 새롭고 믿기 어려운 개념이었고, 그 영향력은 기존 법의 테두리를 훌쩍 넘어서는 것이었습니다. 결국 법이 이러한 과학적 진보를 따라잡는 데에 거의 1세기가 걸리고 말았습니다.

안타깝게도 피츠로이는 행복한 결말을 맞이하지 못했습니다. 그가 도입한 폭풍 경보 시스템은 어선 선주들의 강한 반대에 부딪혔고, 일기예보라는 개념 자체도 지속적인 회의와 반대에 직면했습니다. 최신 통신 기술을 통해 광범위하게 퍼진 데이터를 실시간으로 수집할 수 있게 되면서 비로소 가능해진 일기예보는, 당시 대중에게는 지나치게 환상적이고 비현실적인 것으로 여겨졌고, 예보에 대한 신뢰를 좀처럼 얻기 어려웠습니다. 이런 이유들로 인해 피츠로이의 연구는 충분한 재정적 지원을 받지 못했습니다. 그는 결국 자신의 개인 자산을 투입할 수밖에 없었고, 오늘날 가치로 환산하면 약 40만 파운드에 달하는 금액을 일기예보 연구에 쏟아부었습니다.

그를 더욱 괴롭힌 것은 오래전부터 따라다니던 망령 같은 기억이었습니다. 바로 자신이 찰스 다윈이 진화론을 정립하는 데 기여했다는 사실이었죠. 독실한 기독교 신자였던 피츠로이에게 다윈의 이론은 성경의 진리와 정면으로 충돌하는 것이었고, 자신도 모르게 그 항해에서 다윈의 연구를 지원했다는 사실은 피츠로이에게 '뼈아픈 고통'을 안겨주었습니다. 피츠로이는 점점 깊은 우울감에 빠졌습니다. 재정적 어려움과 사회적 반대 속에서도, 바다에서 생명을 구해야 한다는 도덕적 책임감과 신앙적 갈등은 그에게 감당하기 어려운 무게로 다가왔습니다. 결국 그는 1865년 4월 30일, 스스로 생을 마감했습니다. 피츠로이는 빅토리아 시대 과학계에서 과도기적 인물로 평가됩니다. 한쪽 발은 과거에 딛고 있었지만, 다른 한쪽 발은 소수만이 내다볼 수 있었던 미래를 향해 나아가고 있었죠. 오늘날 그는 일기예보의 창시자이자, 폭풍과 가뭄, 홍수 등 극단적인 기상 현상으로부터 수많은 생명을 구하는 데 기여한 인물로 기억되고 있습니다.

피츠로이는 미래를 예측하기 위해 주로 정성적인 관찰에 의존했습니다. 앞서 살펴본 바와 같이, 이러한 경험적 접근 방식과 더불어 기상학의 이론적 기반 역시 점차 발전하고 있었습니다. 특히 윌리엄 페렐은 물리학과 수학을 활용하여 기상 시스템을 분석하는 새로운 길을 열었습니다. 20세기에 접어들면서 정성적 관찰과 이론적 분석이 결합되기 시작했고, 1890년경에는 페렐과 동시대를 살았던 미국의 기상학자 클리블랜드 애비Cleveland Abbe(1838~1916)는 기상학이란 본질적으로 대기에 적용되는 유체역학과 열역학 법칙의 응용이라고 정의했습니다.[11]

이제 이러한 원리를 바탕으로 바람의 발생을 어떻게 대략적으로 계산할 수 있는지 살펴보겠습니다. 앞서 언급했듯이, 먼 거리 사이의 기압 변화, 즉 수평 기압 기울기는 바람을 유발합니다. 가령, 두 지점에서 기압을 측정했다고 가정하고, 그중 한 지점이 다른 지점보다 동쪽으로 X킬로미터 떨어져 있다고 합시다. 이때 두 지점의 기압을 각각 P_{west}와 P_{east}라 한다면, 두 지점 사이에 부는 동서풍의 속도 $wind_{EW}$는 대략적으로 다음과 같은 식으로 표현할 수 있습니다.

$$\frac{p_{east} - p_{west}}{X} \propto wind_{EW}$$

즉, 두 지점 사이의 기압 차이가 클수록 동서 방향으로 부는 바람의 세기는 더욱 강해지며, 반대로 두 지점 사이의 거리가 멀어질수록 동일한 기압 차이에 의해 발생하는 바람의 세기는 상대적으로 약해집니다. 방정식 가운데에 사용된 기호는 방정식의 한쪽이 다른 한쪽과 정확히 같다는 의미가 아니라 비례한다는 것을 나타냅니다.

우리가 앞서 계산한 바람의 원천은 바로 **기압 경도력**pressure gradient force이라 불리는 힘으로, 이는 대기의 흐름을 근본적으로 주도하는 주요 요인입니다. 다만, 이 계산에서는 코리올리 힘의 영향은 제외했습니다. 만약 기압 경도력과 코리올리 힘이 서로 정확히 균형을 이룬다고 가정한다면, 다시 말해 기압 기울기에 의해 발생한 운동이 코리올리 힘에 의해 완전히 상쇄되는 경우, 대기의 움직임에 대해 상당히 정확한 근사치를 얻을 수 있습니다. 이러한 가정을 바탕으로 한 접근을 지균류 근사geostrophic approximation[24]라고 하며, 이 근사에 따라 계산된 바람을 **지균풍**geostrophic wind이라 부릅니다. 이 개념을 수식으로 간단히 표현하면 다음과 같은 형태로 나타낼 수 있습니다.

$$\frac{p_{east} - p_{west}}{X} \propto f \times wind_{NS}$$

[24] 고대 그리스어로 지구를 의미하는 geo와 비틀기나 회전을 의미하는 strophe(대류권(troposphere)의 어원과 같음)에서 유래했습니다.

이때 바람은 남북 방향으로 흐르며, 이는 편향된 결과로 해석할 수 있습니다. 또한, 우리가 고려하는 특정 위치에서의 코리올리 힘을 나타내는 새로운 기호 f가 도입됩니다. 이 값(f)은 지구 자전의 영향을 반영하는 매개변수로, 극지방에서는 그 크기가 크고, 적도 부근에서는 작습니다. 아울러, 북반구에서는 양의 값을, 남반구에서는 음의 값을 갖습니다.

대기 과학에서 배운 필드의 개념을 떠올려 보면, 수평 방향으로 기압 필드가 어떻게 변화하는지를 분석함으로써, 넓은 지역에 걸친 동서 방향 및 남북 방향의 속도 필드를 계산할 수 있습니다. 이 두 속도 성분을 결합하면, 특정 위치에서의 풍속과 풍향을 정확히 파악할 수 있게 됩니다. 지구 반구 전체의 대기 순환이나 대형 허리케인과 같은 거대 규모의 기상 현상을 고려할 때, 이러한 방식으로 계산된 지균풍은 실제 관측된 바람과 매우 잘 일치하는 경향을 보입니다. 지균풍을 이해하는 한 가지 직관적인 방법은, 그것이 기상도상에서 **등압선**, 즉 일정한 기압을 나타내는 선을 따라 흐른다는 점입니다. 특히 온대저기압의 중심부와 같이 기압 기울기가 큰 지역에서는 실제로 공기가 기압 등고선(등압선)을 따라 움직이는 모습을 관측할 수 있습니다.

따라서 광범위한 기압 측정값을 바탕으로 동서 방향 및 남북 방향의 속도 필드를 계산할 수 있습니다. 이런 속도 성분들을 활용하면 **이류**advection라는 과정을 통해 향후 기압 필드의 변화를 예측할 수 있습니다. 이류란, 간단히 말해 유체가 어떤 물리량

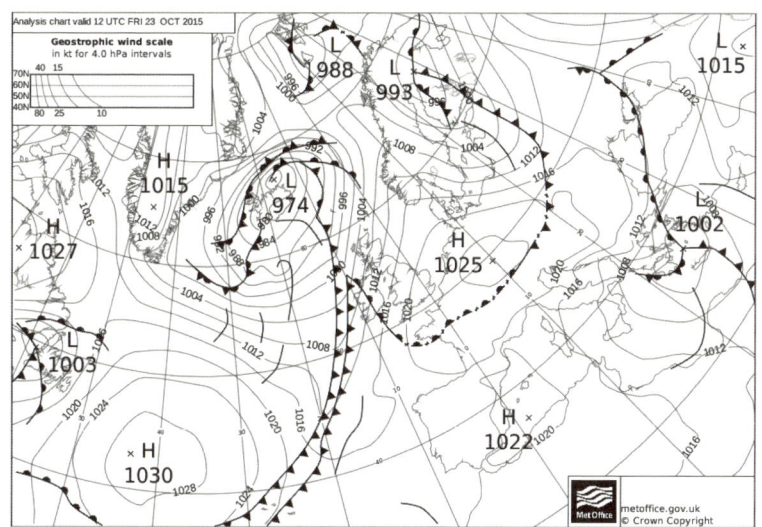

그림 9 현대의 기상도·일기도.
가느다란 선은 기압이 일정한 곳을 연결한 등압선이고, 굵은 선은 서로 다른 기단 사이의 경계인 기상 전선입니다. 전선 위의 기호들은 전선의 종류를 나타내는데, 예를 들어 한랭 전선은 삼각형으로, 온난 전선은 반원으로 표시됩니다. ©Crown Copyright [2015]. 영국 기상청 국립 기상 도서관 및 기록보관소에서 정보 제공.

을 다른 장소로 운반하는 과정입니다. 대기 유체의 흐름인 바람은 바다에서 육지로 수분을 운반하고, 열대 지방에서 극지방으로 열을 이동시키며, 폭풍 주변에서는 구름을 소용돌이치는 형태로 분포시키기도 합니다. 이류는 대기뿐만 아니라 모든 유체에서 수분, 온도, 그리고 다양한 물리량을 공간적으로 재배치하는 데 핵심적인 역할을 합니다. 심지어 선형 운동량뿐만 아니라 각운동량도 이류를 통해 전달되며, 이러한 전달은 초기의 속도 필드 자체에 영향을 미칠 수 있습니다. 즉, 속도 필드를 계산한 뒤, 그것이 단순하거나 혹은 편향되고 복잡한 형태일지라도, 그 속도 필드를 기반으로 이류 필드를 계산함으로써 과학자들은 마치 '태엽을 감듯이' 미래의 대기 상태를 예측할 수 있게 됩니다. 결국, 계산된 속도 필드에 의해 대기 필드가 시간에 따라 어떻게 변할지를 예측할 수 있는 것이죠.

1904년, 노르웨이의 기상학자 빌헬름 비에르크네스Vilhelm Bjerknes(1862~1951)는 당시로서는 다소 과감했던 주장을 더욱 정교하게 다듬어, 수학적 방법을 통해 일기예보가 가능하다고 제안했습니다. 혹시 이 이름이 낯익게 느껴지셨다면, 이유가 있습니다. 빌헬름은 앞 장에서 소개된, 엘니뇨와 남방 진동의 관계를 밝혀낸 야콥 비에르크네스의 아버지이기 때문이죠. 이들 부자는 그야말로 학문적 왕조를 이루었다고 해도 과언이 아닙니다![25]

비에르크네스는 페렐과 같은 선구자들의 연구를 바탕으로, 뉴턴, 코리올리, 오일러 등 여러 이론 물리학자들의 업적을 통합하

---

[25] 이들은 단순히 아버지와 아들로 구성된 학문적 듀오에 그치지 않았습니다! 빌헬름의 아버지인 칼 안톤 비에르크네스(Carl Anton Bjerknes) 역시 유체 역학 분야에서 폭넓은 이론적 연구를 수행했으며, 특히 유체의 수학적 성질과 전자기장의 수학적 유사성에 대해 깊이 탐구했습니다. 그러나 그는 자신의 이론을 실험적으로 검증한 적이 없었습니다. 이에 빌헬름은 겨우 열일곱 살의 나이에 아버지의 이론을 직접 실험으로 검증하기로 결심하고, 일련의 실험을 직접 고안해 냈습니다. 그는 이 실험을 성공적으로 수행했으며, 1881년 프랑스 국제 박람회에서 시럽으로 가득 찬 욕조를 활용한 시연을 선보이며 세계 과학자들의 주목을 받았습니다.

여 대기 흐름을 설명할 수 있는 간결한 방정식 체계를 제시했습니다. 이 방정식들은 훗날, 학부생들의 표현을 빌리자면 다소 가혹하게도, **원시 방정식**이라 불리게 됩니다. 수학적 배경이 없는 사람에게는 복잡하게 느껴질 수 있지만, 그 본질은 매우 직관적이고 단순합니다.[12] 비에르크네스는 대기 예측을 위해 다음과 같은 네 가지 절차를 따르면 된다고 주장했습니다:

1 기압, 온도와 같은 같은 대기 필드의 물리량을 측정하여 대기의 초기 상태를 파악한다.
2 관측된 초기 상태와 원시 방정식을 활용하여, 시간에 따른 속도 필드의 변화를 계산한다.
3 앞 단계에서 계산된 속도 필드를 바탕으로, 이류 과정을 통해 기온, 습도 등 대기 필드의 변화를 예측한다.
4 2단계에서 4단계까지의 과정을 반복한다.

결국 핵심은 이렇습니다! 이 지점에 도달하기 위해 물리학과 수학은 3세기에 걸쳐 발전해야 했고, 대기의 단순한 흐름을 밝혀내기 위한 관측 장비와 네트워크 개발에도 거의 그에 상응하는 시간이 소요되었습니다. 물론 이는 실제 과학의 복잡성을 다소 축소해서 표현한 것입니다. 대기가 행동하는 방식을 기술하는 현대의 대기 방정식에는 수많은 추가 요인들이 포함됩니다. 그럼에도 불구하고, 그 이론적 중심축은 여전히 비에르크네스가 제시한 원

$$\frac{\partial u}{\partial t} + u\frac{\partial u}{\partial x} + v\frac{\partial u}{\partial y} - fv = -\frac{1}{\rho}\frac{\partial p}{\partial x} + F_x$$

$$\frac{\partial v}{\partial t} + u\frac{\partial v}{\partial x} + v\frac{\partial v}{\partial y} + fu = -\frac{1}{\rho}\frac{\partial p}{\partial y} + F_y$$

$$\frac{\partial p}{\partial z} = -\rho g$$

$$\frac{\partial \theta}{\partial t} + u\frac{\partial \theta}{\partial x} + v\frac{\partial \theta}{\partial y} = 0$$

$$\frac{\partial \rho}{\partial t} + u\frac{\partial \rho}{\partial x} + v\frac{\partial \rho}{\partial y} = -\rho\left(\frac{\partial u}{\partial x} + \frac{\partial v}{\partial y}\right)$$

그림 10 원시 방정식의 한 형태.
(자세한 설명은 185쪽을 참조하세요.)

리에 기반하고 있습니다. 그의 아이디어는 그 영향력이 워낙 지대하여, **베르겐 기상학파**라는 학문적 전통으로 발전하였고, 이는 현대 대기 물리학의 기초를 형성하는 데 결정적인 역할을 했습니다. 특히 카를 구스타프 로스비Carl-Gustaf Rossby와 같이 20세기 초 스칸디나비아 출신의 영향력 있는 과학자들에 의해 적극적으로 채택되었으며,[13] 이들은 두 차례의 세계대전을 거치며 급격히 확장된 관측망을 활용하여 오늘날 우리가 알고 있는 현대 기상학의 기반을 구축했습니다.[14]

넓은 범위에서 기상학은 주로 서로 다른 **기단**과 그 경계인 **기상 전선**의 진화를 계산하는 데 중점을 둡니다.[15] 기단은 본질적으로 하나의 국가 규모에 해당하는 커다란 공기 덩어리로, 온도와 습도에 따라 정의됩니다. 예를 들어, 대륙성 한대기단은 차갑고 건조한 특성을 가지며, 해양성 열대기단은 따뜻하고 습한 성질을 띱니다. 특정 기단이 지배하는 지역에서는 날씨가 비교적 일정하게 유지되며, 그 특성은 해당 기단의 성질에 따라 결정됩니다. 그러나 한 기단이 다른 기단과 만나게 되면, 그 경계에서는 날씨가 급격히 변할 수 있습니다. 이러한 기상 전선은 제1차 세계대전 당시 서부 전선을 닮았다는 이유로 그런 이름이 붙여졌으며, 한랭 전선, 온난 전선, 폐색 전선 등 몇 가지 형태로 나뉩니다. 전선의 각 유형은 특정한 대기 조건의 조합을 반영합니다. 예를 들어, 한랭 전선은 차가운 기단이 지형을 따라 전진하면서 따뜻한 공기를 아래에서 밀어 올릴 때 형성됩니다. 이 과정에서 구름이 빠르게 발달하고, 강수량이 급격히 증가하는 등 날씨의 급격한 변화를 유발할 수 있습니다.

  대기 물리학의 가장 아름다운 점 중 하나는, 전선에서 발생하는 소규모의 변화조차도 대륙 규모의 기단을 설명하는 데 사용하는 것과 동일한 방정식으로 기술하고 예측할 수 있다는 사실입니다. 상호작용하는 기단들은 유체처럼 행동하며, 전선에서 상승하거나 하강하는 국지적인 공기 덩어리 역시 마찬가지입니다. 다만, 두 규모 간의 차이는 그 움직임을 설명하는 방정식에서 어떤 물리적 과정을 생략할 수 있는지에 따라 달라집니다. 예를 들어, 대규모 기단의 움직임을 설명할 때는 지면과의 마찰을 무시해도 큰 문제가 없지만, 소규모 현상에서는 지면 마찰이 매우 중요한 역할을 합니다. 산악 지형이나 계곡을 따라 흐르는 공기는 평지에서의 흐름과는 전혀 다른 양상을 보입니다. 적운, 권운, 적란운 등 우리 눈에 보이는 다양한 구름은 지형에 의한 상승뿐 아니라 국지적 급변풍, 온도 기울기, 습도와 같은 소규모 물리 과정에 의해 형성됩니다.

이처럼 대기물리학은 보편적인 원리를 기반으로 하나, 그 보편성은 너무나도 방대하고 복잡합니다. 과학자들은 선택과 집중을 통해 핵심적인 물리 과정을 파악해야만 합니다. 무시해도 되는 복잡성은 과감히 생략하고, 관측된 현상을 지배하는 주요 요인에 집중하는 것이죠. 지난 2세기 동안 대기과학은 눈부신 발전을 이루었으며, 이제 우리는 대기의 미래를 예측할 수 있는 수준에 도달했습니다.

기상학자들은 기단과 전선의 개념을 활용하여, 시간에 따라 변화하는 날씨를 정성적, 정량적으로 설명하고 예측합니다. 컴퓨터를 통해 베르겐 학파의 방정식을 적용하고, 현재의 관측값을 기반으로 대기의 미래 상태를 계산하는 방식인 **수치 예보**는 정량적 예측을 가능하게 합니다. 반면, 숙련된 기상학자들은 기상도를 분석하고 전선들의 배열을 파악함으로써, 향후 몇 시간 동안의 날씨를 정성적으로 예측할 수 있습니다. 전선은 대기 필드라는 연속체를 분리된 개체들 간의 상호작용이라는 관리 가능한 단위로 나누어 줍니다. 이러한 구조 덕분에 인간의 두뇌로도 대기의 복잡한 움직임을 이해하고 예측하는 것이 가능해집니다.

컴퓨터는 인간처럼 개념적 요약을 필요로 하지 않습니다. 대신, 정량적 일기예보에 활용되는 컴퓨터 모델은 온도, 습도 등 대기 필드를 설명하는 정보를 그리드grid에 저장합니다. 이때 사용되는 데이터 포인트의 수는 **그리드 사이즈**, 즉 **해상도**에 따라 결정됩니다. 예를 들어, 전 지구적 규모의 대기 필드를 고려할 경우 일반적으로 2.5도의 해상도가 사용되는데, 이는 경도와 위도 각각 2.5도 간격으로 하나의 값이 저장된다는 의미입니다. 해상도가 높을수록 연속적인 대기 필드를 더욱 정밀하게 묘사할 수 있지만, 그만큼 계산량이 증가하여 처리 속도가 느려집니다. 초기의 컴퓨터 모델은 메모리 용량의 제한으로 인해 매우 낮은 해상도를 사용할 수밖에 없었지만, 현대의 컴퓨터 모델은 기술의 발전에 힘입어 매우 높은 해상도를 구현할 수 있습니다. 영국 기상청은 영국 제도에 대한 예보를 수행할 때 해상도를 1,500미터 수준으로 설정하여 사용하고 있습니다.[16]

흥미롭게도, 수치 예보는 현대적 의미의 컴퓨터보다 먼저 등장했다는 점에 주목할 필요가 있습니다. 원래 **컴퓨터**라는 용어는 반복적인 수학 계산을 수행하던 사람을 지칭한 것으로, 이러한 작업은 주로 여성이나 여성으로 구성된 팀이 담당했습니다. 그러한 인간 컴퓨터 중 한 명인 루이스 프라이 리처드슨Lewis Fry Richardson(1881~1953)은 다양한 분야에 관심을 가진 인물이었습니다. 그는 퀘이커교 신념에 따라 제1차 세계대전에서 양심적 병역 거부자의 길을 택했고, 그로 인해 학계에서 공식적인 직책을 맡지 못했습니다. 1922년, 그는 『**수치 계산에 의한 날씨 예측**Weather Prediction by Numerical Process』[17]이라는 독창적인 저서를 출간했지만, 시대적 한계에 발목을 잡히고 말았습니다. 이 책에서 리처드슨은 역학 방정식을 활용하여, 오늘날의 컴퓨터 모델과 유사한 방식으로 날씨를 예측하는 체계적인 방식을 제시했습니다. 더욱 놀라운 점은, 그가 자신의 방법을 모두 **수작업으로** 계산하여 예보를 시연했다는 점입니다. 예보 지역 내 모든 그리드 포인트에서 기압과 기온의 변화를 디지털 컴퓨터가 아닌, 연필과 종이로 8시간 동안 계산했으며, 단 하루 동안의 날씨 변화를 예측하는 데 무려 6주가 소요되었습니다. 안타깝게도, 그러나 그다지 놀랍지 않게도, 그의 예측은 크게 빗나갔습니다. 지표면 기압이 145헥토파스칼hPa이나 변할 것이라 예측했는데, 이는 실제보다 약 100배나 큰 수치였던 것이죠. 그러나 기상학자 피터 린치Peter Lynch의 후속 분석에 따르면, 이 오류는 리처드슨의 계산 방식 자체보다는 당시 사용된 초기 데이터의 품질에 더 큰 원인이 있었던 것으로 밝혀졌습니다. 이러한 점을 고려할 때, 리처드슨은 수작업으로도 하루치 일기예보를 상당히 정확하게 계산해 낸 셈이고, 이는 기상학 역사에서 실로 놀라운 업적이라고 평가할 수 있습니다!

당시만 해도 수치 예보라는 개념은 방대한 계산량으로 인해 터무니없고 실패할 운명에 처한 아이디어처럼 보였습니다. 기술의 발전이 베르겐 학파와 리처드슨의 이상을 따라잡기까지 무려 30년을 기다려야 했습니다. 1950년대에 이르러, 제2차 세계대전을 계기로 디지털 컴퓨팅 기술이 급속도로 발전하면서 페란티 마크 I과 유니박 I과 같은 최초의 범용 전자 컴퓨터가 등장했습니다. 많은 과학자들은 이 새로운 기계들을 열광적으로 받아들였고, 1950년에는 기상학자 줄 차니Jule Charney(1917~1981)와 수학자 존 폰 노이만John von Neumann(1903~1957)을 비롯한 당대 최고의 연구진에 의해 최초의 디지털 기상 예보가 이루어졌습니다. 당시에는 과학과 기술로 무엇이든 해낼 수 있다는 낙관적 분위기가 사회 전반에 퍼져 있었고, 디지털 컴퓨터가 이전엔 상상조차 할 수 없었던 계산 능력을 갖추게 되면서 과학자들은 그동안 풀 수 없다고 여겨졌던 문제들에 과감히 도전하기 시작했습니다. 물론, 이 스타급 연구진조차도 다가올 24시간의 날씨를 예측하는 데 거의 24시간이 걸렸고, 예측의 세부 내용도 매우 제한적이었지만, 그 가능성만큼은 분명해 보였습니다.[18] 과학은 정말로 날씨의 다음 움직임을 예측할 수 있을까요?

1950년대에 들어서면서, 점점 더 복잡한 방식으로 대기를 컴퓨터로 시뮬레이션하게 되면서, 날씨 예측 외에도 대기에 관한 근본적인 질문들이 연구되었습니다. 이 중 상당수는 연필과 종이로는 도저히 풀 수 없었던 문제들이었죠. 그중 하나는 해들리 순환과 같은 대기의 순환이 어떻게 스스로 조직되는가에 관한 것이었습니다. 예컨대, 순환의 북쪽과 남쪽 사이의 온도 차이는 얼마나 커지는지, 대기 내의 대류는 얼마나 강해지는지, 그리고 이러한 순환이 얼마나 높은 고도까지 도달하는지에 대한 질문이었습니다. 1961년, 과묵하고 겸손한 기상학자 에드워드 노턴 로렌즈Edward Norton Lorenz(1917~2008)가 복잡한 문제를 단순한 방정식 세트를 통해 탐구하고 있었습니다.[19] 제가 학계에 오래 몸담았기 때문인지 모르겠지만, 그가 도출한 방정식들은 정말 아름답게 느껴집니다. 단 7개의 변수와 세 줄의 우아한 식으로 구성되어 있지만, 그 식은 행성 규모의 엄청나게 복잡한 대기 시스템의 동작을 놀라울 정도로 정확하게 포착해 내기 때문이죠.

당시 고작 25세였던 전설적인 컴퓨터 과학자 마거릿 해밀턴Margaret Hamilton(1936~)[26]의 도움을 받아 문제를 조사하던 로렌즈는 계산을 반복하여 상황을 더 면밀히 살펴보기로 했습니다. 이후 그는 저서 『**카오스의 본질**The Essence of Chaos』[20]에서 다음과 같이 그 순간을 회고했습니다:

> 나는 컴퓨터를 멈추고 조금 전에 프린터에서 출력된 숫자 한 줄을 입력한 뒤, 다시 계산을 작동시켰다. 로비로 나가 커피 한 잔을 마시고 1시간 뒤에 돌아왔더니, 그사이 컴퓨터는 약 두 달 치의 날씨를 시뮬레이션해 놓았다. 그런데 프

---

[26] 해밀턴은 소프트 엔지니어링이란 이름까지 창시했을 정도로 이 분야의 선구적인 인물입니다. MIT 계측 연구소의 소프트웨어 엔지니어링 부서 책임자였으며, 아폴로 달 탐사 미션을 위한 소프트웨어를 개발했고, 그녀를 표현한 레고 미니 피규어까지 있습니다.

린터에서 출력되는 숫자들은 이전의 숫자들과는 아무런 관련이 없었다.

이것은 실로 놀라운 일이었습니다! 로렌즈는 대기의 이전 시뮬레이션 결과를 새로운 동일한 시뮬레이션의 시작점, 즉 과학에서 말하는 초기 조건으로 삼아 관심 있는 구간을 다시 계산하려 했습니다. 그러나 두 번째 시뮬레이션에서 컴퓨터가 출력한 결과는 이전과는 완전히 달랐습니다. 이런 일은 일어나서는 안 됩니다. 로렌즈가 사용한 방정식들은 **무작위성**이 전혀 없기 때문입니다. 다시 말해, 이 방정식들은 **결정론적**입니다. 뉴턴의 운동 법칙처럼 초기 조건, 즉 시스템의 시작 상태를 정확히 알고 있다면, 동일한 방정식을 적용했을 때 매번 동일한 결과가 나와야 합니다.

하지만 당시 디지털 컴퓨터는 아직 초기 단계의 기술이었고, 기계적 오류가 발생할 수 있었기에, 처음에 로렌즈는 이것이 단순한 기계적 결함 때문이라고 생각했습니다. 그는 이렇게 회고했습니다.

나는 즉시 컴퓨터의 [진공]관 중 하나가 손상되었거나, 다른 종류의 고장이 발생했을 거라고 생각했다. 당시로서는 드문 일이 아니었기 때문이다. 그러나 기술자를 부르기 전에 원인을 직접 찾아보는 것이 수리를 더 빠르게 진행할 수 있으리라 판단했다. 계산은 갑자기 중단된 것이 아니었다.

새로운 값들은 처음에는 이전 값들과 거의 동일하게 반복되었지만, 곧 마지막 소수점에서 한두 자리의 차이가 나타나기 시작했다. 그다음에는 그 앞자리, 또 그 앞자리에서도 차이가 나타났다. 놀랍게도 이 차이는 거의 매 4일마다 두 배씩 커졌으며, 두 번째 달이 되었을 때는 원래의 값과 전혀 닮지 않은 결과가 출력되고 말았다.

로렌즈가 실제로 결정론적이지 **않은** 결정론적 방정식을 발견한 것일까요? 그렇지는 않습니다. 그가 사용한 방정식들은 여전히 결정론적이었습니다. 방정식에 동일한 숫자를 입력하면, 매번 동일한 결과가 나오는 것이 결정론적 시스템의 본질입니다. 문제는 로렌즈가 정확히 **동일한 숫자를 사용하지 않았다**는 데 있었습니다. 그는 초기 조건을 모델 변수의 출력물에서 가져왔는데, 예를 들어 x=0.506, y=0.193과 같은 값을 출력물에서 읽어낸 것입니다. 그러나 당시 프린터는 소수점 셋째 자리까지만 출력했지만, 모델 자체는 소수점 셋째 자리가 아니라 여섯째 자리까지 계산하고 있었습니다. 프린터는 y 값을 0.193으로 표시했지만, 모델이 **실제로** 계산한 값은 0.193208이었던 것이죠. 즉, 로렌즈는 **정확히** 동일한 초기 조건으로 모델을 다시 시작한 것이 아니라, **거의** 동일한 초기 조건으로 시작했던 것입니다. 처음에 이 차이는 무시해도 될 정도로 미미했고, 계산 결과도 예상대로 별다른 문제가 없어 보였습니다. 그러나 시간이 지나면서 아주 미세한 차이를 가진 두 모델은 점점 더 다른 결과를 보이기 시작했고, 결국에는 완전히 다른 상태에 도달하게 된 것이죠.

로렌즈는 이 현상을 「결정론적 비주기 흐름」이라는 논문에서 자세히 다루었습니다. 이 논문은 20세기 최고의 물리학 논문 중 하나로 평가받습니다(놀라울 정도로 쉽게 읽히는 글입니다. 반드시 읽어볼 가치가 있어요!).²¹ 로렌즈의 발견은 그 파급력이 매우 광범위하여, 완전히 새로운 학문 분야를 탄생시키는 계기가 되었습니다. 이후 10년이 넘는 기간 동안, 미국과 소련의 과학자들은 순수 수학, 경제학, 생물학, 물리학 등 다양한 분야에서 유사한 현상을 연구했지만, 자신들이 다루는 대상이 무엇인지 명확한 이름 없이 작업을 이어갔습니다. 그러던 중, 1975년 수학자 제임스 요크James Yorke(1941~)가 한 논문에서 처음으로 그 유명한 표현을 사용했습니다. 바로 **카오스 이론**입니다.²⁷ 이 용어는 이후 수많은 대중 과학서와 학술 논문에서 널리 사용됩니다.

카오스 이론의 핵심은 겉보기에는 무작위로 행동하는 것처럼 보이지만, 실제로는 뉴턴의 운동 법칙과 같은 결정론적 방정식에 의해 지배되는 동적 시스템을 연구하는 데 있습니다. 이러한 방정식들이 결합되는 방식에 따라 결과는 초기 조건에 극도로 민감

---

27   이것이 카오스 이론이 처음 발견된 순간은 아니었습니다! 그 기원은 1880년대 위대한 수학자 앙리 푸앵카레(Henri Poincaré, 1854~1912)이며, 안드레이 니콜라예비치 콜모고로프(Andrey Nikolaevich Kolmogorov, 1903~1987)가 이를 수학적으로 설명하는 데 핵심 역할을 했습니다(참고: C. Oestreicher, 'A History of Chaos Theory', *Dialogues in Clinical Neuroscience*, vol. 9, no. 3 (2007), pp. 279–89). 하지만 이들의 이론은 대중적으로 받아들여지지 못했습니다.

하게 반응하게 됩니다. 로렌즈는 이 특징을 간결하게 요약했습니다. "카오스란 현재가 미래를 결정하지만, 대략적인 현재는 대략적인 미래를 결정하지 않는 것이다."[22] 카오스 시스템의 가장 잘 알려진 예시는 아마도 날씨일 것입니다. 우리가 매일 경험하는 날씨는 종종 무작위적인 것처럼 보이고, 또 오랫동안 그렇게 여겨져 왔습니다. 그러나 실제로 날씨는 명확한 결과를 내는 방정식들에 의해 지배됩니다. 문제는 이 방정식들이 초기 조건에 매우 민감하다는 점입니다.

1985년 허리케인 엘레나의 사례에서 드러나듯, 일기예보가 종종 정확하지 않은 이유는 바로 대기의 무질서한 특성 때문입니다. 대기의 초기 상태에 관한 정보가 완전하지 않다면, 가까운 미래라고 하더라도 정확하게 예측하는 것은 거의 불가능에 가깝습니다. 오늘날 과학자들은 인공위성 덕분에 전 세계 수많은 지역에서 데이터를 수집할 수 있게 되었지만, 컴퓨터 모델은 특정 해상도로만 작동하기 때문에 예측에 사용되는 데이터는 필연적으로 제한적일 수밖에 없습니다. 설령 지구 전역에서 1센티미터 간격으로 데이터를 수집할 수 있다고 하더라도, 그 방대한 양의 데이터 중 실제로 예측에 활용 가능한 정보 양은 제한적입니다.

게다가 각 데이터 포인트에는 작은 불확실성이 항상 존재합니다. 예를 들어, 온도계를 생각해 보면, 온도계에 섭씨 20.1도라 기록되어 있다고 해도, 실제 값은 섭씨 20.05도에서 20.15도 사이의 어떤 값을 반올림한 것일 수 있습니다. 이는 미미한 오차처럼 보이지만, 수천 개 혹은 수만 개의 측정값이 누적되면 오차는 기하급수적으로 증가할 수 있습니다. 1985년 당시, 예보관들은 지상 관측 자료와 인공위성으로부터 방대한 양의 데이터를 확보하고 있었지만, 데이터의 (여전히 높은) 정확도와 예측 모델의 (상대적으로 낮은) 해상도 사이의 간극으로 인해 예측의 정밀도에는 한계가 있었습니다.

과학자들이 이러한 어려움을 극복할 수 있는 방법 중 하나로 **앙상블 예측** 기법이 있습니다. 이는 동일한 날씨 상황에 대해 약간씩 다른 초기 조건을 설정하여 여러 번 예측을 수행하는 방식입니다. 예를 들어, 하나의 예측은 온도 필드의 불확실성 상한값을 초기 조건으로 삼고, 또 다른 예측은 하한값을 기준으로 설정할 수 있습니다. 이렇게 생성된 예측들은 서로 다른 결과를 도출하며, 그 결과는 매우 유사할 수도 있고, 극단적으로 다를 수도 있습니다. 이 모든 예측 결과의 통계적 평균을 취함으로써, 보다 견고하고 신뢰할 수 있는 예측을 도출할 수 있습니다.

대부분의 경우, 이러한 방식만으로도 대기의 카오스적 특성을 어느 정도 극복하며, 최대 일주일 앞까지의 날씨를 예측할 수 있습니다. 영국 기상청은 다음 날의 기온을 약 섭씨 2도의 오차 범위 내에서 92퍼센트의 확률로 예측하고 있습니다. 이러한 예측 정확도는 지난 1세기 동안 방법론, 컴퓨터 하드웨어, 위성 기술의 발전 덕분에 꾸준히 향상되어 왔습니다. 실제로 1980년에는 다음 날의 날씨를 예측하는 데 그쳤던 영국 기상청이, 현재는 4일 앞의 날씨를 동일한 수준의 정확도로 예측할 수 있게 되었습니다.[23] 그러나 허리케인 엘레나와 같은 사례에서 볼 수 있듯이, 특정한 조건들이 예측을 불가능하게 만들기도 하며, 이러한 상황은 앞으로도 분명히 반복될 것입니다. 대기는 본질적으로 카오스 시스템입니다. 아무리 정밀한 측정 장비를 사용하더라도, 고해상도의 컴퓨터 모델을 적용하더라도, 광범위한 데이터를 수집하더라도, 초기 조건에 존재하는 미세한 오차는 시간이 지남에 따라 급격히 증폭되어 결국 장기적인 예측에서는 큰 오차로 이어지게 됩니다. 결국 과학이 날씨를 정확하게 예측할 수 있는 시간적 범위는, 오차가 감당할 수 없을 정도로 커지기 전까지인 약 열흘 정도에 불과합니다. 이 한계는 우리가 대기를 표현하는 방식이나 사용하는 방정식, 또는 슈퍼컴퓨터의 성능에 기인한 것이 아니라, 본질적으로 카오스 시스템의 미래를 예측하는 데 따르는 구조적인 제약에서 비롯된 것입니다.

그러나 지난 3세기에 걸친 과학의 눈부신 진보 덕분에, 우리는 마침내 기적과도 같은 성과를 이루어 냈습니다. 아직 도래하지 않은 날씨를 미리 들여다볼 수 있게 되었죠. 오늘날 우리는 최대 2주 앞까지의 대기 상태를 예측할 수 있는 능력을 갖추게 되었습니다.

$$\frac{\partial u}{\partial t} + u\frac{\partial u}{\partial x} + v\frac{\partial u}{\partial y} - fv = -\frac{1}{\rho}\frac{\partial p}{\partial x} + F_x$$

$$\frac{\partial v}{\partial t} + u\frac{\partial v}{\partial x} + v\frac{\partial v}{\partial y} + fu = -\frac{1}{\rho}\frac{\partial p}{\partial y} + F_y$$

$$\frac{\partial p}{\partial z} = -\rho g$$

$$\frac{\partial \theta}{\partial t} + u\frac{\partial \theta}{\partial x} + v\frac{\partial \theta}{\partial y} = 0$$

$$\frac{\partial \rho}{\partial t} + u\frac{\partial \rho}{\partial x} + v\frac{\partial \rho}{\partial y} = -\rho\left(\frac{\partial u}{\partial x} + \frac{\partial v}{\partial y}\right)$$

그림 10 원시 방정식의 한 형태(설명).

여기서 u와 v는 각각 동서 방향과 남북 방향의 바람 성분을 의미하며, x, y, z는 각각 어떤 기준 위치로부터 동쪽, 북쪽, 위쪽으로 이동한 거리를 나타냅니다. 이 수식에서는 수직 속도가 무시할 수 있을 정도로 작다고 가정합니다. f는 코리올리 파라미터, ρ는 공기 밀도, p는 기압, Fx와 Fy는 각각 x축과 y축 방향의 마찰력, θ는 잠재온도(공기덩이를 지표면까지 끌어 내렸을 때 갖게 되는 온도)입니다. 첫 번째와 두 번째 방정식은 공기덩이가 동서 방향 및 남북 방향으로 어떻게 가속되는지를 설명합니다. 세 번째 방정식은 고도가 높아질수록 기압이 어떻게 변하는지를 설명합니다. 네 번째와 다섯 번째 방정식은 각각 에너지 보존과 질량 보존을 위한 정리 방정식입니다.

제8장

소용돌이

2018년 2월 22일부터 3월 5일까지, 영국 제도는 '동쪽에서 온 야수'로 불린 고기압 하르트무트Hartmut의 영향으로 혹독한 한파에 시달렸습니다. 시베리아에서 유입된 차가운 공기가 유럽 상공에 약 2주간 머물며, 스코틀랜드의 기온은 섭씨 영하 14도(화씨 7도)까지 떨어졌습니다. 이후 이 냉기단은 대서양에서 수분을 머금은 습한 폭풍과 충돌하면서, 대규모 폭설과 결빙 현상을 유발했습니다. 이로 인해 교통사고, 빙판길 낙상, 대피소 부족 등 사회적 혼란이 발생했고, 유럽 전역에서 95명이 사망하는 비극이 벌어졌습니다. 전체 피해액은 약 12억 파운드에 달하는 것으로 추산됩니다.[1]

그로부터 1년이 채 지나지 않은 2019년 1월 30일, 북위 42도에 위치한 시카고는 남극보다 더 낮은 기온을 기록했습니다. 당시 시카고의 기온은 섭씨 영하 30도(화씨 영하 22도)로 곤두박질쳤는데, 이는 화성의 평균 기온보다도 낮은 수준이었습니다.[2] 도시 전체는 비상 사태에 돌입했고, 시 정부는 공공기관을 폐쇄했으며, 수도관이 얼어붙는 피해가 속출했습니다. 시민들은 폐 손상을 막기 위해 외부에서 말을 삼가고 깊은 호흡을 피하라는 경고를 받을 정도였습니다.

이 두 사건은 모두, 대기라는 거인이 만들어 낸 하나의 장엄한 기상 현상으로 인해 발생한 것입니다. 지금까지 이 책에서는 주로 지표면과 가까운 대류권에서의 날씨와 그 역학을 살펴보았습니다. 그러나 이번 장에서는 대기 상층의 괴물들을 소개하고자 합니다. 여기에는 제가 직접 연구한 결과도 일부 포함되어 있으며, 이 거인들이 어떻게 얼음 같은 손가락으로 지표면의 날씨를 형성하는지를 설명할 것입니다.

만약 여러분이 1915년, 잉글랜드 동부에 거주하고 있었다면, 간헐적으로 서부 전선에서 울려 퍼지는 대포 소리를 들을 수 있었을 것입니다. 제1차 세계대전 당시의 포격은 그 규모가 엄청났으며, 현지 주민들은 여름철 전투 소리를 낮고 지속적인 우르릉거림으로 인식했다고 보고했습니다. 전쟁이 중단되고 대포가 침묵하자, 그 소리도 기억 저편으로 사라졌습니다. 그러던 1935년, 수학자 프랜식스 존 웰시 휘플Francis John Welsh Whipple(1876~1943)은 런던 왕립기상학회(훗날 그는 이 학회의 회장이 됩니다)에서 〈장거리 소리 전파〉라는 제목의 강연을 했습니다.[3] 이 강연에서 그는 에식스주 첼름스퍼드 인근에 거주하던 밀러 크리스티 씨에게 공을 돌렸습니다. 크리스티 씨는 전투 소리가 들리는 날마다 일기를 작성했는데, 휘플은 이 일기장을 분석한 끝에 놀라운 사실을 발견했습니다. 그것은 계절에 따라 소리의 전파가 확연히 달라진다는 점이었습니다. 여름에는 포격 소리가 선명하게 들렸지만, 겨울에는 전혀 들리지 않았던 것입니다. 물론 겨울철에는 전투가 줄어들긴 했지만, 여전히 포격이 있었음에도 불구하고 소리가 사라졌던 것이죠.

전투는 첼름스퍼드에서 동쪽으로 상당히 떨어진 지역에서 벌어졌기 때문에, 휘플은 여름철에 포성이 서쪽으로 전달되었을 것이라 결론을 내렸습니다. 음파는 잠시라도 통과하는 유체층의 속도를 그대로 이어받기 때문에, 그는 강한 바람이 소리의 전달을 도왔을 것이라는 가설을 세웠습니다. 당시 과학계에서는 새롭게 발견된 성층권에서 지구 자전 방향과는 반대인, 즉 동쪽에서 서쪽으로의 순환이 우세하다는 의견이 일반적이었습니다. 이러한 순환이 실제로 존재한다면, 포성이 대류권과 성층권의 경계인 대류권계면에 도달하여 반사될 만큼 충분히 강력하다면, 훨씬 더 서쪽 지역에서도 그 소리를 들을 수 있게 되는 것입니다. 이 설명은 여름철에 프랑스에서 울린 포성이 영국까지 전달된 현상을 잘 설명해 줍니다. 그러나 크리스티 씨의 일기에서 묘사된 조용한 겨울철의 상황은 이 이론으로 설명되지 않았습니다. 뭔가 잘못됐다는 것이죠. 당시 가장 앞선 데이터 수집 방식은 기상 관측용 풍선이었기 때문에, 휘플은 고도 20킬로미터 이상의 성층권 데이터를 거의 확보할 수 없었고, 결국 그는 그곳에서 어떤 일이 벌어지고 있는지를 추측할 수밖에 없었습니다.

휘플은 성층권의 바람이 여름에서 겨울로 바뀌면서 방향이 반대로 전환된다는 가설을 세웠습니다. 즉, 겨울철에는 바람이 서쪽에서 동쪽으로 불게 되며, 이 경우 프랑스에서 발생한 포성은 더 동쪽으로 전달되어 영국에서는 들리지 않게 되는 것입니다. 그렇다면 이러한 바람의 역전은 무엇 때문에 발생하는 걸까요? 앞서 살펴본 바와 같이, 성층권의 가장 뚜렷한 특징은 고도에 따라 기온이 상승한다는 점입니다. 이로 인해 성층권의 역학은 대류권과는 매우 다르게 나타납니다. 특히 성층권은 정적 안정성이 높기 때문에 수직 운동이 거의 억제되고, 대신 공기는 마치 평평한 표면 위를 흐르듯 수평으로 이동하며, 훨씬 더 큰 규모의 순환 패턴을 형성합니다. 수직 운동에 방해받지 않기 때문에, 성층권에서는 대륙 크기의 거대한 대기 구조가 형성될 수 있습니다. 이러한 거대한 구조는 작은 폭풍으로 쪼개지기보다는, 시간이 흐를수록 점점 더 커지고 강력해지는 경향을 보입니다. 이들의 성장을 억제할 수 있는 유일한 요인은 바로 계절의 변화입니다.

적도에서는 계절 간의 차이가 거의 없습니다. 사실, 여름과 겨울이라는 개념 자체가 중위도 이상에서야 비로소 의미를 갖기 시작합니다. 이 지역에서는 따뜻하고 화창한 여름과 춥고 어두운 겨울 사이에 뚜렷한 차이가 존재합니다. 하지만 적도에서 약 66.5도 이상 떨어진 북극권과 남극권에서는 겨울이 전혀 다른 모습으로 다가옵니다. 지구의 자전축이 공전면에 대해 약 23.5도 기울어져 있기 때문에, 이 지역에서는 해가 아예 떠오르지 않는 기간이 발생하며, 이를 **극야**라고 부릅니다. 반대로 여름에는 해가 지지 않는 **백야** 현상이 나타납니다. 결국, 극지방에서의 여름과 겨울은 극단적인 차이를 보입니다. 여름에는 하루 종일 햇볕이 내리쬐고, 겨울에는 하루 종일 어둠이 지속되죠.

극야 기간은 혹독한 추위를 동반합니다. 지표면의 온도는 종종 섭씨 영하 50도 이하로 떨어지며, 중간 대기에서는 섭씨 영하 80도 이하까지 내려가기도 합니다. 우리가 이상기체 법칙을 통해 배운 바에 따르면, 공기 밀도의 변화 없이 온도가 낮아지면 대기압도 함께 낮아지게 됩니다. 앞서 살펴본 것처럼, 지구가 회전하는 가운데 저기압 영역이 형성되면 공기는 그 주위를 저기압성 순환, 즉 사이클론 형태로 회전하게 됩니다. 따라서 겨울철 극지방에는 아시아 대륙만큼이나 거대한, 반구 규모의 순환이 형성됩니다. 여름이 되면 태양이 다시 떠오르고, 엄청난 양의 에너지가 햇빛의 형태로 극지방에 공급됩니다. 오존이 자외선을 흡수하면서 기온은 급격히 상승하고, 여름철 극지방의 성층권은 적도의 성층권보다 더 따뜻해집니다. 이로 인해 겨울철의 순환은 파괴되고, 극지방은 이제 저위도 지역보다 더 높은 대기압을 가지게 됩니다. 그 결과, 반대 방향으로 회전하는 고기압성 순환, 즉 반사이클론이 형성됩니다.

이러한 현상은 영국에서 들렸던 포격 소리와 휘플이 추측한 성층권 바람의 역전 현상을 설명해 줍니다. 계절이 바뀌고 북극권에 여름이 찾아오면, 거대한 성층권 순환이 붕괴되고 바람의 방향이 바뀌는 것이죠. 여기서 한 가지 의문이 생깁니다. 왜 이러한 현상은 지표면과 가까운 대류권에서는 발생하지 않는 것일까요? 극야는 대류권에서도 분명히 느껴지는데 말이죠. 그렇다면 왜 계절에 따라 바람의 방향이 바뀌는 현상이 대류권에서는 나타나지 않는 것일까요?

대류권 순환에 이처럼 극적인 변화가 일어나지 않는 데에는 몇 가지 이유가 있습니다. 그중 가장 중요한 이유는 바로 지구의 불룩한 허리, 즉 적도 때문입니다. 왠지 모르게 동질감이 느껴지는 부분이기도 하네요.

앞서 잠시 언급한 바와 같이, 지구는 완전한 구형이 아닙니다. 지구의 자전으로 인해 암석과 맨틀이 적도 부근에서 약간 팽창하기 때문에 지구는 엄밀히 말하면 타원체에 가깝습니다.[4] 만약 지구의 적도를 따라 줄자를 두르고, 모든 지형을 해수면 높이로 잘라 낸다고 가정한다면, 지구의 둘레는 약 4만 75킬로미터로 측정될 것입니다. 같은 줄자를 북극에서 시작하여 남극까지 곧장 내려간 뒤 다시 북극으로 돌아온다면, 줄자는 남게 될 것입니다. 지구의 **극 둘레**는 4만 8킬로미터에 불과하기 때문이죠. 이는 곧, 지구 중심과의 거리가, 극지방에 서 있을 때보다 적도에 서 있을 때 더 멀다는 뜻이기도 합니다.

중력 가속도는 거리의 제곱에 반비례하므로, 이러한 거리 차이는 위도가 낮을수록 지표면에서의 중력이 더 작아지는 결과를 초래합니다. 여기에 지구 자전에 따른 원심 가속도까지 더해지면, 적도 부근에 서 있을 때는 몸무게가 더 가볍게 측정됩니다! 실제로 높이뛰기와 같은 올림픽 경기의 기록은 위도에 따라 달라질 수 있습니다. 예를 들어, 런던에서 뛰는 선수는 나이로비에서 뛰는 선수보다 더 강한 중력에 맞서야 합니다. 지표면 중력의 차이는 최대 0.5퍼센트에 불과하지만, 경쟁이 치열한 스포츠에서는 이 정도의 차이도 중요한 요소가 될 수 있습니다.[5]

적도에서 상대적으로 낮은 중력은 대기에 훨씬 더 뚜렷한 영향을 미칩니다. 지구 표면이 그렇듯, 대기 역시 저위도에서 바깥쪽으로 불룩하게 팽창합니다. 대류권은 극지방보다 적도에서 훨씬 더 높이 뻗어 있습니다. 저위도 지역에서는 대류권이 약 17킬로미터에서 끝나는 반면, 고위도 지역에서는 8킬로미터에서 끝나기도 합니다. 이 두 극단 사이에서 대기는 점차 경사를 이루게 됩니다. 이는 부분적으로 적도에서 중력이 낮기 때문이며, 또 다른 이유는 적도 상공의 대기가 더 많은 열을 받기 때문입니다. 이 두 가지 효과가 결합되어 대기 압력의 분포가 한쪽으로 치우치게 됩니다. 지구 표면이 적도에서 불룩한 것처럼, 대기의 압력면 역시 그러한 형태를 띠게 되는 것입니다.

다른 관점에서 바라보면, 북극 상공 1킬로미터 지점의 기압은 적도 상공 1킬로미터 지점의 기압보다 훨씬 낮습니다. 이는 극지방의 기온이 더 낮기 때문이며, 본래 기압도 낮다는 점을 기억할 필요가 있습니다. 따라서 고위도 지역에서는 고도가 높아질수록 저위도 지역과의 기압 차이가 점점 더 커지게 됩니다. 이처럼 고도에 따라 증가하는 기압 기울기는 **급변풍**을 발생시키며, 바람의 세기는 이러한 기압 기울기의 크기에 비례합니다. 고도가 높아질수록 기압 기울기가 더욱 가팔라지고, 이에 따라 바람의 세기도 강해지게 됩니다. 이러한 바람을 **온도풍**이라고 부릅니다.[6]

처음에 추측했던 것처럼, 여름철 성층권의 정상적인 상태에서는 공기가 동쪽에서 서쪽으로 부드럽게 흐릅니다. 고위도 지역은 일사량(태양으로부터 받는 에너지)이 일정하기 때문에, 같은 고도의 열대 지역 공기보다 약간 더 따뜻한 상태를 유지합니다. 이러한 온도 기울기로 인해 공기는 적도 방향으로 흐르게 되며, 또 이 과정에서 코리올리 효과에 의해 동풍으로 편향됩니다. 그러나 한 반구에 겨울이 시작되면, 태양이 수개월 동안 지평선 아래로 사라지면서 기온이 급격히 하강하고 온도 기울기가 반대 방향으로 형성됩니다. 이로 인해 극지방의 공기는 적도의 공기보다 훨씬 차가워지게 됩니다. 이에 따라 성층권의 공기는 극을 중심으로 반대 방향으로 회전하게 되며, 겨울밤의 매서운 한기와 낮은 기압 속에서 회전하는 공기는 점차 속도를 높여 중층 대기의 순환을 지배하는 강한 서풍으로 발전합니다. 온도풍 효과는 이러한 순환을 대류권보다 성층권에서 훨씬 더 강하게 만들어, 바람이 매우 빠른 속도로 가속되도록 합니다.

제8장 소용돌이

그 결과, 대기의 유령 거인이라 할 수 있는 성층권 극 소용돌이라는 거대한 회전 순환이 형성됩니다. 이는 런던과 시카고 등지에 몰아친 한파의 궁극적인 원인이기도 하죠. 극 소용돌이는 겨울철이 진행 중인 반구라면 어디에서든 매년 형성되며, 지표면 위 약 15킬로미터에서 50킬로미터 이상까지 뻗어 나갑니다. 이 성층권 극 소용돌이는 규모 면에서 실로 압도적입니다. 지금까지 관측된 가장 큰 열대성 폭풍인 태풍 팁의 폭은 2,000킬로미터였고, 순간 최대 풍속은 시속 300킬로미터(190mi/h)에 달했습니다.[7] 그러나 극 소용돌이는 직경이 약 **6,000킬로미터**에 이르며, 말 그대로 대륙 규모의 회전 구조입니다. 특히 남극에서 형성되는 극 소용돌이는 북반구 겨울철에 나타나는 것보다 훨씬 강력하고 균일한 특성을 보입니다. 남반구 성층권 극 소용돌이에서는 태풍이나 허리케인에서나 볼 수 있는 최고 수준의 바람이 평상시에도 지속적으로 불고 있으며, 풍속은 약 시속 300킬로미터에 달합니다! 반면 북반구의 극 소용돌이의 평균 풍속이 약 시속 200킬로미터(125mi/h) 정도로 다소 낮지만, 변동 폭이 매우 큽니다.

과학자들은 '성층권 극 소용돌이'를 줄여 흔히 '극 소용돌이'라고 부르는데, 이로 인해 일반 대중 사이에서는 혼란이 생기기도 합니다. 많은 사람들이 이 용어를 제트 기류와 혼동하여 사용하는 경우가 있으며, 일부 문헌에서는 '대류권 극 소용돌이'를 별도로 다루기도 합니다. 물론 제트 기류와 성층권 극 소용돌이는 서로 밀접하게 연결되어 있지만, 본질적으로는 명확히 구분되는 별

개의 현상입니다. 이 장에서 언급되는 '극 소용돌이'는 성층권에서 발생하는 극 소용돌이를 지칭하는 것입니다.

극 소용돌이는 크기와 속도 면에서 실로 거대한 존재이지만, 동시에 마치 유령과 같은 존재라는 점을 기억해야 합니다. 성층권의 공기 밀도는 지표면의 대기 밀도의 100분의 1에서 1,000분의 1수준에 불과합니다. 이곳의 공기는 매우 빠르게 움직이지만, 그 속에 담긴 질량은 극히 적습니다. 그렇다면 어떻게 이처럼 희박한 공기가 시카고에 북극의 혹한을 몰고 올 만큼, 지표면의 날씨에 실질적인 영향을 줄 수 있을까요? 성층권이 처음 발견된 이후 수십 년 동안, 고도가 높은 이 영역의 공기는 너무나도 희박하여 지표면에 의미 있는 영향을 미치기 어렵다는 것이 학계의 일반적인 견해였었습니다. 밀도가 높은 대류권에 비해 성층권은 대기라는 운동장에서 이리저리 밀려다니며, 결코 주도권을 잡지 못하는 키만 큰 약골처럼 여겨졌죠. 계절에 따른 바람의 방향 전환을 제외하면, 성층권에서는 별다른 기상 현상이 일어나지 않는다고 보았습니다. 그러나 시간이 흐르면서 이러한 인식은 점차 의심을 받기 시작했고, 마침내 대기 폭발이라 불릴 만큼 강력한 사건들을 통해 그 견해는 산산이 부서지게 됩니다.

1952년, 베를린자유대학교의 리하르트 셰르하그Richard Scherhag(1907~1970) 교수는 「1951/52년 늦겨울의 폭발적인 성층권 온도 상승」이라는 인상적인 제목의 논문을 발표했습니다.[8] 셰르하

그는 기상 관측용 풍선을 통해 수집한 데이터를 바탕으로, 베를린 상공 약 30킬로미터 지점에서 기온이 불과 며칠 사이에 섭씨 40도까지 급격히 상승하는 현상을 관측했습니다. 정말로 놀라운 발견이었죠. 대기에서 이렇게나 빠른 온도 상승이 관측된 적이 없었기에 '폭발적'이라는 표현은 결코 과장이 아니었습니다. 비록 이 표현이 학계에서 널리 채택되진 않았지만, 처음에는 '베를린 승온'이라 불렸던 이 현상은 이후 '성층권 돌연 승온', 줄여서 SSWSudden Stratospheric Warming라는 이름으로 자리 잡게 되었습니다. 후속 연구에 따르면, 이러한 SSW 현상은 중층 대기의 기온을 단 며칠 만에 최대 섭씨 60도까지 상승시킬 수 있으며, 중부 유럽에만 국한된 것이 아니라 성층권 극 소용돌이 전체 영역에 영향을 미치는 것으로 밝혀졌습니다. 실제로 북극 상공 곳곳에서 이러한 돌연 승온 현상이 관측되었으며, 평균적으로 10년에 약 6회 발생하는 것으로 나타났습니다.

　　폭발적인 온도 상승은 SSW의 가장 두드러진 특징이자, 전형적인 현상이기 때문에, 그 명칭에서도 중심적인 요소로 자리 잡고 있습니다. 그러나 이 현상에서 더욱더 충격적인 부분은 바로 극 소용돌이 자체에 일어나는 변화입니다. SSW가 발생하면, 시속 200킬로미터의 속도로 회전하는 대륙 규모의 공기 도넛, 즉 극 소용돌이가 스스로 분열되기 시작합니다. 급격한 온도 상승은 극 소용돌이를 일으킨 해당 반구의 온도 기울기를 근본적으로 불안정하게 만들고, 결국 소용돌이의 구조를 붕괴시키는 결과를 초래합니다. 때로는 이 순환이 갑작스럽게 적도 방향으로 이동하면서 따뜻한 공기와 충돌해 형태를 유지하지 못하고, 또 어떤 경우에는 한자리에 머물다가 두 개의 작은 소용돌이로 분열되기도 합니다. 이렇게 갈라진 두 소용돌이는 서로 충돌하며 격렬한 상호작용을 벌이다가 결국 둘 다 완전히 소멸하게 됩니다. 어느 경우든, 아시아 대륙만 한 크기의 빠르게 회전하는 공기 덩어리는 길어야 일주일 남짓한 시간 안에 스스로를 파괴하게 되는 것이죠. 이러한 사건이 얼마나 극적이고 대단한 일인지는 말로 다 표현하기 어렵습니다.

인공위성 관측 기술의 도입으로 우리는 극 소용돌이의 생애 주기를 훨씬 더 명확하게 파악할 수 있게 되었으며, 세르하그의 발견 또한 보다 구체적인 맥락에서 이해할 수 있게 되었습니다. 앞서 언급했듯이, 극 소용돌이는 반구 전체에 겨울이 시작되면서 형성됩니다. 북반구의 경우 일반적으로 11월경에 나타나며, 겨우내 강력한 서풍 순환을 유지합니다. 그러나 봄이 되면 햇빛이 점차 극지방까지 도달하여 이 지역을 따뜻하게 만들고, 이에 따라 극 소용돌이는 점차 약화되기 시작합니다.

하지만 성층권이 겨울 체제에서 여름 체제로 전환되는 과정은 그리 매끄럽지 않습니다. 늦가을에는 극 소용돌이가 별다른 소란 없이 서서히 등장하지만, 봄에는 매우 요란하게 무대를 빠져나갑니다. 좀 더 정확히 말하면, 폭발적인 온도 상승을 동반하며 퇴장하는데, 이때 극 소용돌이는 **최종 승온**이라는 과정을 통해 스스로를 갈가리 찢어버립니다. 이는 세르하그가 발견한 성층권 돌연 승온과는 구별되는 별개의 현상입니다. 최종 승온은 매년 봄철에 발생하며, 겨울철의 종료를 알리는 자연적 사건입니다. 반면 성층권 돌연 승온은 겨울철이라면 언제든지 발생할 수 있으며, 이로 인해 극 소용돌이는 일시적으로 붕괴되었다가 수 주에 걸쳐 다시 복구되어 서풍 순환을 재개합니다. 이후 봄이 도래하면, 극 소용돌이는 최종 승온을 맞이하며 완전히 해체됩니다.

앞서 언급했듯이, 남극의 극 소용돌이는 북반구보다 훨씬 강력하고 균일한 특징을 지니고 있습니다. 실제로 관측 역사 전체를 통틀어 남극 성층권에서 성층권 돌연 승온이 발생한 사례는 단 세 번뿐이었습니다(그중 한 차례는 매우 미미한 수준이었습니다). 이러한 차이는 의외로 단순한 원인에서 비롯됩니다. 북극의 극 소용돌이가 자주 불안정하게 붕괴되는 이유와도 밀접한 관련이 있죠. 그 핵심은 바로 지구 남반구의 대부분이 바다로 이루어져 있다는 사실입니다.

다소 낯설게 들릴 수도 있지만, 지구본을 자세히 살펴보면 그 의미를 쉽게 이해할 수 있습니다. 북반구는 대륙과 바다가 복잡하게 뒤섞여 있는 반면, 지구본을 거꾸로 뒤집어 남반구를 보면 대부분이 광활한 해양으로 덮여 있습니다. 이러한 지형적 차이는, 남반구의 대기가 비교적 **동서 방향으로 대칭적**인 구조를 유지하게 합니다. 즉, 같은 위도에서는 대기의 흐름이 대체로 유사한 패턴을 보인다는 것이죠.

이러한 현상이 왜 중요한지에 대해 생각해 보면, 그 핵심은 물질마다 열용량이 다르다는 데 있습니다. 즉, 물질마다 에너지와 온도 변화 사이의 교환율이 달라서 동일한 양의 햇빛을 받는다고 하더라도 온도가 변하는 정도가 다르다는 것입니다. 예를 들어, 바다는 태양 에너지의 변화에 훨씬 더 느리게 반응하기 때문에 봄에는 육지보다 천천히 따뜻해지고, 가을에는 육지보다 더 천천히 식습니다.

    이처럼 같은 위도에 위치하더라도 육지와 바다 사이에 온도 차이가 발생하면, 그 차이에 의해 고기압과 저기압 지역이 형성됩니다. 이러한 압력 차는 대기 중에 파동을 만들어 내는데, 이를 **대기파**라고 부릅니다. 대기파는 지구 표면을 따라 수평으로 이동할 수 있을 뿐 아니라, 대기층 내부를 따라 수직으로 전파될 수 있습니다. 이러한 파동은 동일한 위도선을 따라 고기압과 저기압 지역이 함께 이동하는 모습으로 관측됩니다. 마치 바닷물 속의 파도처럼, 마루와 골이 함께 움직이는 형태처럼 말이죠. 파도는 바람에 의해 생성되어 해변까지 전파되며, 해안에 도달하면 부서지게 됩니다. 이 과정에서 파도는 육지에 운동량을 전달하는데, 이는 파도가 더 이상 전파될 수 없는 매질인 단단한 육지에 부딪힐 때도 운동량 보존 법칙이 작용하기 때문입니다. 결국 부서지는 파도는 육지에 힘을 가해 단단한 바위를 서서히 침식시키고, 이로 인해 아름다운 해안 지형이 형성됩니다.

    대륙을 가로지르는 대기압의 변화는 바다의 파도와는 다르게 보일 수 있지만, 대기파 역시 동일한 유체 역학의 법칙에 따라 움직입니다. 따라서 더 이상 전파할 수 없는 지역에 도달하면 마치 '파도가 부서지는' 것과 유사한 현상이 발생할 수 있습니다. 다만, 대기파는 바다와 육지가 만나는 경계가 아니라 특정한 대기 조건이 더 이상 충족되지 않는 지점에서 일어납니다. 구체적으로 말하면, 대기파는 성층권과 극 소용돌이가 만나는 경계, 즉 소용돌이 가장자리 바로 바깥쪽에 위치한 **성층권 쇄파대**stratospheric surf zone 에서 발생합니다.9 이곳에서 대기파는 '붕괴'되며, 보다 형식적으로 표현하자면, 운동량을 전달합니다. 그러나 이 운동량의 전달은 지형을 침식시키는 것이 아니라, 성층권 극 소용돌이의 회전을 느리게 만드는 역할을 합니다. 기하학적 특성상, 이 운동량 전달은 오직 소용돌이의 속도를 감속시키는 방향으로만 작용하며, 성층권의 흐름을 가속시키지는 않습니다. 옆으로 눕혀 자유롭게 회전하는 자전거 바퀴로 극 소용돌이를 비유해 보겠습니다. 이 바퀴는 적도에서 극지로 이어지는 온도 기울기에 의해 지속적으로 가속되고 있습니다. 이때 대기파의 붕괴는 마치 바퀴에 작용하는 브레이크처럼 기능하여 회전 속도가 더 빨라지는 것을 방지합니다. 브레이크가 강하게 작용할수록, 바퀴는 더 천천히 회전하게 되죠.

    북반구는 육지와 해양이 복잡하게 분포하고 있어, 위도 방향으로 뚜렷한 비대칭성을 보입니다. 이러한 지리적 특성은 강력한 대기파의 형성을 유도하며, 이 대기파는 성층권에 도달하여 운동량을 전달할 때 북극의 극 소용돌이에 강한 제동력을 가하게 됩니다. 반면, 남반구는 위도 방향으로 비교적 균일한 해양 분포를 이루고 있어 생성되는 대기파의 강도 역시 상대적으로 약합니다. 이로 인해 남반구 성층권에서 대기파가 붕괴될 때 남극의 극 소용돌이에 미치는 제동력은 북반구에 비해 훨씬 약하게 작용합니다. 결과적으로, 두 소용돌이 모두 동일한 온도 기울기에 의해 지속적으로 가속되지만, 남극의 극 소용돌이는 북극보다 훨씬 강한 상태로 유지됩니다.

그렇다면 이러한 현상이 성층권 돌연 승온과는 어떤 관련이 있을까요? 저는 북반구에서 이러한 격렬한 현상이 더 자주 발생하는 이유를 위도 방향의 대칭성 부족에서 찾았습니다. 다만, 앞서 대기파에 대한 설명은 다소 단순화된 측면이 있었습니다. 실제로 대기파는 기본적으로 육지와 바다의 대비, 그리고 위도 방향의 비대칭성에 의해 형성되지만, 적도 부근에서 운반되는 강수와 열과 같은 국지적인 조건에 의해서도 크게 좌우됩니다. 즉, 특정 시점에 어떤 반구에서 얼마나 많은 대기파가 발생하느냐는 이러한 추가적인 요인들에 따라 달라질 수 있습니다. 결국 위도 방향 대칭성은 극 소용돌이에 작용하는 기본적인 브레이크 세기를 결정하고, 국지적인 변동성은 그 브레이크 작동 강도를 조절하는 역할을 하는 것이죠.

파동 활동이 특히 강하게 나타날 경우, 극 소용돌이에 작용하는 제동력이 지나치게 커져 마치 자전거 바퀴의 회전이 완전히 멈추듯, 극 소용돌이가 급정지할 수 있습니다.[28] 북반구는 평균적으로 파동 활동이 더 활발하게 일어나기 때문에, 여기에 국지적인 강수와 같은 추가 요인이 평소보다 강하게 작용할 경우, 성층권 돌연 승온을 유발하기에 충분한 수준의 파동 강제력이 형성됩니다. 반면, 남극의 극 소용돌이는 평균적인 파동 강제력이 상대적으로 약하기 때문에, 이를 붕괴시키기 위해서는 이러한 추가 요인들이 극대화되어야만 충분한 강제력이 만들어질 수 있습니다.

그렇다면 2018년의 영국과 2019년의 시카고에서는 어떤 일이 있었던 걸까요? 이들 사례에서는 북반구에서 특히 강한 파동 활동이 발생했고, 그 결과 성층권의 극 소용돌이가 성층권 돌연 승온 현상에 의해 붕괴되었습니다. 다만 이 변화는 지표면에서 10킬로미터 이상 떨어진 대기 상층에서 일어난 일이었으며, 극 소용돌이가 아무리 거대하더라도 그 자체만으로 주변에 직접적인 영향을 줄 수는 없습니다. 지상의 날씨에 영향을 미치기 위해서는, 대류권에 존재하는 짝꿍, 제트 기류와의 상호작용이 필수적입니다.

1999년, 북극의 극 소용돌이가 성층권 돌연 승온 현상으로 인해 붕괴되었을 때, 제트 기류의 방향이 변화한다는 사실이 밝혀졌습니다. 마치 줄이 느슨해진 꼭두각시 인형처럼, 성층권 돌연 승온이 발생한 후 몇 주 동안 제트 기류는 남쪽으로 더 깊숙이 이동

---

28 이 과정의 수학적 구조는 매우 흥미롭습니다. 과도한 파동 붕괴는 상층 소용돌이의 흐름 속도를 점차 낮추며, 결국 대기파가 더 이상 전파할 수 없는 임계 수준에 도달하게 됩니다. 이때 '임계면'이라 불리는 경계가 형성되며, 여기에서는 추가적인 파동 붕괴가 집중적으로 발생합니다. 그 결과, 임계면의 고도는 점차 낮아지고, 이러한 과정이 반복되면서 소용돌이 전체가 점진적으로 붕괴됩니다. 결국 성층권 내에서 대기파의 전파가 차단됩니다.

하며 물결치듯 굽이치는 모습을 보입니다. 이러한 성층권의 영향이 지표면까지 도달하는 데는 일반적으로 약 2주가 소요되며, 일단 도달하면 평균적으로 두 달가량 지속됩니다. 이 현상은 마크 볼드윈Mark Baldwin과 팀 던커턴Tim Dunkerton이 발표한 유명한 '흘러내리는 페인트'[10] 도표에 잘 나타나 있습니다. 볼드윈(저에게는 그냥 마크)은 저의 박사과정 지도교수였는데, 그의 도표는 제가 참석했던 거의 모든 학회의 발표마다 빠짐없이 등장했습니다. 성층권 역학 커뮤니티에서는 이 도표를 피할 수 없다는 것이 일종의 농담처럼 회자되기도 했죠. 볼드윈과 던커턴은 1999년 논문에서 성층권 돌연 승온 이후 대서양의 폭풍 경로가 남쪽으로 치우친다는 사실을 발표했습니다. 이후 연구에서는 중위도 지역에서 한파가 더욱 극심해지고, 그 발생 가능성 또한 높아진다는 결과가 도출되었습니다. 이 두 현상은 모두 변덕스러운 제트 기류의 흐름에 기인한 것이었습니다. 제트 기류의 파동에 의해 형성된 저기압대는 폭풍을 평소보다 더 낮은 위도로 유도하며, 그 결과 해당 지역은 강풍과 집중호우 같은 극단적인 기상 현상과 직면하게 된 것입니다. 또한 제트 기류의 구불구불한 흐름은 얼어붙을 정도로 차가운 북극의 공기를 남쪽으로 끌어 내립니다. 2018년과 2019년에 이러한 현상이 실제로 발생했습니다. 영국 제도와 미국 오대호 지역이 남하한 제트 기류 아래에 놓이면서 북극의 생생한 냉기를 직격으로 맞았습니다. 여기에 대서양에서 유입된 수분이 더해져 겨울철 대혼란을 야기하는 완벽한 폭풍이 형성된 것입니다.

앞서 우리는 대기의 여러 영역에 대한 통계를 정밀하게 계산했던 길버트 '부메랑' 워커를 만난 바 있습니다. 그는 특히 서로 다른 지역 간의 대기 필드 사이에서 나타나는 상관관계를 규명하는 데 깊은 관심을 가졌으며, 세계 날씨에 결정적인 영향을 미치는 몇몇 '전략적 지점'을 찾아냈습니다. 그가 발견한 전략적 지점 중 하나는 태평양에서의 남방 진동으로, 인도 몬순뿐만 아니라 전 지구적인 날씨 패턴에 영향을 미칩니다. 또 다른 전략적 지점은 북대서양에 위치해 있었는데, 그는 아이슬란드와 아조레스제도 사이에서 대기압의 시소처럼 작용하는 또 하나의 진동 현상을 발견했습니다. 이 현상은 이후 북대서양 진동, 즉 NAONorth Atlantic Oscillation라고 불리게 되었으며, 남방 진동과 마찬가지로 수치 지수로 표현할 수 있습니다.¹¹ NAO 지수는 유럽의 날씨에 영향을 미치는 제트 기류의 영향을 대략적으로 나타냅니다. NAO 지수가 높을 경우, 제트 기류는 평소보다 북쪽으로 이동하여 유럽은 맑고 온화한 날씨를 경험하게 됩니다. 반대로 NAO 지수가 낮을 경우, 제트 기류는 남쪽으로 이동하면서 유럽은 더 춥고 폭풍우가 몰아치는 날씨에 노출됩니다.

좀 더 자세히 설명하자면, 볼드윈과 던커턴의 연구는 성층권 극 소용돌이의 세기와 북대서양 진동 지수 사이에 일정한 시차가 존재한다는 사실을 밝혀냈습니다. 그러나 이 시차가 정확히 무엇을 의미하는지에 대해서는 논쟁이 이어졌습니다. 즉, 극 소용돌이가 제트 기류를 통해 북대서양 진동 지수를 조절하며 실제로 날씨에 영향을 미치는 것인지, 아니면 더 거대한 대류권이 주도권을 쥐고 있으며, 이 시차는 단지 통계적 착시에 불과한 것인지에 대한 의문이 제기된 것입니다. 이 지점에서 잠깐 제 이야기를 덧붙이자면, 저의 박사학위 연구는 바로 이 성층권과 대류권 간의 결합 메커니즘에 관한 것이었고, 어떤 층이 어떤 층에 영향을 미치는지를 규명하는 데 집중했습니다. 이 주제는 현재까지도 활발히 연구되고 있으며, 제 논문에서는 단순히 대기의 한 층이 다른 층에 일방적으로 영향을 미친다고 보기에는 훨씬 더 복잡한 상호작용이 존재한다는 결론을 내렸습니다. 특히 성층권 돌연 승온 현상 이후에는 성층권이 대류권에 영향을 주기도 하고, 반대로 대류권이 성층권에 영향을 미치기도 했습니다. 그러나 이들 사이에는 비선형적인 상호작용도 존재하고 있었습니다. 간단히 말해서, 대기의 한 층이 다른 층에게 무엇을 하라고 지시하기도 하지만, 그들 사이에서 오가는 대화 또한 날씨에 중요한 영향을 미칠 수도 있다는 것이죠.

  동쪽에서 온 야수나 오대호 지역의 결빙과 같은 극한 기상 현상은 허리케인 엘레나와 뚜렷한 차이를 보입니다. 전자의 경우, 사전에 충분히 예측이 가능했기 때문에 당국은 다가오는 한파에 대해 적절한 경고를 받을 수 있었고, 사전에 인프라를 준비할 수 있었습니다. 이러한 예측이 가능했던 이유는 단순히 기상 예측 모델이 더 우수하거나 데이터 품질이 더 뛰어났기 때문이 아니라, 성층권의 극 소용돌이와 대류권의 제트 기류 사이에 존재하는 연결 고리를 밝혀냈기 때문입니다. 일반적으로 성층권 돌연 승온의 영향이 지표면에 도달하기까지는 몇 주의 시간이 소요됩니다. 이로 인해 기상학자들은 성층권에서 성층권 돌연 승온이 발생한 것을 관측한 후, 이후 몇 주 동안 대류권에서 나타날 기상 이상 징후를 면밀히 주시할 수 있습니다. 더 나아가, 성층권 정보를 포함한 컴퓨터 모델은 대류권 정보만을 사용하는 기존 모델보다 예측 능력이 훨씬 뛰어난 것으로 밝혀졌습니다.[12] 실제로 일부 모델에서는 공간 해상도를 높이는 것보다 성층권 정보를 포함하는 것이 예측 정확도를 더 크게 향상시켰습니다. 폭풍의 위치와 세기, 지표면 온도 변화와 같은 대류권 정보는 일반적으로 며칠을 넘기지 못하는 반면, 성층권 정보는 훨씬 더 오래 지속됩니다. 성층권은 대류권보다 훨씬 느린 시간 단위로 변화하며, 이러한 변화는 장기간에 걸쳐 안정적으로 예측할 수 있습니다. 따라서 특정 시점의 성층권 상태를 파악하면, 비교적 먼 미래의 대기 상태에 대해서도 높은 수준의 확신을 가질 수 있습니다. 성층권 돌연 승온이 발생한 이후 한 두 달 동안, 예보관들은 보다 장기적인 날씨 예측을 가능하게 하는 중요한 정보를 확보하게 되는 셈입니다.

　　이러한 예측 능력은 성층권 극 소용돌이에만 국한된 것이 아닙니다. 엘니뇨 남방 진동을 비롯하여, 이 책에서 다루지 않은 다양한 기상 현상에도 적용될 수 있습니다.[29] 이들 현상은 지리적으로 멀리 떨어진 지역의 날씨에 영향을 미치며, 경우에 따라 훨씬 더 긴 예측 시간을 제공하기도 합니다. 이러한 현상들은 **텔레커넥션**Teleconnections이라고 불리며, 현대 기상 예측에서 매우 중요한 역할을 담당합니다. 다만, 이 장에서는 제가 개인적으로 가장 흥미롭게 여기는 대기 현상인 극 소용돌이에 초점을 맞추었다는 점을 너그럽게 이해해 주시길 바랍니다. 이 장이 여러분에게 날씨에 영향을 미치는 다양한 요소들을 새롭게 바라보는 시각을 제시하는 계기가 되었기를 진심으로 바랍니다.

---

29 물론 모든 항목을 빠짐없이 나열하자면 끝이 없겠지만, 대표적인 예로는 QBO, SAO, MJO, 그리고 경우에 따라 AMO까지 포함될 수 있습니다. 다만 AMO의 경우, 최근 학계에서는 점차 그 존재를 인정하지 않는 방향으로 의견이 모이고 있는 추세입니다. 대기 과학에 관해 이야기할 거리는 무궁무진하지만, 적어도 약어가 부족하다는 말만큼은 절대 할 수 없을 것입니다.

제9장
변화

　　이 책은 캘리포니아 빅서의 숲에서 캠핑을 하던 한 젊은 과학자의 이야기에서 출발했습니다. 이제 마지막 장에 이르러, 그의 이야기로 다시 돌아가 보려 합니다. 다만 그에 앞서, 배경부터 간략하게 설명하는 것이 좋겠습니다.

　　11세기 말, 중국의 대학자 심괄沈括(1031~1095)은 지구 기후에 관한 흥미로운 발견을 남겼습니다. 현재의 산시성 옌안 인근 강가에서 산사태가 발생해 한 동굴이 드러났는데, 그 안에서는 석화된 대나무가 대량으로 발견되었습니다. 이는 매우 이례적인 일이었습니다. 중국 북부에서는 대나무가 자라지 않았고, 오늘날에도 자라지 않기 때문이죠. 이에 호기심을 느낀 심괄은, 당시 이 지역에 대나무가 자라지 않았다는 사실을 바탕으로, 먼 과거의 어느 시점에는 분명히 대나무가 자랐을 거라는 결론에 도달했습니다. 다시 말해, 과거 산시성의 기후는 지금과는 상당히 달랐으며, 시간이 흐름에 따라 지역의 기후가 변화할 수 있다는 점을 추론한 것입니다.[1] 심괄은 오늘날 우리가 **고기후**라 부르는, 지구의 먼 과거 기후에 대한 기록을 남긴 최초의 인물이라 할 수 있습니다.

근본적으로 고기후라는 개념은 다소 역설적인 면을 지니고 있습니다. 앞서 살펴본 바와 같이, 과학자들은 **날씨**와 **기후**를 명확히 구분합니다. 날씨란 짧은 시간 규모에서 나타나는 대기 상태의 변화를 의미합니다. 예컨대 비, 햇빛, 흐림, 안개 등 하루 또는 주 단위로 변화하는 현상들이 이에 해당합니다. 반면 기후는 이러한 대기 상태를 장기간에 걸쳐 평균 낸 것으로, 날씨의 장기적인 평균이라 할 수 있습니다. 예를 들어, 영국 제도는 흐리고 비 오는 날이 많으며, 기온은 대체로 섭씨 10~20도 사이입니다. 물론 가끔은 맑고 구름 한 점 없는 날씨에 기온이 섭씨 20도를 웃도는 경우도 있지만, 오랜 기간 평균을 내보면 영국의 날씨는 대체로 흐리고 온화한 편이라 할 수 있습니다. 따라서 영국 제도의 기후가 흐리고 온화하다는 표현은 따뜻하고 맑은 날이 전혀 없다는 뜻이 아니라, 그런 날이 흐리고 온화한 날보다 훨씬 드물다는 의미입니다.

역설은 바로 이것입니다. 기후는 장기적인 평균인데, 어떻게 기후가 변화할 수 있을까요? 여기서 장기적이라는 표현은 과연 얼마나 긴 시간을 의미하는 걸까요? 기후로 간주되기 위해서는 얼마나 오랜 기간 동안 날씨를 평균 내야 하는 것일까요? 과학자들은 세계기상기구의 정의에 따라 일반적으로 30년이라는 기간을 기준으로 삼습니다. 그러나 보다 넓은 의미에서 기후란 무한히 긴 시간 규모에서 대기가 보이는 거동을 뜻하기도 합니다. 그럼에도 불구하고, 약 1,000년 전에 심괄이 추정했듯이 실제로는 그렇지 않습니다. 특정 지역의 기후뿐 아니라, 전 지구의 평균 기후 역시 상당히 급격하게 변화할 수 있습니다.

이는 실로 중요한 통찰입니다! 이 책 전반에서 우리는 대기가 얼마나 거대한 존재인지, 그리고 그것이 바다와 같은 다른 지구 시스템과 얼마나 복잡하게 상호작용하는지를 살펴보았습니다. 앞서 다룬 많은 내용을 고대 그리스나 오스만 제국 시대의 사람들에게 설명한다고 해도, 대부분은 큰 어려움 없이 받아들일 겁니다 (물론 디지털 컴퓨터에 관한 부분은 설명하기 까다롭겠지만요). 하지만 만약 그들에게 기후, 즉 거대한 대기 자체의 성질이 변할 수 있다고 말한다면, 그것은 아마도 터무니없는 주장처럼 들릴 것입니다. 우리를 둘러싼 공기가 변할 수 있다니요! 오늘은 흐려도 내일은 맑을 수도 있지만, 하늘은 늘 같은 하늘이고, 우리 조상들이 보았던 하늘이자 우리 아이들이 보게 될 하늘일 텐데 말이죠.

지구가 대규모로 변화한다는 이야기는, 주로 **지질학** (geology는 고대 그리스어로 '지구에 대한 연구'라는 뜻에서 유래)에서 비롯된 것입니다. 대기 과학과 마찬가지로 지질학 역시 오래된 역사를 지닌 학문입니다. 아리스토텔레스와 그의 계승자 테오프라스토스Theophrastus(기원전 약 387~271)와 같은 고대 그리스 학자들이 지질학에 관한 최초의 기록을 남겼으며, 이후 이븐 시나Ibn-Sina(981~1037), 아부 레이한 알-비루니Abu Rayhan al-Biruni(973~1050)

와 같은 페르시아 및 아랍 학자들에 의해 그 지식은 더욱 발전했습니다. 팔방미인이었던 심괄 또한 산이 침식되고 하천에 의해 퇴적물이 쌓여 육지가 형성된다는 이론을 제시하며 이 분야에 뛰어들었습니다. 한편, 유럽에서는 지질학이 종교적 간섭으로 인해 오랜 기간 제약을 받았습니다. 당시에는 노아의 방주를 띄운 대홍수가 현재의 지형을 형성했으며, 이후로는 지형이 변하지 않았다고 믿는 견해가 지배적이었습니다. 다른 많은 과학 분야와 마찬가지로, 강력한 영향력을 지닌 가톨릭 교회는 성경을 진리의 기준으로 삼아 새로운 사고와 혁신을 억압했습니다. 기압계를 발명한 토리첼리는 교회로부터 심각한 탄압을 받았으며, 그의 혁신적인 불가분법에 관한 수학 연구는 억압된 대표적인 사례로 꼽힙니다.[2] 지질학은 18세기 중반에 이르러서야 비로소 기독교 교리의 그림자에서 벗어나기 시작했습니다. 자연적인 과정이 지구를 형성했다는 주장을 담은 영향력 있는 저술들이 등장하면서, 지구는 성경이 말하는 것보다 훨씬 오래되었을 것이라는 인식이 점차 확산되기 시작했습니다.

19세기에 접어들면서, 지구의 기후가 과거에 상당히 변화했었다는 사실이 점차 명백해지고 있었습니다. 특히 프랑스와 스위스 알프스에서 발견된 특이한 바위들은 여러 지질학자들의 관심을 끌었습니다. 이 바위들은 주변 지질과 전혀 다른 암석으로 이루어진 표석erratics으로, 빙하에 의해 운반된 것이라는 가설이 제기되었습니다. 빙하는 본질적으로 수천억 톤에 달하는 거대한 얼음의 강입니다. 겉보기에는 단단해 보이지만, 그 엄청난 무게로 인해 매우 느리게 산 아래로 흘러내립니다. 마치 뒷주머니에 넣어둔 초콜릿 바가 겉으로는 단단해 보여도 실제로는 부드럽고 끈적여서 바지를 엉망으로 만드는 것과 비슷하다고 할 수 있죠. 현대 지질학의 아버지[3]로 불리는 스코틀랜드의 신사 과학자 제임스 허턴James Hutton(1726~1797)은 이러한 표석들이 빙하의 후퇴 과정에서 형성되었다고 주장했습니다. 과거에는 바위가 얼음 속에 갇혀 있었으나, 빙하가 산 아래로 천천히 흘러내리면서 바위를 원래 위치에서 멀리 옮겨놓았다는 것입니다. 빙하의 '입구'에 해당하는 **삭마 구역** ablation zone에서 얼음이 녹고 갈라지는 등 다양한 과정을 거치며 크기가 점차 줄어들고, 결국 주변의 얼음이 녹으면서 바위는 빙하에서 떨어져 나오게 됩니다.

하지만 표석들이 발견된 위치는 가장 가까운 빙하로부터 매우 멀리 떨어진 경우가 많았습니다. 허튼이 이를 어떻게 설명했는지는 분명하진 않지만,[4] 후속 학자들은 보다 대담한 가설을 제시했습니다. 과거에는 빙하가 유럽의 상당 부분을 뒤덮었으며, 당시 기후는 지금보다 훨씬 더 추웠다는 주장이었습니다. 스위스 태생의 루이 아가시Louis Agassiz(1807~1873)는, 지구가 과거에 **디 아이스차이트**Die Eiszeit, 즉 빙하기를 겪었다고 주장했습니다. 이 시기는 지구 역사상 가장 추운 시기로, 그는 알프스 빙하가 확장되어 유럽 대부분을 덮었으며, 실제로는 북반구의 모든 대륙을 포함한 거의 전역이 빙상으로 뒤덮였을 것이라고 보았습니다.[5] 그러나 이러한 아이디어가 모두 아가시에게서 비롯되었다고 보기는 어렵습니다. 빙하기라는 용어 자체도 아가시가 아니라, 식물학자이자 당시 그의 친구였던 카를 프리드리히 심퍼Karl Friedrich Schimper(1803~1867)가 만들었습니다. 아가시의 이론 역시 심퍼에게서 상당 부분 영향을 받은 것으로 보입니다. 심퍼는 이 내용을 학술지에 발표하기를 주저했지만, 아가시와는 여러 차례 의견을 나누었습니다. 이후 두 사람의 관계가 틀어지면서, 심퍼의 이름은 아가시의 기록에서 사라지게 되었습니다.⁶ 신사 과학자라 하더라도 그림처럼 근엄한 모습만 있는 건 아닌가 봅니다. 때로는 영화 〈**퀸카로 살아남는 법** Mean Girls(2004)〉의 등장 인물처럼 행동하기도 하는 것 같죠.

누가 처음 제안했든 간에, 빙하기라는 개념은 그 자체로 하나의 혁명이었습니다. 아가시는 당시 과학계의 정설에 정면으로 반하는 주장을 펼쳤습니다. 당시의 정설이란, 지구는 아주 먼 옛날 태양이 탄생하고 남은 물질이 응집되어 형성되었으며, 뜨겁고 불타던 상태에서 점차 식어가고 있다는 것이었습니다.³⁰ 과학계는 아가시의 주장에 의문을 제기했습니다. 지구가 어떻게 식었다가 다시 대규모로 따뜻해질 수 있단 말인가? 이렇게 극적인 온도 변화가 가능하려면, 그 에너지는 과연 어디에서 비롯되는 것인가?

이 질문을 둘러싸고 여러 이론들이 경쟁을 벌였습니다. 일부 과학자들은 화산 폭발이 대기의 특성을 변화시켜 열을 더 많이

---

30   이 시기는 지구가 마치 지옥과도 같은 환경에 놓여 있었던 점을 고려하여, 지질학자들 사이에서는 비공식적으로 **명왕누대(Hadean)**라 불립니다.

가두게 만들었을 것이라고 주장했습니다. 반면, 스코틀랜드 출신의 비범한 과학자 제임스 크롤James Croll(1821~1890)은 전혀 다른 관점을 제시했습니다. 크롤은 동시대 인물인 윌리엄 페렐과 마찬가지로, 독특한 경로를 거쳐 과학자가 된 인물입니다. 중앙 스코틀랜드의 한 농장에서 태어난 그는 거의 독학으로 공부하여 수레바퀴 제조업자, 차茶 판매원, 호텔 관리자, 보험 설계사 등 다양한 직업을 전전했습니다. 건강 문제가 끊임없이 그를 괴롭혀 한 직장에 오래 머물 수 없었죠. 결국 40세가 되던 해에 그는 글래스고에 위치한 스트래스클라이드대학교(당시 앤더스니안대학교)에서 수위로 일하게 되었습니다.[7] 업무의 일환으로 크롤은 대학의 방대한 도서관을 자유롭게 이용할 수 있었습니다. 비록 병약하고 불우한 환경에서 자랐지만 총명하고 자연계에 대한 호기심이 넘쳤던 중년의 크롤에게 도서관은 마치 동화 속 세계처럼 느껴졌을 것입니다. 책을 마음껏 읽어도 좋다는 허가를 받자마자, 그는 열정적으로 독서에 몰두하기 시작했습니다.

정말 동화 같은 이야기입니다. 호텔 매니저에서 대학 수위로 변신한 한 아저씨가 철학, 과학, 신학 등 다양한 분야에 폭넓은 관심을 갖게 되었고, 특히 빙하기라는 새로운 개념에 눈을 뜨게 되었으니 말입니다. 그는 지구 궤도의 역할에 주목한 조제프 아데마르Joseph Adhémar(1797~1862)의 이론에 깊은 흥미를 느꼈고, 불과 몇 년 만에 이 주제로 논문을 발표하여 과학계의 주목을 받게 되었습니다.

지구는 매년 태양 주위를 한 바퀴 돕니다. 교과서에서는 흔히 이 궤적을 완전한 원으로 묘사하지만, 실제로는 그렇지 않습니다. 지구가 완벽한 구형이 아니듯, 태양 주위를 도는 지구의 궤도 역시 완전한 원이 아니라 **타원**입니다. 타원이란 납작하고 길쭉한 원으로, **궤도 이심률**이라는 수치를 통해 그 형태를 간단히 나타낼 수 있습니다. 이심률이 0인 경우, 행성은 완벽한 원 궤도를 도는데, 태양계에서 가장 원에 가까운 궤도를 그리는 행성은 금성으로, 이심률이 0.007에 불과합니다. 반면 이심률이 1에 가까워질수록 궤도는 포물선에 가까워지며, 이는 태양계를 벗어나는 궤도 형태입니다.

현재 지구 궤도의 이심률은 0.017로 원 궤도에 가깝습니다. 그러나 크롤은 이 작은 이심률이 지구의 기후를 변화시킬 만큼 충분히 중요하다고 주장했습니다. 지구가 태양으로부터 조금 더 멀리 떨어져 있을 때에는 태양 복사를 덜 받아 덜 가열되고, 반대로 태양에 가까워지면, 더 많은 복사를 받아 더 가열됩니다. 물론 이 변화만으로는 지구 기후에 큰 영향을 주지 않습니다. 왜냐하면 이러한 차이는 1년 동안 상호 보완되어 평균적으로 상쇄되기 때문이죠. 하지만 지구가 태양에 가까워지거나 멀어지는 시기는 수만 년에 걸친 천문학적 주기에 따라 서서히 변화합니다. 이를 **공전궤도 세차 운동**apsidal precession이라고 합니다. 크롤은 이 운동에 중요한 피드백 고리feedback loop가 존재한다고 보았습니다. 만약 어느 반구의 겨울이 지구가 태양으로부터 멀리 떨어진 궤도 구간과 일치하게 되면, 극심한 추위로 인해 눈이 대규모로 내리고 얼음이 형성된다는 것입니다. 이렇게 겨울철 반구의 표면이 새하얗게 덮이면, 표면의 반사율이 높아지게 됩니다.

과학자들은 이러한 현상을 표면의 **알베도**(라틴어로 **흰색**이라는 뜻)가 증가한다고 설명합니다. 반사율이 높은 표면은 태양 복사열을 덜 흡수하기 때문에 기온이 더 낮아지고 얼음이 더욱 많이 형성될 수 있습니다. 추위가 극에 달하면 얼음이 여름철까지 녹지 않고 남아, 1년 내내 겨울이 지속되는 상태, 즉 빙하기가 발생할 수 있는 것입니다. 결국 지구 궤도의 세차 운동은 겨울철 기온을 점차 따뜻하게 만들어 빙하기를 끝내고, 보다 온화한 시대로의 전환을 이끌게 됩니다. 이처럼 크롤의 얼음 알베도 피드백 이론은 지구 역사 속에서 극지방이 얼음으로 덮인 빙하기와 여름철에 얼음이 없는 간빙기가 번갈아 나타나는 주기를 예측했습니다. 지질학자들 역시 크롤의 예측대로 지구가 실제로 여러 차례의 추운 시기를 겪었다는 증거를 점차 밝혀내고 있었습니다. 그러나 안타깝게도 크롤이 제시한 빙하기의 시기는 당시의 단편적인 지질학적 증거와 정확히 일치하지 않았습니다. 이후 세르비아계 크로아티아 과학자 밀루틴 밀란코비치Milutin Milanković(1879~1958)가 크롤의 이론에 복잡한 요인들을 추가하며 한 단계 더 나아갔습니다. 밀란코비치는 크롤의 이론에 존재하던 오류를 바로잡았는데, 그것은 빙하기의 원인이 지구 궤도에서 어떤 반구의 겨울이 태양으로부터 가장 멀리 떨어진 시기와 일치하는 것이 아니라는 점이었습니다. 밀란코비치에 따르면, 빙하기는 오히려 여름철이 궤도상 가장 먼 지점과 겹쳐서 겨울이 오기 전에 눈과 얼음이 충분히 녹지 않는 경우에 발생합니다. 이처럼 녹는 양이 줄어든 상태에서 겨울철에 눈이 계속 내리면, 얼음층이 점차 두터워지게 됩니다. 또한 밀란코비치는 행성 간의 복잡한 중력적 상호작용를 고려하여 지구 궤도의 이심률, 축 기울기, 세차 운동의 변화를 정밀하게 계산했고, 종이와 연필만으로 수천 번의 계산을 거쳐 역사적 기록에서 관측된 빙하기를 설명할 수 있었습니다.

이러한 역사적 기록의 한 구성 요소는 앞서 이 책에서 소개한 남극에서 채취한 얼음 핵입니다. 그 외에도 해저에서 채취한 유사한 핵, 작고 귀여운 딱정벌레들의 유해(화석 곤충학이라 불리는 흥미로운 분야), 그리고 나무 몸통의 나이테 등이 있습니다. 이 자료들을 전 세계에서 수집하고 함께 분석함으로써, 지구가 실제로 여러 차례 매우 추운 시기를 겪었으며, 대부분의 육지가 빙상으로 덮였다는 사실이 명확히 드러납니다. 하지만 밀란코비치와 크롤이 예측한 변화 외에도 훨씬 더 많은 일이 벌어졌습니다. 이들이 예측한 태양 복사열의 변화는 얼음 핵 데이터에서 매우 뚜렷하게 관측되었으며, 오늘날 우리는 이러한 변화를 밀란코비치 주기라고 부릅니다. 다만 제임스 크롤의 공로가 잊힌 듯하여, 개인적으로는 이 명칭이 아쉽게 느껴집니다.

밀란코비치 주기는 지구 전체 역사를 놓고 봤을 때 비교적 단기적인 변화에 해당합니다. 지난 수억 년간 지구는 온실처럼 따뜻했던 시기도 있었고, 눈덩이처럼 얼어붙었던 시기도 있었으며, 이러한 극단적인 기후 변화는 매우 긴 지질학적 시간 규모에서 반복되어 왔습니다. 지구 전역의 평균 기온이 섭씨 20도 이상 요동친 적도 있었으니, 실로 거대한 변동이라 할 수 있습니다. 이러한 대규모 기후 변화는 크롤이 제안하고 밀란코비치가 발전시킨 궤도 주기만으로는 설명할 수 없습니다. 왜냐하면 이 주기들은 수천만 년이나 수억 년이 아닌, 수만 년 단위의 변화에 해당하기 때문이죠. 앞서 우리는 태양으로부터 오는 에너지가 지구의 온도를 어떻게 결정하는지를 살펴보았습니다. 그렇다면 태양 자체의 에너지 출력 변화가 지구의 고기후를 설명할 수 있을까요? 실제로 태양의 출력은 짧은 시간 규모와 긴 시간 규모 모두에서 변화하지만, 그 어떤 변화도 화석 기록에서 관찰되는 지구의 온도 변화와는 일치하지 않습니다. 지난 수십억 년 동안 태양의 출력은 아주 느리게 증가해 왔지만, 그와 동시에 지구는 대체로 냉각되어 왔습니다. 물론 그 과정에서 상당한 변동도 있었습니다.[8]

지구의 고기후가 이토록 극심한 온도 변화를 보이는 이유는 수백 년 전부터 과학자들에게 풀리지 않는 수수께끼였습니다. 이 수수께끼의 실마리는 열에 집착했던 프랑스의 괴짜 과학자, 장-바티스트 조제프 푸리에(Jean-Baptiste Joseph Fourier(1768~1830)로부터 풀리기 시작했습니다.

푸리에의 삶은 실로 경이롭습니다. 아홉 살에 고아가 된 그는 원래 성직자가 되기 위한 교육을 받았지만, 이후 교사로 전향했습니다. 프랑스 혁명 시기에는 감옥에 수감되어 단두대에 오를 뻔하기도 했죠.[9] 다행히 목숨을 건진 그는 파리의 에콜 폴리테크니크에서 교수직을 맡게 되었고,[10] 나폴레옹의 이집트 침공 이후에는 하이집트의 총독으로 재직하기도 했습니다. 이후 그의 삶은 정치와 과학 사이를 오가며 이어졌습니다.

푸리에의 전기를 읽다 보면, 그는 연구에 몰두하는 것만으로도 충분히 만족스러운 삶을 살았던 듯합니다. 그러나 그의 재능을 알아본 나폴레옹은 그를 계속해서 관직에 끌어들였습니다. 푸리에는 그르노블에서 직책을 맡던 중 열 전달에 관한 실험을 시작했는데, 이 연구는 그가 이집트에서 지낸 경험에서 비롯된 것이었습니다. 그는 열이 생명을 부여하는 성질을 지닌다고 믿었습니다(이 부분은 나중에 중요해집니다. 기억해 두세요). 푸리에는 혁신적인 수학을 통해 물체의 온도가 시간과 공간에 따라 어떻게 변화하는지를 설명할 수 있었고, 그의 이름을 딴 이 수학은 과학 전반에 지대한 영향을 미쳤습니다. 특히 이 장에서 다루는 주제와 관련해 중요한 점은, 푸리에는 생애 마지막 몇 년 동안 지구의 온도에 대한 사고의 흐름에 몰두했고, 그 과정에서 불편한 결론에 도달했다는 것입니다. 바로 지구는 지금보다 훨씬 더 추워야 한다는 사실이었죠!

지구가 얼마나 따뜻해야 하는지를 계산하는 것은 그리 어렵지 않습니다. 그러려면 지구를 하나의 열역학적 물체로 간주하고, 4장에서 다룬 흑체 복사 방정식에 따라 지구가 우주로 에너지를 방출한다고 가정한 뒤, 이 방출량을 태양으로부터 흡수하는 총 에너지 양과 같다고 설정하면 됩니다. 이 흡수량은 이미 관측을 통해 잘 알려져 있습니다. 흑체 복사 방정식을 역으로 적용하면, 지구가 태양 복사 에너지를 흡수하고 동시에 표면에서 열 복사 에너지를 방출한다고 가정할 수 있습니다. 이러한 단순화된 열역학적 모델에 따라 계산하면, 지구의 평균 온도는 약 **섭씨 영하 18도**가 됩니다. 그런데 실제 관측된 지구의 평균 온도는 약 섭씨 15도입니다. 지구는 기본적인 열역학 법칙이 예측하는 것보다 무려 **섭씨 30도 이상 더 따뜻**한 셈입니다! 푸리에는 이 문제를 고민하며 몇 가지 이론을 제시했습니다. 그중에는 '성간 복사'가 지구에 여분의 열을 공급하는 것일지도 모른다는 아이디어도 있었지만, 결국 그가 받아들인 설명은 대기가 일종의 단열재처럼 작용해 지구를 더 따뜻하게 유지시킨다는 것이었습니다. 이로 인해 지구는 생명체가 거주할 수 있는 온도를 유지할 수 있었던 것이죠.

    그러나 그는 이 설명의 핵심에 도달하지 못했습니다. 아이러니하게도, 푸리에는 열에 대한 집착 때문에 생을 마감했기 때문입니다. 노년의 그는 열의 치유 능력을 극대화하기 위해 집을 과도하게 덥게 유지했고, 옷도 지나치게 따뜻하게 입고 다녔습니다. 1830년 5월 4일, 하루 종일 걸어 다니는 사우나처럼 지내던 그는 기력이 쇠한 것인지, 아니면 땀에 젖은 가운을 밟고 넘어진 것인지 모르겠으나 계단에서 굴러떨어져 크게 다쳤고, 며칠 뒤 세상을 떠났습니다.[11] 대부분의 교과서에서는 1859년 아일랜드의 물리학자 존 틴들John Tyndall(1820~1893)이 푸리에의 주장을 완성했다고 설명합니다.[12] 틴들은 런던 왕립연구소에서 권위 있는 자리에 있었기 때문에, 이 가설이 주류 과학계에서 받아들여지는 데 중요한 역할을 했던 것이 분명합니다. 그러나 이러한 설명은 대서양 건너편에서 이루어진 초기 실험실 연구들을 과소평가하는 것입니다. 그 실험들은 대기가 지닌 중요한 단열 특성을 입증해 보였기 때문입니다.

앞서 설명한 바와 같이, 빛은 파장에 따라 정의할 수 있으며, 물질마다 흡수하는 파장이 서로 다릅니다. 예를 들어, 오존은 자외선을 흡수하지만 산소와 질소는 그렇지 않습니다. 우리는 물질이 특정 파장의 빛에 대해 불투명하거나 투명하다고 표현할 수 있습니다. 일반적으로 이러한 표현은 물체의 가시광선 흡수 여부를 나타낼 때 사용하죠. 벽돌은 불투명하고 물은 투명하지만, 이는 어디까지나 가시광선에 한정된 이야기입니다. 마찬가지로 이런 물체들이 자외선에 대해 불투명한지 투명한지도 논의할 수 있습니다. 예컨대 오존은 자외선에 대해 불투명하고, 질소는 투명합니다. 푸리에가 사망했을 당시, 대부분의 과학자들은 모든 기체가 적외선에 대해 투명하다고 믿고 있었습니다. 적외선은 가시광선보다 약간 더 파장이 길고, 열 복사 과정에서 매우 중요한 역할을 합니다. 그러던 1856년, 미국 올버니에서 열린 제8차 미국과학진흥

회 학술대회에서 조지프 헨리Joseph Henry(1797~1878) 교수는 두 페이지 분량의 논문을 발표했습니다. 이 논문은 시대를 몇 년이나 앞선 것으로 평가되며, 특정 기체들이 실제로 적외선에 대해 불투명하다는 사실과, 이들이 적외선을 흡수할 경우 온도가 상당히 상승한다는 실험 결과를 담고 있었습니다. 가장 큰 온도 상승을 일으킨 기체는 탄산이었으며, 오늘날에는 이를 이산화탄소라고 부릅니다.[13]

하지만 이 논문은 헨리가 직접 쓴 것이 아니었습니다. 그는 단지 발표만 했을 뿐이었죠. 실험과 분석을 수행한 사람은 유니스 뉴턴 푸트Eunice Newton Foote(1819~1888)였습니다. 19세기 과학계는 미국과 유럽 모두 남성 중심이었다고 해도 과언이 아닙니다. 앞서 언급한 바와 같이, 이는 정부 공식 기상청, 대학 연구소, 기타 기관들이 설립되면서 과학이 제도화된 덕분이었죠. 조지프 헨리가 교수로 몸담았던 스미스소니언 연구소는 '인류의 지식 증진과 확산'을 위해 설립된 기관이었기에,[14] 그는 푸트의 논문을 발표하며 다음과 같은 말을 덧붙였습니다. "과학에는 국경도 성별도 없다. 여성의 영역은 아름다움과 유용함뿐만 아니라 진리까지 포괄한다."

이 말은 분명 푸트를 칭찬하기 위한 것이었지만, 동시에 당시 여성이 과학계에서 배제되었다는 사실을 오히려 강조하는 표현이 되었습니다. 그렇다고 해서 여성들이 과학적 과정에 전혀 참여하지 않았다는 뜻은 아닙니다. 계몽주의 시대 이후로 에밀리 뒤 샤틀레Émilie du Châtelet, 캐럴라인 허셜Caroline Herschel, 메리 서머빌

Mary Somerville 등 수많은 저명한 여성 과학자들이 활약했죠. 사실 계몽주의 시대에는 그 이후보다 여성들이 훨씬 더 적극적으로 과학에 참여했습니다.[15] 19세기에 들어서면서 여성들은 수학 계산이나 관측 기록 정리 등 과학에서 꼭 필요하지만 비교적 단순한 업무들을 맡게 되었습니다. 20세기 중반에 이르러서야 여성들이 주요 연구소에서 정규직을 얻는 것이 가능해졌습니다. 이 무렵 여성 과학자들은 극도로 불리한 상황 속에서도 남성 과학자들과 동등하거나, 때로는 더 뛰어난 능력을 보여주었습니다. 오늘날 많은 사람들이 마리 스크워도프스카-퀴리Marie Skłodowska-Curie, 에미 뇌터Emmy Noether, 리제 마이트너Lise Meitner, 에이다 러브레이스Ada Lovelace와 같은 위대한 여성 과학자들의 이름과 업적을 알고 있습니다. 이들만큼 널리 알려지지는 않았을지라도, 유니스 푸트 역시 기억되어야 할 인물입니다. 그녀는 지구 대기가 적외선을 흡수하는 중요한 특성을 지닌다는 사실을 세계 최초로 실험을 통해 입증한 사람이었습니다. 이 발견의 공로는 일반적으로 존 틴들에게 돌아가고 있는데, 그가 독립적으로 같은 결론에 도달한 것은 사실이지만, 푸트는 그보다 앞서 이 사실을 밝혀낸 선구자였습니다.

푸리에가 푸트나 틴들처럼 실험을 통해 검증한 것은 아니었지만, 지구 대기가 단열재 역할을 한다는 그의 가설은 정확했습니다. 대기는 태양이 방출하는 대부분의 빛(태양은 매우 뜨거운 천체이므로 대부분 파장이 짧습니다)을 그대로 통과시키지만, 지구 표면에서 방출되는 빛(지구는 상대적으로 차갑기에 대부분 파장이 깁니다)은 매우 효과적으로 흡수합니다. 푸트가 실험으로 보여주었듯이, 이러한 흡수는 부분적으로 이산화탄소에 의해 일어나지만, 대부분은 수증기에 의해 발생합니다. 대기 중에는 눈에 보이는 구름과 보이지 않는 수증기의 형태로 항상 1조 톤 이상의 물이 존재합니다.[16] 이 물은 긴 파장의 빛을 매우 효과적으로 흡수하며 대기의 단열 효과 대부분을 담당합니다. 태양에서 지구로 들어오는 에너지는 대부분 대기를 통과합니다. 이 에너지는 지구 표면에서 열 복사의 형태로 다시 방출되며, 대기 중의 수분, 이산화탄소, 메탄 등 미량 성분들에 의해 외부로 빠져나가는 것이 억제됩니다. 이러한 작용은 지구를 본래보다 훨씬 더 따뜻하게 유지시키며, 이는 푸리에가 처음 계산했던 온도 차이와도 일치합니다. 우리는 이 효과를 흔히 **온실 효과**라고 부릅니다.

이 용어는 대기의 평균적인 영향을 설명할 때 자주 사용되지만, 대기의 단열 특성이 지니는 가장 중요한 효과 중 하나는 해가 진 이후에 더욱 뚜렷하게 나타납니다. 지구의 밤 쪽은 태양으로부터 에너지를 전혀 받지 못하지만(지구의 자전으로 태양이 가려지기 때문에), 여전히 우주로 에너지를 방출합니다. 해가 지면 이러한 에너지 불균형으로 인해 기온이 급격히 떨어지게 됩니다. 사막과 같이 건조한 지역에서는 낮과 밤의 기온 차가 섭씨 30도까지 벌어지기도 하며, 특정 상황에서는 이보다 더 극심한 차이를 보이기도 합니다. 그 예로, 미국 몬태나주의 로마 마을에서는 '퍼펙트 스톰'이라 불리는 기상 현상으로 인해 24시간 만에 섭씨 56.7도의 기온 변화가 관측된 바 있습니다.[17] 그러나 일반적으로 일교차, 즉 지구 표면의 낮과 밤의 온도 차는 약 섭씨 10도 정도입니다. 겉보기에 상당한 차이로 보일 수 있지만, 대기가 존재하기 때문에 차이가 미미한 수준에 머무는 것입니다. 만약 지구에 대기가 없다면, 일교차는 지금보다 몇 배는 더 커질 것입니다. 이와 같은 논리는 연간 기온 변화에도 적용됩니다. 대기가 있는 행성은 대기가 없는 행성보다 여름과 겨울의 온도 차이 역시 훨씬 적습니다.

참고로 온실 효과라는 용어는 푸리에의 초기 연구보다 훨씬 뒤에 등장했습니다. 이 표현은 1909년과 1910년, 존 헨리 포인팅John Henry Poynting(1852~1914)과 프랭크 베리Frank Very(1852~1927)가 학술 논문을 통해 논쟁을 벌이던 중 탄생했습니다. 그러나 이 용어는 그다지 정확하지 않다는 점에서 다소 아쉬운 이름이라 할 수 있습니다. 실제로 이러한 부정확성은 포인팅과 베리의 논쟁의 핵심이었으며, 이는 과학자들에게 명확한 의사소통이 얼마나 중요한지를 보여주는 사례이기도 합니다. 1901년, 스웨덴의 기상학자 닐스 에크홀름Nils Ekholm(1848~1923)은 대기의 단열 특성을 설명하는 논문을 발표하며[18] '온실'이라는 단어를 비유적으로 사용했습니다. 그는 대기가 우주로의 열 손실을 막는 방식이 온실의 유리가 하는 역할과 유사하다고 본 것이죠. 다만 온실의 유리는 공기를 한곳에 가두어 대류를 방지함으로써, 즉 따뜻한 공기가 이동하여 열에너지가 빼앗기는 것을 막아 열 손실을 줄입니다. 반면 대기는 지구에서 방출되는 열복사의 형태의 에너지를 차단합니다. 결과적으로 두 시스템 모두 내부를 따뜻하게 유지시키지만, 그 메커니즘은 상당히 다릅니다.

포인팅은 '온실 효과'라는 용어를 따옴표 안에 넣어 사용하며, 이 비유를 꼬집는 논문을 발표했지만, 아쉽게도 실제 열 전달과 관련된 계산에서는 약간은 엉성한 결과를 내고 말았습니다. 이어서 베리는 같은 학술지에 '온실 효과'를 제목에 넣어 반박 논문을 발표했고, 이로써 두 사람의 논쟁과 에크홀름의 비유 덕분에 대기가 지구를 어떻게 보온하는지를 설명하는 짧고 기억하기 쉬운, 그러나 다소 부정확한 용어가 세상에 등장하게 되었습니다. 다만, 이 현상은 전적으로 자연스러운 과정이라는 점에 유의해야 합니다. 오늘날 흔히 말하는 온실 효과는 인간 활동에 의해 발생한(인위적인) 현상을 지칭하지만, 에크홀름과 포인팅, 그리고 베리가 논의했던 보온 효과는 이미 대기 중에 존재하는 이산화탄소와 수증기로 인해 발생하는 자연적인 온실 효과였습니다.

지난 10억 년간 지구 대기 중 이산화탄소의 농도는 크게 변화해 왔습니다. 현재 우리가 들이마시는 공기 중 약 400ppm은 이산화탄소이며, 이는 공기 한 덩어리를 100만 개로 나누었을 때 그중 400개가 이산화탄소라는 뜻입니다. 참고로 이 100만 개의 조각 중에서 약 78만 1,000개는 질소이며, 20만 1,000개는 산소입니다. 이산화탄소가 대기에서 차지하는 부분은 매우 적지만, 그 영향력은 상당히 큽니다. 또한 과거에는 이산화탄소 농도가 지금보다 훨센 높았다는 점도 주목할 필요가 있습니다. 과학자들은 약 5억 년 전 캄브리아기 시절에 CO_2 농도가 4,000ppm에 달했을 것으로 추정하고 있습니다. 이후 약 3억 년 전 페름기에는 농도가 최저 수준으로 떨어졌고, 공룡이 살던 시기에는 다시 증가하며 수억 년 동안 높은 수준을 유지하다가 이후 감소하여 현재의 농도에 이르게 되었습니다.

　이러한 이산화탄소 농도의 변화는 앞서 2장에서 설명한 지구 평균 기온 변화와 밀접한 상관관계를 보입니다. 이는 푸리에의 주장에서 비롯된 것으로, 대기 중에 단열 물질이 많을수록 더 많은 열이 가두어지고, 그 결과 지구의 기온이 더 높아진다는 것이죠. 남극의 얼음 핵을 분석한 과학자들은 지난 수십만 년 동안의 CO_2 농도를 매우 정밀하게 측정할 수 있었고, 이를 같은 기간 동안의 지구 평균 기온과 비교·분석해 왔습니다.

　지금까지는 큰 문제가 없지만, 그 반대의 경우도 성립합니다. 즉, 온도가 상승하면 CO_2 농도도 상승한다는 것입니다. 이로 인해 상황은 다소 복잡해집니다. 이러한 사실을 근거로 일부 사람들은 CO_2의 농도 변화가 온도 변화를 뒤따른다고 주장하기도 하는데, 이는 어느 정도만 맞는 말입니다. 지난 수십만 년 동안의 사례를 보면, 관측된 온도 변화는 대체로 지구 공전 궤도의 변화, 즉 밀란코비치 주기에 의해 발생한 것으로 나타납니다. 지구가 빙하기에서 벗어날 때, 태양으로부터 받는 에너지의 양이 증가하면서 얼음이 녹고 바다가 따뜻집니다. 이 과정에서 바다는 CO_2를 대기로 방출하게 되고, 이는 **추가적인** 온난화를 유발합니다.

화학적 이유로 인해 바다는 따뜻해지면 CO_2를 방출합니다. 물의 온도가 높을수록 CO_2를 저장할 수 있는 능력이 떨어지기 때문이죠. 이를 직접 실험해 볼 수도 있습니다. 탄산음료 두 캔을 준비하여 하나는 냉장고에, 다른 하나는 실온에 보관합니다. 몇 시간 뒤 두 캔을 열어보면, 냉장고에 있던 캔은 음료 속에 녹아 있던 CO_2가 빠져나가면서 쉬익 소리를 내며 열릴 것입니다. 반면 실온에 있던 캔은 훨씬 더 큰 소리를 내며 열리는데, 이는 실온에서 물이 CO_2를 충분히 유지하지 못하고 일부를 캔 내부의 공기층으로 방출하기 때문입니다. 캔을 열면 이 추가된 기체가 빠르게 빠져나가며 더 큰 소리를 내는 것입니다.

지구가 빙하기에서 벗어날 때 발생했던 전체 온난화의 90퍼센트는 바다에서 방출된 CO_2가 증가한 이후에 일어난 것으로 추정됩니다.[19] 온도 상승 이후에 CO_2 농도의 일부가 증가하는 경우도 있지만, 대부분의 경우에는 대기 중 이산화탄소 농도가 먼저 증가하고, 그 결과로 온난화가 뒤따릅니다. 지금으로부터 얼마 되지 않은 과거에는 지구 공전 궤도의 변화로 인해 빙하기와 간빙기가 반복되면서 이러한 관계가 다소 복잡해졌습니다. 그러나 훨씬 먼 과거, 즉 지구가 훨씬 따뜻했고, 빙하기와 간빙기가 규칙적으로 발생하지 않았던 시기에는 대기 중 CO_2 농도 변화가 기후 변화의 주요 원인이었습니다. 이로 인해 우리는 또다시 새로운 질문에 직면하게 됩니다. 지금까지 지구의 평균 기온이 역사적으로 크게 변화해 온 원인은 이산화탄소 농도의 변화 때문이라고 설명했습니다. 그렇다면 지구의 역사에서 대기 중 CO_2 농도는 왜 그렇게 많은 변화를 겪었을까요? 엄청난 규모의 변화에 대해 이야기하고 있으니, 그 원인 역시 거대할 것이라 예상할 수도 있습니다. 그러나 진실은 의외로 평범합니다. 만약 여러분이 영국에서 이 책을 읽고 있다면, 창밖에 답이 보일 수도 있겠네요. 바로 비입니다.

비가 대기를 통과해 지표면으로 떨어질 때, 아주 소량의 이산화탄소를 흡수하여 약한 탄산을 형성합니다. 이 과정에서 대기 중의 탄소가 제거되고, 빗물이 바다로 흘러가면서 탄소는 깊은 저장소로 옮겨지게 됩니다. 이 탄산은 바닷속에 저장되거나, 판 구조 경계에서 맨틀 속으로 끌려 들어가 지구 내부에 저장될 수도 있습니다. 또한 빗물이 화산암 위에 떨어질 경우, 그 탄소는 곧바로 땅속으로 흡수됩니다. 반면 탄산염암 위에 떨어지면 암석 표면을 살짝 용해시키며 오히려 대기 중으로 이산화탄소를 방출하기도 합니다. 결국, 깊은 곳에 저장되어 있던 탄소는 화산 활동이나 활발한 판 구조 경계의 움직임을 통해 다시 대기 중으로 방출됩니다.

한마디로, 지질학적 탄소 순환은 수백만 년에 걸친 과정입니다. 대륙이 적도와 가까운지 혹은 극지방과 가까운지, 탄산염암이 강수량이 많은 지역과 겹치는지 등 육지와 바다의 구성에 따라 대기 중의 탄소와 바다 및 지각 깊은 곳에 저장된 탄소의 균형은 오랜 시간에 걸쳐 변화합니다. 이러한 내부 변동성은 마치 느리지만 한 번 방향을 바꾸면 되돌릴 수 없는 거대한 유조선처럼 작용하여 결국 대기 중 CO_2 농도의 변화를 초래했고, 지난 약 10억 년 동안 지구 기후에 커다란 영향을 미쳐온 것입니다.

이제 우리는 지구의 과거 기후에 대해 상당히 명확한 그림을 그릴 수 있게 되었습니다. 단지 기후가 크게 변해왔다는 사실뿐만 아니라, 그 변화의 원인까지도 이해하게 된 것이죠. 긴 지질학적 시간 규모에서는 이러한 변화가 전 지구적인 탄소 순환에 의해 발생하며, 제임스 크롤의 얼음 피드백 순환이나 해양에서 벌어지는 탄소의 화학 작용과 같은 요인들에 의해 수정되고 증폭됩니다. 반면 수만 년에서 수십만 년 단위의 짧은 시간 규모에서는 지구 공전 궤도의 변화에 의해 발생하고, 이는 지구 내부의 다양한 과정들에 의해 놀라울 만큼 증폭됩니다. 우리는 현재 대기 중 이산화탄소 농도가 비교적 낮은 시대에 살고 있으며, 그렇기 때문에 이러한 궤도 변화가 지구 기후에 매우 큰 영향을 미칠 수 있습니다.

하지만 여기서 추가로 고려해야 할 또 하나의 시간 규모가 남아 있습니다. 지난 수백 년간의 CO_2 데이터를 살펴본 과학자들은 놀라운 사실을 발견했습니다. 대기 중 이산화탄소 농도가 꾸준히 증가하고 있다는 것이었죠. 약 250년 전, 공기 방울에 갇힌 CO_2의 농도는 약 280ppm이었습니다. 시간이 흐르면서 이 농도는 처음에는 서서히 증가했지만, 점차 그 증가 속도가 빨라졌습니다. 현재에 이르러서는 CO_2 농도가 400ppm을 넘어서게 되었습니다. 이러한 관측 결과는 공기 샘플의 CO_2 함량을 직접 측정하는 최신 기법을 비롯한 다양한 기술을 통해 확인된 것입니다. 매년 대기 중 이산화탄소가 점점 더 증가한다는 추세는 확실합니다. 그러나 이 증가는 이제껏 알려진 어떤 자연 주기와도 일치하지 않습니다. 공전 궤도 변화로 인한 빙하기 주기로도, 지질학적 탄소 순환으로도 설명되지 않죠.

도대체 무슨 일이 벌어지고 있는 걸까요?

뜻밖에도 테오프라스토스의 저서 **『식물의 원인에 대하여**On the Causes of Plants**』**에서 지구 종말의 징후를 처음으로 엿볼 수 있습니다. 기원전 4세기경에 집필된 이 책은 나무, 관목, 곡물의 종류에 관한 내용을 주로 다루고 있지만, 테오프라스토스는 지중해 동부 여러 지역에서 벌채가 이루어지거나 습지가 메워진 이후, 그 지역의 날씨가 이전과는 확연히 달라졌다고 언급하고 있습니다.[20] 공기는 더 차가워졌고, 서리가 더 자주 내렸으며, 그 지역에서 생산되던 포도주의 품질도 크게 저하되었다고 합니다. 다시 말해, 인간의 경제 활동이 해당 지역의 기후에 영향을 미친 것입니다. 역사 속 여러 작가들도 이와 유사한 관찰을 남겼습니다. 프러시아 출신의 비범한 대학자 알렉산더 폰 훔볼트는 대표적인 인물로, 글레이셔와 같은 후대 학자들에게 큰 영향을 미친 훔볼트식 과학의 창시자이기도 합니다. 남아메리카를 여행하던 훔볼트는 베네수엘라 아마존 열대우림의 일부 지역에서 벌채가 진행되면서 발렌시아 호수의 수위가 급격히 낮아지고 있다는 사실을 목격했습니다.[21] 이후 그는 다음과 같은 기록을 남겼습니다:

숲이 파괴되면, 특히 아메리카 대륙 곳곳에서 유럽 출신 농장주들이 성급하고 신중하지 못한 방식으로 벌채를 진행할 경우, 샘물은 완전히 말라버리거나 수량이 크게 줄어들게 된다. 강의 바닥은 해마다 일정 기간 동안 마른 상태로 남게 되며, 고지대에 큰 비가 내릴 때마다 급류로 변모했다.

폰 훔볼트는 그 누구도 시도한 적 없는 방식으로 인간과 자연 세계 사이의 관계를 바라보았습니다. 인간의 기술이 지구의 구조 자체를 바꿀 수 있을 정도로 발전했다는 사실은 많은 이들에게 깊은 인상을 남겼죠.

19세기는 증기기관차처럼 질주하던 시대였습니다. 도로와 철도가 건설되고, 강은 댐으로 막혔으며, 풍경은 인간의 필요에 맞게 재구성되었습니다. 그 힘을 가장 극적으로 보여준 사례가 바로 파나마와 수에즈에서의 토목 공사입니다. 수백만 년 동안 분리되어 있던 바다가 이제는 인간의 손에 의해 연결되어 흐를 수 있게 되었으니까요. 과학과 기술만 있다면 무엇이든 가능하다는 믿음이 시대를 지배했습니다! 인간은 단순히 관리자가 아니라, 최고의 기술을 갖춘 자연의 지배자로 여겨졌습니다. 인간은(그리고 언제나 남성) 원하는 대로 창조하고 파괴할 수 있는 힘을 손에 쥐었고, 지구는 그저 이에 적응해야 하는 존재로 간주되었죠.

이러한 힘은 18세기와 19세기 유럽의 작업장에서 폭발적으로 분출되었습니다. 무엇이 이렇게 급격한 변화를 가능하게 했을까요? 그 중심에는 바로 **석탄**이 있었습니다. 석탄은 본질적으로 암석에 갇힌 고대의 햇빛이라 할 수 있습니다. 그 기원은 약 3억 6,000만 년에서 3억 년 전 사이의 석탄기로 거슬러 올라갑니다. 이 시기에는 **레피도덴드론목**Lepidodendrales(고대 그리스어로 '비늘 나무'라는 뜻)이라 알려진 식물목이 지평선을 장악했습니다. 이들은 초기의 나무 같은 식물로, 키가 50미터에 달하는 것도 있었으며, 넓은 잎과 두꺼운 몸통을 가졌지만 뿌리는 얕았습니다. 그래서 이 원시 나무들은 우스꽝스러울 정도로 자주 쓰러졌죠. 하지만 이 식물들에서 가장 주목할 만한 특징은 그들의 목질부가 **리그닌**이라는 고분자로 이루어져 있었다는 점입니다. 리그닌은 셀룰로오스와 함께 식물이 높고 단단하게 서 있을 수 있게 해주는 구조 물질로, 이로 인해 육지에서 나무가 폭발적으로 확산될 수 있었습니다.

  식물이 리그닌을 생산할 수 있는 능력을 진화시키는 동안, 생태계의 중요한 구성 요소 중 하나인 박테리아는 이 변화에 발맞추는 데 시간이 필요했습니다.[22] 석탄기의 숲에서 **레피도덴드론목**이 쓰러질 때, 숲의 바닥에는 리그닌을 분해할 박테리아가 존재하지 않았습니다. 쓰러진 나무들은 수천 년간 손대지 않은 채 그 자리에 그대로 방치되었고, 시간이 흐르면서 점점 더 많은 나무가 서로의 위로 쓰러졌습니다. 먼저 쓰러진 나무들은 압축되어 처음에는 토탄으로, 종국에는 석탄으로 변했습니다. 이 식물들이 평생 흡수한 햇빛은 광합성을 통해 탄소 기반 분자로 변환되었고, 이후 이 암석 속에 갇히게 된 것입니다. 석탄기라는 이름은 이 시기에 지하에 매장된 막대한 양의 탄소에서 비롯된 것이기도 합니다. 이후 석탄 형성은 수억 년간 이어졌지만, 오늘날 우리가 연료로 사용하는 석탄의 약 90퍼센트는 이른바 '석탄 숲'에서 비롯된 것으로 추정됩니다.[23]

이 거대한 탄소 매장층이 지각 속에 갇혀 있는 동안에는 전 세계에 아무런 영향을 미치지 않았습니다. 석탄은 3억 년 동안 지각 속에 존재하는 방대한 탄소 저장고의 일부로 남아 있었죠. 그러나 결국 이 땅속에 묻힌 탄소를 충분히 가치 있게 여기고, 그것을 땅에서 끌어 올릴 수 있는 동물이 진화하고 말았습니다.

1776년은 혁명의 해였습니다. 나중에 다시 다루겠지만, 이 해에 식민지들이 유럽으로부터 독립을 선언한 사건이 있었습니다. 그러나 그보다 훨씬 더 중요한 혁명이 영국 제도에서 일어났습니다. 근대 세계는 스코틀랜드인[31]에 의해 시작되었다고 해도 과언이 아닌데, 이 이야기의 주인공은 바로 제임스 와트James Watt(1736~1819)입니다. 유복한 가정에서 태어난 와트는 한때 아버지의 조선소에서 일했으며, 이후 글래스고대학교에 작업장을 차리고 과학 기기를 수리하거나 관리하는 일을 맡았습니다. 그는 종

---

31 농담처럼 들릴 수도 있지만, 현대 세계의 상당 부분은 스코틀랜드에서 탄생했습니다. 스코틀랜드인이 발명한 것들 중 일부만 소개해 보겠습니다. 텔레비전, 전화기, 항생제, 자전거, 전자기학, 증기선, 아스팔트 포장도로, 증기해머, 브리태니커 백과사전, 로그(logarithm), 골프, 아이스하키, 냉장고, 컬러사진, 수세식 변기, 진공 플라스크, 지질학, 공기 주입식 타이어, 왕복 증기기관, 그리고 잊지 말아야 할 국민 음료 아이언-브루(Irn-Bru)도 있죠.

종 섬세함을 요구하는 천문 관측 장비나 실험실 기구를 다루었죠.

그러던 어느 날, 와트는 작은 증기기관 모형을 수리해 달라는 요청을 받았습니다. 이 이야기가 다소 의외로 들릴 지도 모르겠네요! 널리 알려진 바와 달리, 와트는 증기기관을 발명한 인물이 아닙니다. 오늘날 우리가 떠올리는 형태의 증기기관은 이미 17세기에 개발되었지만, 대부분은 실용적인 장치라기보다 이론적 실험 기구에 가까웠습니다. 증기기관이 산업용으로 처음 사용된 기록은 스페인에서 발견됩니다. 귀족 출신의 헤로니모 데 아얀스 이 보몽Jerónimo de Ayanz y Beaumont(1533~1613)은 1611년, 세비야 인근의 은광에서 물을 빼내기 위해 초기 단계의 증기기관을 만들어 사용했습니다.[24] 얼마나 잘 작동했는지는 정확히 알 수 없지만, 이후 이 설계가 다른 곳에서 활용되지 않은 것으로 보아 그다지 성공적이지는 않았던 것 같습니다. 안타깝게도 아얀즈는 몇 년 뒤에 세상을 떠났고, 혁명적인 아이디어가 되었을지도 모를 그의 기기는 개선될 기회를 놓치고 말았습니다.[32]

최초의 실용적인 증기기관은 영국의 철물상 토머스 뉴커먼 Thomas Newcomen(1664~1729)이 발명했습니다. 그의 발명품인 뉴커

---

[32] 역사학자 안톤 호위스(Anton Howes)의 지적에 따르면, 우리가 알고 있는 아얀스의 설계는 매우 비효율적이어서 사실상 실용성이 거의 없었다고 합니다. 아얀스는 기압의 작동 원리를 제대로 이해하기에는 너무 이른 시기에 활동했기 때문에, 호위스의 표현을 빌리자면 "아얀스는 증기기관을 발명했을지는 몰라도, 대기압 기관을 발명한 것은 아니었다"라고 할 수 있습니다. 호위스의 글「Age of Invenetion: The Spanish Engine」을 참고하세요. (https://antonhowes.substack.com/p/age-of-inven-tion-the-spanish-engine)

제9장 변화

먼 기관은 산업 혁명의 도화선이 되었죠. 이 장치는 석탄을 연료로 하는 보일러를 이용해 밀폐된 실린더 안에 증기를 발생시키는 거대한 기계였습니다. 이후 차가운 물을 실린더 안으로 주입해 증기를 응축시키면, 실린더 내부 압력이 급격히 낮아집니다. 이때 실린더 헤드는 아래쪽에 형성된 부분 진공과 위쪽의 대기압(그래서 대기압 기관이라는 이름이 붙었습니다)에 의해 아래로 내려가고, 이로 인해 실린더 안의 공기가 압축됩니다. 이 하강 운동은 지렛대의 반대쪽 끝을 들어 올리는 기계적인 힘으로 전환되며, 막대의 무게에 의해 실린더가 다시 올라가고, 증기가 다시 실린더 안으로 유입됩니다. 이 과정을 분당 약 12회 반복하면, 말 20마리에 해당하는 힘을 생산해 낼 수 있었습니다.[25]

뉴커먼의 증기기관은 큰 성공을 거두었고, 영국 전역의 광산에서 물을 퍼내는 데 널리 사용되었습니다. 사람이나 말의 노동력 없이, 단지 석탄 한 덩어리를 태우는 것만으로 광산을 건조하게 유지하고 생산성을 높일 수 있었습니다. 그 결과, 더 많은 금속과 석탄을 채굴할 수 있었고, 이는 더 많은 수익과 더 많은 증기기관의 제작으로 이어졌습니다. 이 기계는 인기를 끌 수밖에 없었죠. 하지만 문제도 있었습니다. 뉴커먼 기관은 불안정한 단일 동력 행정을 기반으로 작동했기 때문에, 기계를 구동하기가 극도로 어려웠고, 결국 물을 퍼내는 용도로만 제한적으로 사용될 수 있었습니다. 또한 단순한 설계 탓에 석탄 소모량이 많았습니다. 산업 혁명의 불길은 아직 본격적으로 타오르지 않았지만, 불꽃은 이미 튀고 있었던 것입니다.

이때 글래스고대학교로부터 뉴커먼 기관의 소형 모델을 수리해 달라는 요청을 받은 와트는 그 설계를 개선할 수 있겠다는 사실을 깨달았습니다. 많은 시행착오 끝에, 그는 증기가 응축될 수 있는 별도의 챔버를 추가하여 낮은 압력 상태를 일정하게 유지할 수 있도록 만들었습니다. 이 외에도 몇 가지 기술적 개선을 더하여 기관의 효율을 획기적으로 높였습니다.

실린더와 분리된 공간에서 응축이 일어나면서, 와트의 증기기관은 **당기는** 동작뿐만 아니라 **밀어내는** 동작까지 수행할 수 있게 되었습니다. 그는 여기에 평행 운동 장치(상하 운동을 회전 운동으로 변환하는 기계적 연결 장치)를 결합하여, 증기기관이 회전 기기를 구동할 수 있도록 만들었습니다. 그야말로 세상을 뒤흔드는 업적이었죠. 1776년, 스코틀랜드 폴커크 인근의 제철소에 상업용으로는 최초로 설치된 와트의 증기기관은 이후 증기선, 공장, 펌프, 기차까지 구동할 수 있게 되었습니다. 이제 영국 산업은 석탄을 경제생산력으로 치환할 수 있는 능력을 갖추게 된 것입니다. 영국 내 석탄 공급이 충분했던 덕분에, 영국은 산업 혁명의 선두주자로 나서게 되었습니다. "계산서를 정리하거나 흥정을 하느니 차라리 장전된 대포를 마주하겠다"[26]라는 말을 남긴 친절하고 천재적인 공학자는 인류와 자연의 관계를 근본적으로 재구성했습니다. 이제 인간은 증기를 동력으로 삼아 자연을 향해 나아가게 되었습니다.

머지않아 다른 나라들도 와트의 증기기관을 도입하기 시작했습니다. 19세기가 흐르면서 증기기관의 설계는 점차 개선되었고, 더 높은 증기압으로 작동하는 기관이 등장하면서 동력과 효율성 모두 크게 향상 되었습니다. 세상은 증기와 석탄으로 돌아갔습니다. 유럽 도시의 공기는 석탄 연기와 산업 시설에서 배출된 오염 물질로 자욱해졌습니다. 1873년 런던에서는 완두콩 수프를 연상시키는 녹황색의 오염 공기로 700여 명이 사망했을 정도였습니다.[27] 이러한 지역 변화는 산업 활동에서 비롯된 것이 분명했지만, 제국의 부의 원천으로 여겨졌기에 감수해야 할 대가로 받아들여졌습니다. 그러나 공기의 질이 점점 더 악화되고, 공장의 가스 배출량이 극심해지자, 일부 과학자들은 전 세계의 공장에서 얼마나 많은 석탄이 연소되고 있는지 의문을 갖기 시작했습니다. 혹시 인간이 지구 전체의 공기를 오염시키고 있는 것은 아닐까? 당시로서는 터무니없는 생각처럼 보였습니다. 대기라는 것은 인간의 활동과는 무관해 보일 만큼 거대했으니까요. 그러나 과학의 본질은 질문을 던지는 데 있기에, 몇몇 과학자들은 그 질문을 진지하게 탐구하기 시작했습니다.

스웨덴의 지질학자 아르비드 회그봄Arvid Högbom(1857~1940)은 화산 활동, 해양의 흡수, 산성비에 의한 방출 등 자연적 과정을 통해 탄소가 순환하는 방식을 추정하여 정리했습니다. 그러던 1896년, 그는 공장이나 철도 등에서 발생하는 인위적 탄소 배출도 포함시켜야겠다는 생각에 이르렀습니다. 길고 긴 계산을 마친 그는 그 결과에 깜짝 놀라고 말았습니다. 인간 활동이 대기 중에 추가하는 CO_2 양이 자연적 과정에서 배출되는 양과 거의 맞먹는 수준이었기 때문이죠.[28] 물론 이러한 인위적 탄소 배출량, 즉 인간에 의한 탄소 배출량은 당시 대기 중에 이미 존재하는 CO_2의 총량에 비하면 극히 미미한 수준이었습니다. 그는 1896년 당시 석탄 연소로 배출된 탄소가 대기 중 농도를 겨우 1,000분의 1만큼 증가시킬 것이라고 추정했습니다. 하지만 만약 이러한 배출이 오랜 시간 지속되거나, 그 양이 증가한다면, 그 영향은 결코 무시할 수 없을지도 모른다고 생각했습니다.

당시 회그봄은 콧수염이 바다코끼리를 닮은 스웨덴의 화학자 스반테 아레니우스Svante Arrhenius(1859~1927)와 대화를 나누고 있었습니다. 화학 분야에서 화려한 경력을 쌓은 아레니우스는 지구의 빙하기에 깊은 관심을 갖게 되었습니다. 그는 물리화학을 활용해 지구가 주기적으로 얼어붙는 현상을 설명할 수 있는 이론을 만들 수 있을지 고민했습니다. 그가 특히 주목한 것은 CO_2의 역할이었습니다. 그는 만약 어떤 이유로, 예를 들어 대규모 화산 폭발 같은 사건으로 인해 대기 중 이산화탄소 농도가 증가한다면, 이산화탄소의 열을 가두는 성질 때문에 지구의 평균 기온이 소폭 상승할 것이라는 가설을 세웠습니다.

그러나 이런 미세한 온도 상승은 훨씬 더 중요한 결과를 초래할 수 있었습니다. 따뜻해진 공기는 더 많은 수분을 머금을 수 있기 때문이죠. 공기 중 수증기가 많아지면 기온 상승이 심화되고,

이로 인해 다시 더 많은 수증기가 대기 중으로 유입되는 식의 순환이 일어날 수 있습니다. 반대로 대기 중 CO_2 농도가 감소하면 약간의 냉각이 발생하고, 공기 중 수증기의 양도 줄어들게 됩니다. 이로 인해 더 큰 냉각이 일어나고, 이러한 피드백 순환이 계속되면 지구는 결국 빙하기에 접어들 수도 있다는 것이죠.

이는 몇십 년 전 제임스 크롤이 제시했던 얼음 알베도 피드백의 대기화학 버전이라 할 수 있으며, 대기 중 CO_2 농도의 작은 변화만으로도 지구 평균 기온에 연쇄적인 영향을 미칠 수 있음을 보여줍니다. 불길을 일으키는 데에는 불씨 하나면 충분하듯이 말입니다. 이런 복잡한 효과를 완벽히 계산하는 것은 아레니우스의 능력 밖의 일이었지만, 그는 시도해 보기로 마음먹었습니다. 위도를 몇 개의 구역으로 단순화하고, 오늘날 기준으로는 매우 미흡한 기체의 적외선 흡수 자료를 사용해, 그는 몇 달 동안 연필과 종이만으로 고된 계산을 이어갔습니다. 어쩌면 당시 진행 중이던 이혼 소송의 괴로움에서 벗어나기 위한 의도적인 몰입이었을지도 모르겠네요.

마침내 그는 연구 결과를 발표했습니다. 대기 중 CO_2 농도는 부피 기준으로 보면 극히 적은 양에 불과하지만, 그 농도가 절반으로 줄어든다면, 지구 평균 기온은 약 섭씨 5도 정도 낮아질 거라고 주장했습니다.[29] 반대로 대기 중 CO_2 농도가 두 배로 늘어난다면, 지구는 섭씨 5~6도가량 따뜻해질 것이라고 예측했죠. 회그봄의 연구에서 영감을 받은 아레니우스는 인류가 앞으로 더 많은 탄소를 배출한다면 지구 평균 기온이 서서히 상승할 것이라고 내다보았습니다. 그러나 그는 이 사실을 오히려 긍정적으로 받아들였습니다. 다가올지도 모를 새로운 빙하기를 막을 수 있는 방안이 될 수 있다고 생각했기 때문입니다.

> 앞으로 다가올 지질학적 시대에, 우리는 새로운 빙하기를 맞이하여 온대 지역을 떠나 아프리카의 더운 기후로 내몰리게 될 가능성이 있을까? 그런 우려를 할 근거는 별로 없어 보인다. 산업 시설에서의 막대한 석탄 연소만으로도 대기 중 이산화탄소의 비율은 눈에 띄게 증가하고 있다. … 대기 중 탄산 가스의 농도가 높아지면, 특히 지구의 추운 지역의 기후가 보다 균등하고 쾌적해지는 시대를 누릴 수 있을 것이다. 그 시기에는 지구가 지금보다 훨씬 풍성한 수확을 안겨줄 것이고, 이는 빠르게 늘어나는 인류에게 큰 이익이 될 것이다.[30]

당시 많은 과학자들은 아레니우스의 예측에 대해 회의적이었습니다. 그들은 아레니우스가 지구 시스템을 지나치게 단순화했으며, 특히 수증기량의 변화에 따른 구름의 영향 등 복잡한 요소들을 간과했다고 지적했죠. 예컨대, 구름이 증가하면 태양 빛의 반사가 늘어나 지구로 유입되는 에너지가 줄어들게 되며, 이는 수증기가 유발하는 추가 보온 효과를 상쇄할 수 있다는 주장이었습니다다. 또한 이들은 CO_2가 대기 중에 지속적으로 축적되는 현상은 일어나기 어렵다고 보았습니다. 설령 인간 활동으로 인해 이산화탄소 배출량이 증가한다 하더라도, 바다라는 거대한 탄소 저장고가 이를 빠르게 흡수하여 대기 중 농도는 안정적으로 유지될 것이라는 관점이었습니다. 인간이 자연에 미치는 영향은 자연적인 과정에 비하면 너무나 미미하다는 인식이 지배적이었습니다. 당시에 '자연'이란 영원불멸하며, '인간'은 그로부터 분리된 존재로 간주되었습니다. 인간이 만든 그을음 따위가 어떻게 신성한 창조물에 영향을 줄 수 있겠느냐는 의문이 지배적이었죠. 세기가 바뀔 무렵에도 대부분의 과학자들은 아레니우스의 주장을 완전히 근거 없는 가설로 치부했습니다.

이 책을 통해 독자에게 분명히 전달되기를 바라는 바가 있다면, 그것은 과학이 결코 한 개인의 산물만으로 이루어지지 않는다는 사실입니다. 물론 탁월한 개인이 놀라운 업적을 이루어 내어 우리가 자연 세계를 이해하는 폭을 넓히는 경우도 있습니다. 그러나 그러한 성취는 언제나 특정한 환경적 조건이 뒷받침될 때에만 가능해집니다. 국가의 경제력, 특정 재료의 접근성, 대중에게 제공되는 교육의 수준 등 다양한 사회적 요인들이 과학적 기여의 발판이자 토대가 되는 것입니다. 제임스 크롤과 윌리엄 페렐의 사례에서 확인할 수 있듯이, 19세기에 과학 교과서와 학술지가 널리 보급된 것은 과학의 발전에 지대한 영향을 미쳤습니다. 결국 과학사의 본질은 이러한 사회적 조건들이 어떻게 형성되고 작용했는가에 대한 역사이기도 합니다. 그럼에도 불구하고, 때로는 이런 환경 덕분이 아니라, 오히려 그러한 환경의 제약을 극복하고 의미 있는 성과를 이룬 인물들이 있습니다. 이처럼 비범한 인물들과 그들의 끈기가 없었다면 오늘날 우리가 누리는 지식의 기반은 훨씬 빈약했을 것입니다. 대기 과학의 역사 전체를 통틀어 가장 주목할 만한 인물 가운데 한 사람을 꼽자면, 다시금 미국이라는 혁명적 식민지로 시선을 돌려야 할 것입니다. 그 인물은 바로 찰스 데이비드 킬링Charles David Keeling(1928~2005)입니다. 사실 우리는 이미 그를 한 차례 만나본 적이 있습니다.

펜실베이니아에서 태어난 킬링은 화학을 전공한 뒤, 노스웨스턴대학교에서 1953년 중합학Polymerization 분야로 박사 학위를 받았습니다. 그가 처음으로 마주한 사회적 압력은 당시 호황을 누리던 석유화학 산업의 유혹이었습니다. 대부분의 동료들이 박사 학위 취득 후 고수익의 직업을 택한 반면, 킬링은 학계에 남아 캘리포니아공과대학교(캘테크Caltech)의 지구화학부로 자리를 옮겼습니다. 지구화학은 암석의 형성과 같은 지구 내부의 화학적 과정을 연구하며, 탄소와 같은 원소가 지각, 해양, 대기를 어떻게 순환하는지를 탐구하는 학문입니다.

킬링은 미국 북서부의 산악지대를 하이킹하며 자연을 만끽하는 것을 즐겼고, 자연에 대한 그의 애정은 평생 지속되었습니다. 야외 활동과 화학적 탐구가 결합된 지구화학의 특성은 그에게 큰 매력을 주었습니다. 초기에는 캘테크에서 강과 지하수 속 탄산염이 대기 중 CO_2와 평형 상태를 이루는지에 대해 연구했지만, 그는 곧 대기 중 CO_2 농도를 정밀하게 측정하는 일에 눈길을 돌리게 됩니다.[31]

이 분야에서 킬링은 탁월한 능력을 발휘했습니다. 그는 직접 장비를 설계하여 누구보다 정확하게 CO_2 농도를 측정할 수 있었고, 이를 위해 미국 전역을 여행하며 공기 샘플을 수집했습니다. 그의 첫 번째 연구 여행지는 캘리포니아의 빅서 주립공원이었습니다. 레드우드 숲속 고요한 개울가에서 그는 유리 플라스크의 마개를 열고, 이후 실험실에서 분석할 작은 공기 샘플을 채취하며 평생에 걸친 연구의 첫걸음을 내디뎠습니다. 어쩌면 우리의 대기 이야기는 유리 속에 담긴 공기로 시작해 다시 유리 속에서 끝나는 여정이라 할 수 있을지도 모릅니다.

여행 중 킬링은 몇 시간 간격으로 공기 샘플을 채취했고, 이런 반복 측정을 통해 몇 가지 흥미로운 사실을 발견했습니다. 첫째, 이산화탄소 농도는 하루 사이에도 변동을 보였습니다. 낮에는 식물이 광합성을 통해 이산화탄소를 흡수하면서 농도가 낮아지고, 밤에는 동일한 식물이 호흡을 통해 이산화탄소를 방출해 농도가 높아집니다. 둘째, 이산화탄소 농도는 지역에 관계없이 놀라울 정도로 일정했습니다. 메릴랜드에서 캘리포니아까지, 그의 샘플 속 CO_2 농도는 항상 315~320ppm 사이를 유지했습니다. 처음에는 미국을 무작정 돌아다니며 장난처럼 시작한 실험이었지만, 킬링은 중요한 사실을 발견했습니다. 공장이나 고속도로 같은 인위적 배출원에서 멀리 떨어진 지역의 대기에는 CO_2가 균일하게 섞여 있다는 점이었죠. 이는 대기 중 평균 이산화탄소 농도가 하나의 대푯값으로 존재할 수 있다는 의미였고, 정확한 측정을 위해 킬링은 사람이 거의 없는 장소에서 샘플을 채취해야 한다는 결론에 도달했습니다.

이러한 이유로 킬링은 1958년 3월, 하와이 마우나로아산 북쪽 경사면에 자리 잡은 관측소에서 매일 CO_2를 측정하기 시작했습니다. 초기에는 새로운 장비의 사용으로 인해 측정값에 문제가 있다고 생각했습니다. 측정값은 연중 큰 폭의 변동을 보였고, 5월에는 315ppm으로 최고치를 기록했다가 11월에는 310ppm까지 떨어졌습니다. 12월부터 농도가 다시 상승하자, 킬링은 자신이 대기 중 탄소의 또 다른 주기를 발견했다는 사실을 깨달았습니다. 대기 중 산소 농도는 식물의 광합성 활동에 따라 계절적으로 변동하며, CO_2 농도는 이와 반대로 움직입니다. 북반구에는 육지 면적과 식물의 분포가 상대적으로 많기 때문에, CO_2 농도는 북반구의 여름에 가장 낮고, 겨울철에는 가장 높게 나타납니다. 사실상 킬링은 광합성이 북반구의 여름을 지배하다가, 겨울에는 호흡이 그 자리를 대신하는, 이른바 지구의 호흡을 포착해 낸 셈이었죠. 매년 CO_2 농도는 수개월에 걸쳐 규칙적인 사인 곡선 형태로 변동하며 예측 가능할 것으로 기대되었지만, 실제로는 그렇지 않았습니다.

1960년, 킬링이 첫 번째 자료를 발표했습니다. 그런데 이듬

해의 측정값은 첫해보다 약간 더 높은 농도를 나타냈습니다. 매년 반복되는 사인 곡선 형태의 계절적 패턴이 정확히 일치하지 않았던 것입니다. 예컨대, 한 해 5월의 이산화탄소 농도와 다음 해 5월의 농도가 같지 않았습니다. 킬링은 이러한 차이를 크게 문제 삼지 않았습니다. 그는 어쩌면 아직 충분히 드러나지 않은 또 다른 주기가 작용하고 있을 뿐이라고 판단했고, 측정을 계속 이어갔습니다. 관측 3년째에도 CO_2 농도는 다시 상승했고, 4년째에도 마찬가지였습니다.

결국 하나의 분명한 사실이 드러났습니다. 대기 중 이산화탄소 농도가 해마다 눈에 띄게 증가하고 있었던 것입니다.

킬링의 연구는 원래 1957년부터 1958년까지 진행된 국제 지구물리학의 해International Geophysical Year 프로그램의 잔여 자금을 바탕으로 시작되었습니다. 이 프로그램은 남극에서부터 대기권 외곽에 이르기까지, 전 세계적으로 과학 협력을 촉진하고자 했던 야심 찬 계획이었죠. 그러나 이 지원금은 오래 지속되지 않았고, 몇 년이 지나자 관계자들은 킬링에게 관측 프로그램을 종료할 것을 권고했습니다. 킬링이 마주한 두 번째 사회적 압력은 냉전의 정치적 분위기였습니다. 정부는 전 세계 이산화탄소 농도를 정확히 측정했으니, 이제 다른 프로젝트에 자금을 지원할 때라고 판단했습니다. 당시 미국 정부는 소련과의 과학기술 경쟁에서 우위를 점하기 위해 지구과학 분야에 막대한 예산을 투입하고 있었으며, 자금은 주로 우주항공학, 지진학, 기상 예측 등으로 집중되었습니다. 반면, 대기 중 미량 가스를 측정하는 연구에는 거의 관심을 두지 않았습니다(정부 입장에서는 이미 충분히 정확한 데이터가 확보되었다고 판단했기 때문이죠). 그러나 킬링은 이에 굴하지 않았습니다. 그는 이 측정이 중요하며 반드시 계속되어야 한다고 확신했습니다. 이후 40년 가까이 그는 관측소를 계속 운영하기 위해 끊임없이 싸웠으며, 다양한 기관과 관계자들로부터 연구비를 확보해 냈습니다. 잠시 운영이 중단되었던 1964년 2월부터 4월까지를 제외하면, 마우나로아 관측소는 1958년부터 현재까지 꾸준히 대기 측정을 이어가고 있습니다.[32]

이러한 측정값들은 오늘날 '킬링 곡선Keeling Curve'으로 널리 알려져 있습니다(그림 11 참조). 이 곡선은 연간 이산화탄소 농도의 변화를 시각적으로 보여주며, 정확히 1년 주기로 꿈틀거리는 사인 곡선의 형태를 띠고 있습니다. 그러나 계절적 변동 외에 그래프에서 가장 두드러지게 나타나는 특징은, 전 세계 이산화탄소 농도가 꾸준히 증가하는 모습입니다. 증기기관이 발명되기 전의 농도는 280ppm으로 추정됩니다. 1958년, 킬링이 측정한 농도는 315ppm이었습니다. 그리고 그가 2005년 몬태나 목장에서 하이킹 중 심장마비로 세상을 떠날 때, 이 수치는 377ppm에 도달해 있었습니다. 이는 연구 시작 시기보다 거의 20퍼센트 가까이 증가한 수치였죠.

이처럼 귀중한 데이터는 킬링의 고집스럽고도 외로운 결단 덕분에 가능했습니다. 많은 이들은 그의 연구를 시간 낭비로 여겼고, 사회는 그가 보다 실용적인 길을 걷기를 기대했습니다. 처음에

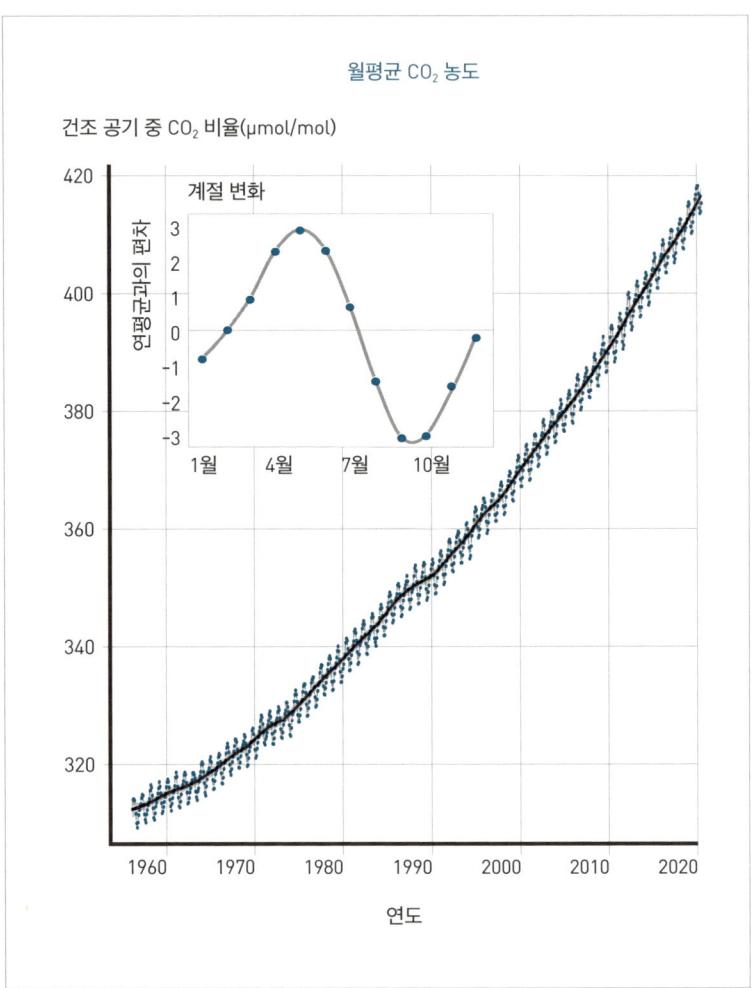

그림 11 하와이 마우나로아에서 측정한 이산화탄소 농도 킬링 곡선.

는 석유화학 산업으로, 이후에는 군사적 응용 분야로 그를 끌어들이려 했지만, 킬링은 흔들리지 않고 자신의 연구를 끝까지 이어갔습니다.

킬링은 지구 온난화를 직접적으로 발견한 인물은 아닙니다. 보다 정확히 말하자면, 지구 온난화가 일어날 가능성을 과학적으로 입증했다고 봐야겠죠. 푸리에, 푸트, 틴들, 아레니우스 등의 선행 연구를 바탕으로, 그는 대기 중 이산화탄소 농도가 실제로 증가하고 있음을 보여주었습니다. 아레니우스의 계산에 따르면, 이러한 농도 증가는 지구 기후에 중대한 변화를 초래할 수 있는 수준이었습니다. 1963년, 킬링은 몇몇 과학자들과 함께「대기 중 이산화탄소 농도 증가의 영향」이라는 다소 불길한 제목의 보고서를 발표했습니다. 이 보고서에는 탄소 농도가 매년 0.7ppm씩 증가하고 있다는 사실이 명시되어 있습니다.[33] 보고서의 저자들은 만약 이러한 추세가 몇 세기 동안 지속되거나, 증가 속도가 더 빨라질 경우, 대기 중 탄소 농도는 결국 두 배에 이를 것이며, 이에 따라 전 지구 평균 기온은 최대 섭씨 3.8도 상승할 수 있다고 경고했습니다. 그들은 이 변화가 '빙하의 급격한 해빙으로 인해 전 세계 저지대가 광범위한 홍수에 잠기는 등 심각한 결과를 초래할 수 있다'고 지적했습니다.

물론 이러한 내용은 충격적이지만, 당시로서는 어디까지나 가능성의 영역에 머물러 있었습니다. 킬링과 공동 저자들은 이 문제에 대해 보다 심층적인 연구가 필요하다고 강조했으며, 대기 관측을 위한 지속적인 자금 지원과 체계적인 연구 조직의 필요성을 강하게 권고했습니다. 1960년대 말, 미국 국립과학원은 보고서를 통해 당장 우려할 만한 근거는 없다고 판단했으나, 이 문제를 면밀히 관찰해야 한다고 지적했습니다. 산업 활동에서 배출되는 탄소의 양을 기록한 이 보고서는 다음과 같은 인상적인 결론을 남겼습니다. "우리는 이제 막 대기가 무한한 용량의 쓰레기장이 아니라는 사실을 깨달았다. … 그러나 우리는 아직 대기의 용량이 정확히 얼마인지 알지 못한다."[34] 이후 수십 년간 과학자들은 대기 중 이산화탄소의 증가를 지속적으로 추적해 왔고, 그 축적 속도가 점점 빨라지고 있다는 사실을 밝혀냈습니다. 킬링은 초기에는 그 증가율을 연간 0.6ppm으로 추정했지만, 현재 그 속도는 연간 2.5ppm에 육박하고 있습니다. 탄소는 분명히 대기 중에 쌓이고 있었던 것입니다. 정말로 지구는 아레니우스나 다른 과학자들이 예측한 대로 반응하고 있는 것일까요?

간단한 물리 법칙만 보더라도, 대기 중 CO_2와 같은 가스의 농도가 증가하면 더 많은 열이 지구에 가두어지고, 이에 따라 평균 기온이 상승하게 됩니다. 그러나 이는 지나치게 단순화된 설명에 불과합니다. 아레니우스를 비판했던 학자들이 지적했듯이, 지구 온도를 결정짓는 요인은 이산화탄소 외에도 매우 다양합니다. 우리는 이미 일부 피드백 메커니즘을 살펴본 바 있습니다. 제임스 크롤이 설명한 얼음 알베도 피드백, 아레니우스가 제시한 수증기 피드백 등이 그 예입니다. 20세기 후반에 이르러 과학자들은 더욱 복잡하고 다양한 피드백을 추가로 발견했습니다. 예를 들어, 지구가 따뜻해지면 수증기량이 증가하고, 수증기가 많아지면 구름이 많아지며, 구름이 많아지면 지표면에 도달하는 태양광이 줄어들어 다시 냉각되는 과정(구름 알베도 피드백)이 작동합니다. 이 외에도 탄소 농도와 지구 온도 사이에는 다양한 미묘한 상호작용이 존재합니다. 그중 하나의 예로, 최근 과학자들은 대기 중 이산화탄소 농도가 높아지면 식물들이 잎을 더 두껍게 만든다는 사실을 발견했습니다.[35] 왜 식물들이 이러한 반응을 보이는지는 아직 명확하지 않지만, 그렇게 되면 식물은 대기 중 탄소를 흡수하는 효율이 저하됩니다. 즉, 탄소 농도가 높을수록 오히려 탄소 제거 속도는 느려지는 셈입니다. 이는 수증기 피드백이나 얼음 알베도 피드백에 더해 또 하나의 양의 피드백이 작동하여 탄소 농도를 더욱 높이는 결과를 초래할 수 있습니다.

20세기 중반까지만 해도, 이산화탄소 농도 변화에 지구가 어떻게 반응할지에 대해서는 여전히 큰 불확실성이 존재했습니다. CO_2 농도 변화에 따라 실제로 심각한 지구 온난화가 발생할 것인지, 아니면 냉각이 일어날 것인조차 명확하지 않았습니다. 결국 해답은 데이터에 있었습니다. 다행히도 20세기 중반에는 데이터가 결코 부족하지 않았습니다. 전 세계 수천 개의 기상 관측소가 수십 년에 걸친 기온을 기록해 왔지만, 문제는 이들이 서로 다른 시점에, 서로 다른 단위와 방법으로 측정했다는 점이었습니다. 여러 연구팀은 이 스파게티처럼 복잡하게 얽힌 데이터를 해독하기 위해 노력했고, 신뢰할 수 없는 자료를 제거하고 서로 다른 기상 관측소의 기록을 표준화하는 작업에 착수했습니다. 말 그대로 방대한 작업이었죠. 제임스 한센(James Hansen(1941~))이 이끄는 첫 번째 연구팀은 1980년 무렵, 지구 평균 기온이 산업화 이전보다 약 섭씨 0.2도 상승했음을 보여주었습니다. 이는 매우 미세한 신호였으며, 해마다의 기온 변동 속에 묻혀버릴 정도였습니다. 게다가 1940년대부터 1960년대까지는 뚜렷한 냉각 추세가 관측되기도 했죠.[33] 그러나 이후 다른 연구팀들의 연이은 보고서들이 한센 팀의 결론을 뒷받침했고, 새로운 과학 논문이 발표될 때마다 그 증거는 점점 더 확실해져 갔습니다.

1988년, 세계기상기구와 유엔환경계획은 기후 변화에 관한 방대한 연구 결과를 정리하고 종합하기 위해 기후 변화에 관한 정부 간 협의체Intergovernmental Panel on Climate Change: IPCC를 설립했습니다. IPCC에 관한 흔한 오해 중 하나는, 이 기관이 정치인들의 이해관계를 반영하여 보고서를 작성한다는 인식입니다. 그러나 이는 사실과 다릅니다. 지금까지 발간된 여섯 차례의 IPCC 보고서는 모두 과학자들이 작성한 것이며, 이들은 해당 작업에 대해 어떠한

[33] 과학자들이 1970년대에는 지구 냉각과 빙하기 도래를 경고하다가, 1980년대에는 입장을 바꿔 지구 온난화와 지구 종말을 경고했다는 말들이 생겨났습니다. 부분적으로는 사실입니다. 예를 들어, 한센 연구팀조차도 북반구가 20세기 중반에 전반적인 온난화 추세와는 반대로 광범위한 냉각을 경험한 바 있다는 사실을 확인했습니다. 반면에 남반구는 지속적으로 온난화가 진행되고 있었죠. 그러나 1950년대부터 현재까지의 학술 문헌을 분석해 보면, 지구가 앞으로 냉각될 것이라는 주장이 학문적 다수 의견이 된 해는 단 한 해도 없었습니다. CO_2에 대한 기후 민감도가 양인지 음인지에 대한 활발한 논쟁이 세기 중반에 있었던 것은 사실이지만, 불과 수십 년 만에 다양한 기후 피드백의 전체적인 효과는 지구 온난화라는 사실이 분명해졌습니다. 다음 논문을 참고하세요. T. Peterson, W. Connolley and J. Fleck, 'The Myth of the 1970s Global Cooling Scientific Consensus', *Bulletin of the American Meteorological Society*, vol. 89, no. 9 (2008), pp. 1325-38.

금전적 보상도 받지 않습니다. 이렇게 작성된 보고서는 이후 각국 정부 대표단의 면밀한 검토를 거쳐 최종적으로 채택됩니다. 다시 말해, IPCC는 과학자들의 연구를 정치적 검토를 통해 정리하는 독특한 형태의 정치 과학 혼합 조직이라 할 수 있습니다. 특히 화석 연료에 의존하거나 이를 수출하는 국가들의 대표들이 보고서 작성 과정에 참여하면서, 과학자들의 결론은 종종 희석되었고, 결과적으로 보고서는 매우 보수적인 어조를 띠게 되었습니다.[36] 그럼에도 불구하고, 20세기 말에 이르러 과학계의 합의는 명확해졌습니다. 지구는 분명히 따뜻해지고 있으며, 이러한 변화는 인위적인 이산화탄소 배출 외에는 설명할 방법이 없다는 것이죠.

이 모든 과정은 매우 흥미로운 이야기로 가득 차 있습니다. 수많은 개성 있는 인물들과 예기치 못한 전개들이 얽혀 있기 때문입니다. 그러나 이 책의 분량상 전체 이야기를 다 담을 수는 없기에, 보다 자세한 내용을 원한다면 스펜서 위어트의 **『지구온난화를 둘러싼 대논쟁**The Discovery of Global Warming**』**을 참고하시기 바랍니다.[37] 무엇보다 중요한 사실은, 20세기 후반에 이르러 인간이 배출한 이산화탄소로 인해 지구가 이미 온난화되고 있다는 과학적 증거가 충분히 축적되었다는 점입니다. 그렇다면 왜 사회는 즉각적인 행동에 나서지 않을까요? 왜 더 큰 온난화를 막기 위한 조치를 주저했을까요? 그 이유는 오레스케스와 콘웨이의 저서 **『의혹을 팝니다**Merchants of Doubt**』**에서 잘 드러납니다.[38] 다시 한번 강조하자면, 과학은 수십 년 동안 매우 명확한 메시지를 전달해 왔습니다.

이는 최근에 갑작스럽게 도출된 결론이 아니며, 성급하게 내린 판단도 아닙니다. 과학자들은 수십 년 전부터 다양한 증거를 제시하며 일관된 주장을 해왔습니다. 인간은 대기 중 이산화탄소 농도를 눈에 띄게 증가시켰고, 이것이 기후를 직접적으로 변화시켰다고 말입니다.

이 글을 쓰는 지금, 대기 중 CO_2 농도는 414ppm에 이르고 있습니다. 이는 산업화 이전의 농도인 280ppm과 비교할 때, 50퍼센트 가까이 증가한 수치입니다. 이러한 농도 변화와 함께, 전 지구 평균 기온은 약 섭씨 1도 상승했습니다.[39] 그러나 기온만 변한 것이 아닙니다. 강수 패턴, 극단적인 기상 현상의 빈도, 평균 해수면, 폭풍의 강도 등 지구 기후 전반에 걸쳐 다양한 변화가 관측되고 있습니다. 우리는 이러한 복합적인 변화를 **기후 변화**라고 부르며, 그중에서도 평균 기온 상승이라는 지표는 **지구 온난화**라는 용어로 지칭합니다. 이 두 용어는 유사하게 들릴 수 있지만, 그 의미에는 분명한 차이가 존재합니다. 지구 온난화는 보다 추상적인 개념인 반면, 기후 변화는 우리가 실제로 체감하는 현상인 것이죠.

인류가 지구 기후에 영향을 미치고 있다는 사실을 받아들이기 어려웠던 이유 중 하나는, 지금까지의 변화가 너무 느리고, 미미하게 보였기 때문입니다. 예컨대, 여름철 기온이 우리 할머니의 할머니의 할머니 세대보다 1도 정도 높아진다고 해서, 그것이 심각한 문제처럼 느껴지지 않을 수 있습니다. 이는 우리가 직접 **느끼는** 변화가 아니기 때문입니다. 그러나 이러한 인식은 전 지구적 평균만 놓고 보았을 때의 이야기입니다. 특정 지역을 살펴보면 이 이야기는 완전히 달라집니다. 대표적인 사례로, 미국 서부의 산불 시즌을 들 수 있습니다. 20세기 중반 이후, 이 지역의 산불 시즌은 무려 두 달 반이나 길어졌습니다. 기록상 산불 활동이 가장 극심했던 10회의 해 가운데 9회가 2000년도 이후에 집중되어 있습니다.[40] 이는 결코 작거나 느린 변화가 아닙니다. 미국 서부에 터를 잡고 사는 이들에게 산불의 변화는 지난 수십 년 동안 그들의 삶에 직접적인 영향을 미쳐왔습니다. 그리고 이것은 단지 하나의 사례에 불과합니다. 기후 변화는 가뭄, 기근, 분쟁, 폭풍, 그리고 수많은 재해를 통해 인간의 삶을 근본적으로 변화시키고 있습니다. 이러한 재해를 과연 '자연'재해라고 불러야 할까요?

인간이 기후에 끼친 영향은 결코 균등하게 나타나지 않았습니다. 지금까지 가장 큰 피해를 입은 이들은, 아이러니하게도 탄소를 가장 적게 배출해 온 사람들입니다. 산업화된 국가의 국민들은 오랜 시간 동안 자신과 조상들이 초래한 결과로부터 상대적으로 보호받아 왔습니다. 그러나 미국 산불의 사례에서 볼 수 있듯이 더는 그렇지 않습니다. 대기는 우리가 배출한 탄소에 반응하고 있습니다. 그 반응은 과학이 아직 완전히 설명하지 못하는 방식으로 나타나죠. 어떤 지역에서는 강수량이 증가하고, 다른 지역에서는 극심한 가뭄이 지속됩니다. 해수면 상승으로 인해 해안 지역이 침수되고, 주민들은 내륙으로 밀려나고 있습니다. 여러 종의 동물들은 기존의 서식지를 떠나 새로운 환경으로 이동하거나, 아예 멸

제9장 변화

종의 길을 걷고 있습니다. 전염병은 새로운 지역으로 확산되고 있으며, 자원 부족에 직면한 인류는 생존을 위해 새로운 터전을 찾아 떠나야 할지도 모릅니다. 담수와 경작지를 둘러싼 국제적 긴장감도 점점 더 고조되고 있습니다.

대기라는 거인은 수십억 년의 시간 동안, 한 번도 경험하지 못한 도전에 직면해 있습니다. 오랜 세월 동안 대기는 지질학적 규모의 변화를 천천히 흡수하며 안정적으로 존재해 왔습니다. 개별적인 세포나 기관은 작은 규모에서는 극적으로, 때로는 격렬하게 요동치기도 했지만, 그 근본적인 생리적 구조는 늘 일정하게 유지되어 왔죠. 그러나 증기기관의 발명 이후, 이 거인은 발밑에서 타오르는 불길을 느끼기 시작했습니다. 지금껏 이렇게나 급격한 환경 변화를 마주한 적은 단 한 번도 없었죠. 해가 갈수록 불길은 점점 더 뜨겁게 타오르고, 거인은 그 압박으로부터 벗어나기 위해 점점 더 거세게 몸부림칩니다. 이제 그의 인내심은 바닥났습니다. 앞으로 어떤 일이 벌어질지는 누구도 정확히 예측할 수 없습니다. 그러나 한 가지는 분명합니다. 그것은 결코 아름다운 광경이 아닐 것입니다.

지금까지 이 책에서 다룬 모든 내용은 사실에 기반하고 있습니다. 과학의 본질이 그러하듯, 이 내용들은 철저히 데이터에 근거하고 있으며, 엄격한 동료 심사를 거쳐 학술지에 발표되고, 지속적으로 검증과 정정을 거쳐왔습니다. 특히 IPCC 보고서는 학계 역사상 가장 정밀하게 검토되고 세심하게 연구된 문서로 평가받습니다. 과학에서 사실이라 말할 수 있는 범위 내에서 판단할 때, 지금까지 IPCC가 발표한 기후 변화 관련 연구 결과는 신뢰할 만한 사실로 간주할 수 있습니다.

하지만 그것은 어디까지나 지금까지의 이야기입니다.

이제 마지막으로 대기라는 거인의 미래에 대해 간략히 살펴보고자 합니다. 여기서 다룰 내용은 필연적으로 '그럴 가능성이 높다' 혹은 '거의 확실하다'와 같은 확률적 표현을 포함할 수밖에 없습니다. 이러한 예측들 중 일부는 결국 틀린 것으로 밝혀질 수도 있고, 이 글을 읽는 시점에는 예측에 필요한 정보 자체가 이미 시대에 뒤처졌을 수도 있습니다. 만약 여러분이 먼 미래에 이 글을 읽고 있다면, 지나치게 비관적이고 걱정이 많은 과학자 집단의 부산물이라고 웃어넘길지도 모르겠습니다. 그러나 저는 한편으로, 여러분이 이 예측들을 되돌아보며 당시 과학자들이 오히려 증기 기관의 발명 이후 전개된 상황의 심각성을 충분히 반영하지 못했고, 위험을 과소평가했다고 생각하고 있을지도 모른다는 의심이 듭니다.

기후 변화와 관련해 이런 질문들을 가장 많이 받습니다. 먼저 '도대체 얼마나 심각한 거야?'라 묻고, 그다음으로는 '희망은 없는 거야?'라는 질문이 이어집니다. 마치 대기는 병든 환자이고, 우리는 그를 걱정하며 대기실에 앉아 있는 가족 같은 모습이죠. 분명히 말씀드리지만, 그 환자는 괜찮습니다. 지구는 과거에 훨씬 더 높은 탄소 농도를 경험했고, 우리가 가할 수 있는 것보다 훨씬 더 극심한 열도 견뎌낸 적이 있습니다. 대기라는 거인은 이번에도 살아남을 것이며, 우리보다 훨씬 오래 살 것입니다. 문제는 바로 그 점입니다. 대기 중 탄소 농도가 지금처럼 높았던 마지막 시기는 약 300만 년 전인 플라이오세 시대였습니다. 당시 지구의 평균 기온은 현재보다 섭씨 3~4도 더 높았고, 해수면은 지금보다 20미터 더 높았습니다.[41] 해수면이 20미터 상승한다는 것은, 전문 용어로 표현하자면 '게임 오버'입니다. 현재 약 5억 명의 인구가 해수면 20미터 이내에 거주하고 있으며, 이 사람들은 당연히 이주해야 할 것입니다. 더 내륙에 사는 사람들도 해일과 연안 침식의 영향을 피할 수 없습니다. 농경지가 반복적으로 침수되면 농업은 지속될 수 없고, 농부들은 생업을 포기하게 됩니다. 이는 식량 생산 감소와 인구 이동의 압박으로 이어지며, 사회는 우리가 알고 있는 방식대로 계속 유지되기 어려운 수준의 압박을 받게 될 것입니다.

플라이오세 시대와 현재를 비교해 보면, 우리가 미래에 어떤 방향으로 나아가야 할지에 대한 단서를 얻을 수 있습니다. 충분한 시간이 주어진다면, 현재의 CO_2 농도에서 대기는 결국 플라이오세 시대와 유사한 온도 수준에서 평형을 이루게 될 것입니다. 그러나 이는 우리가 대기 중으로 배출 가능한 모든 탄소를 실제로 배출했다고 가정할 때의 이야기이며, 현실적으로 바람직한 가정은 아닙니다. 전 세계 탄소 배출량은 21세기 중반에 정점에 이를 것으로 예상되지만, 이후 감소하기보다는 일정 수준에서 정체될 가능성이 높습니다. 즉, 금세기 말에는 CO_2 농도가 최대 800ppm에 이를 수도 있으며, 가장 낙관적인 시나리오를 따른다고 해도 425ppm에 머물 것으로 보입니다. 기후 변화에 관한 모든 예측이 그렇듯, 정확한 수치를 제시하는 것은 매우 어렵습니다. 특히 탄소 배출량은 결정론적 물리 법칙이 아닌, 인간의 선택과 경제적 판단에 따라 달라지기 때문에 더욱 예측이 어렵습니다. 여기에 전례 없는 CO_2 농도 증가에 대해 세계가 어떻게 반응할지에 대한 불확실성까지 더해지면, 과학자들이 내리는 모든 예측에는 필연적으로 큰 오차 범위가 존재할 수밖에 없습니다.

그렇다면 2100년까지 어떤 일이 벌어질까요? 과학자들이 비교적 높은 신뢰도를 가지고 요약할 수 있는 전망은 다음과 같습니다. 이산화탄소 농도는 500~600ppm 사이에서 정점을 찍을 것으로 보이며, 이는 약 섭씨 2도의 지구 평균 기온 상승을 초래할 것입니다.[42] 그 결과로 평균 해수면은 약 2미터 상승하고, 5등급 허리케인의 발생 빈도는 두 배로 증가하며, 수십억 명의 사람들이 쉽게 접근할 수 있는 식수를 잃게 될 것입니다. 또한 열대성 질병은 적도에서 멀리 떨어진 지역에서도 흔하게 나타나고, 이로 인해 인구 이동과 자원 분쟁이 빈번해지며, 인류가 지구에 존재한 이래 한 번도 겪어보지 못한 규모의 식물과 동물의 대멸종이 발생할 것으로 예상됩니다. 2100년의 지구는 분명 지금과는 매우 다른 모습일 것이며, 훨씬 더 황폐해질 가능성이 높습니다. 이렇게 언급한 내용은 결코 과장된 예측이나 극단적인 시나리오만을 골라낸 것이 아닙니다. 오히려 이는 관련 문헌에 대한 보수적인 해석에 가까우며, 많은 과학자들은 이보다 훨씬 더 암울하고 어두운 미래를 예상하고 있습니다.[34] 다만 분명히 해야 할 점은, 이 암울한 미래는 **우리에게** 해당된다는 것입니다. 대기와 지구 자체는, 그 표면에 달라붙어 살아가는 생명체와는 별개로, 살아남을 것입니다. 현재 인류는 자신이 앉아 있는 나무가지를 스스로 톱질하고 있습니다. 특히 석탄이나 석유 같은 화석 연료에 의존하는 현재의 활동들은 인간이 생존을 위해 의존하고 있는 환경을 파괴하고 있습니다. 우리는 하나의 종으로서, 인류가 진화해 적응해 온 기후, 그리고 생존에 필요한 기후로부터 지구를 점점 더 멀어지게 만들고 있는 것입니다.

그렇다고 해서 완전히 가망이 없다는 뜻은 아닙니다! 대기 중 탄소 배출을 줄이고, 그로 인해 발생할 미래의 기후 변화 영향을 완화하기 위해 우리가 할 수 있는 일들은 여전히 많습니다. 더 나아가, 우리는 이 기회를 통해 자연 세계에 남아 있는 것들의 가치를 재발견하고, 산업화 과정에서 잃어버린 것들을 복원할 수도 있습니다. 이러한 변화의 핵심은 전력 생산 방식의 전환에 그치지 않습니다. 교통, 가정의 냉난방 시스템 등 에너지 소비 전반에 걸쳐 화석 연료에서 벗어나 재생 가능 기술로의 전환이 이루어져야 합니다. 흔히 풍력 터빈이나 태양광 패널을 떠올리지만, 실제로는

---

[34] 이 모든 내용은 물론 그 외에도 훨씬 더 많은 이야기들이 데이비드 월리스 웰스의 저서 『**2050 거주 불능 지구**(The Uninhabitable Earth: A Story of the Future)』에 담겨 있습니다.

전기 열펌프나 전기 보일러 같은 기술이 중심이 되어야 합니다. 우리가 개인적으로 사용하는 에너지의 절반은 냉난방에 사용되며, 이 중 재생 가능한 에너지원에서 공급되는 비율은 현재 10퍼센트에 불과합니다.[43] 재생 가능한 에너지로의 사회적 전환은 이미 시작 되었고, 점차 속도를 내고 있습니다. 그러나 기후 변화로 인한 최악의 결과를 피하기 위해서는 아직 해야 할 일이 많고, 반드시 해야만 하는 일도 많습니다. 기후 변화에 대응한다고 해서 전 세계 국가가 개인의 삶을 감시하거나, 어떤 전구를 사용할 수 있냐, 없냐를 통제하는 것은 아닙니다. 오히려 필요한 것은 재생 가능 에너지를 지원하고, 화석 연료 사용을 줄이며, 에너지 효율을 높이도록 유도하는 강력한 법안들입니다. 이러한 조치들이 반드시 UN이나 중앙집중적인 세계 정부로부터 내려올 필요는 없습니다. 이 문제는 통합보다는 협력을 요구합니다. 물론, 쉽지 않겠죠. 그러나 충분한 노력을 기울인다면, 우리는 탄소 배출을 억제하고 스스로에게 가하는 피해를 줄일 수 있는 위치에 있습니다. 사회 전체가 자연 환경의 가치를 인식하고, 이 거인의 존재를 생존의 필수 요소로 받아들인다면, 우리는 증기기관의 발명과 함께 시작된 길에서 되돌아올 수 있습니다.

궁극적으로 우리는 거인의 손바닥 위에 놓여 있습니다. 그러나 그 거인은 결코 우리의 적이 아닙니다. 박테리아가 인간을 적이라 여기지 않듯, 대기 역시 우리의 존재에 아무런 관심이 없습니다. 만약 대기가 수십억 년의 이야기를 담은 자서전을 쓰게 된다면, 인류는 아마 작은 각주 정도로만 등장할 것입니다. 수천 년간 지속되는 이산화탄소 급증과 그 뒤를 잇는 길고 느린 감소로 특징지어지는 순간적인 흔적에 불과하겠죠. 어쩌면 이마저도 우리의 중요성을 과대평가한 것일지도 모르겠습니다.

    대기는 우리를 필요로 하지 않습니다. 그러나 우리는 대기가 필요합니다.

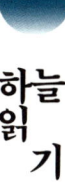

에필로그

가족

제가 지금까지 접한 그림 가운데 가장 깊은 인상을 남긴 작품 중 하나는 런던 대영도서관에 소장되어 있습니다. 이 그림은 예술가 페르디난트 헬프라이히 프리치Ferdinand Helfreich Fritsch(1707~1758)가 수학자 레온하르트 오일러Leonhard Euler(1707~1783)의 저서 **『행성과 혜성의 운동 이론**Theoria Motuum Planetarum et Cometarum**』**을 위해 제작한 판화입니다. 오일러의 저서는 모든 곳에 존재한다고 가정된 유체를 통해 행성과 혜성의 운동을 설명하고 있으며, 책의 서문에 실린 삽화에는 당시 알려져 있던 태양계의 모습이 정교하게 묘사되어 있습니다. 찬란한 태양을 중심으로 6개의 행성과 그에 속한 위성들이 질서 있게 공전하고 있으며, 하나의 혜성은 궤도면에 가파르게 기울어진 경로를 따라 방랑하듯 움직이고 있습니다. 이 판화를 특별하게 만드는 요소는 태양계 너머의 세계에 대한 상상입니다. 프리치는 수많은 다른 별들을 함께 그려 넣었는데, 이들 역시 각기 자신만의 태양계를 지니

그림 12　F.H. 프리치가 1744년에 제작한 외계 태양계 판화.
© British Library Board. All Rights Reserved /Bridgeman Images

고 있습니다. 다른 태양 주위를 도는 행성들은 별빛에 의해 드러나며, 그 궤도 또한 정교하게 표현되어 있습니다. 두 천사가 우주의 장막을 걷어 올리자, 우리는 이 장면이 단지 하나의 태양계가 아닌, 우주 전체에서 벌어지고 있는 현상임을 목격하게 됩니다. 지구의 태양계에 적용된 것과 동일한 기계적 법칙을 따르는 외계의 행성들이, 보이거나 보이지 않는 외계의 태양 주위를 돌고 있는 것입니다.

1744년에 제작된 이 판화는 다른 별 주위를 도는 행성, 즉 **외계 행성**이 실제로 발견되기까지 무려 250년이나 앞선 상상력을

담고 있습니다.[35]

프리치나 오일러조차도, 우리의 주변의 별들에 그렇게나 많은 외계 세계가 존재하리라고는 상상하지는 못했을 것입니다. 이 글을 쓰는 지금까지, 단 10파섹(약 300조 킬로미터. 은하 규모로 보면 그야말로 뒷마당에 해당하는 거리) 내에서 발견된 외계 행성만 해도 97개에 달합니다.[1] 이들 중 일부는 실로 기이한 특징을 지니고 있습니다. 예컨대 '뜨거운 목성'이라 불리는 행성들은 어미별에 지나치게 가까이 놓여, 극도로 가열된 대기가 결국 우주로 흩어져 사라지고 있습니다. 반면, 토성과 목성과 같은 가스형 거대 행성이나 지구와 화성과 유사한 지구형 행성처럼, 우리에게 익숙한 유형의 행성들도 존재합니다. 많은 외계 행성은 조석 고정 상태에 놓여 있어 자전 속도와 공전 속도가 일치하며, 항상 한쪽 면이 어미별을 향하고 있습니다. 이러한 행성의 한 면은 뜨겁게 타오르고, 반대쪽 면은 끝없는 밤에 잠겨 있습니다. 흥미롭게도 이 두 영역 사이에는 온화한 경계 지대가 형성되는데, 조건만 맞는다면 이곳은 생명체가 존재할 수 있는 환경일지도 모릅니다.

이 책을 통해 우리는 대기의 작동 원리, 즉 대기 거인의 해부학과 생리학을 면밀히 살펴보았습니다. 과거에는 그저 그의 발

35 다른 별들의 주변에도 또 다른 세계가 존재할 수 있다는 사상은 16세기 철학자 조르다노 브루노(Giordano Bruno, 1548~1600)에 의해 이미 제기된, 훨씬 더 오래된 아이디어입니다.

자국만을 바라보았지만, 이제는 그 복잡한 구조를 제대로 인식하고, 근육의 배열을 이해하며, 거인의 위풍당당한 모습을 전체적으로 조망할 수 있게 되었습니다.

물리학의 아름다움은, 그것이 장소를 가리지 않고 동일하게 적용된다는 데 있습니다.

우리의 대기 거인은 고유한 존재이면서도, 우주라는 대가족의 일원입니다. 가까운 거리 내에도 97명의 친척이 있으며, 그 너머에는 수백만 명이 있죠. 이 책에서 설명한 바와 같이, 우리는 대기를 통해 에너지가 어떻게 흐르고, 공기 덩어리가 지표면을 따라 어떻게 이동하며, 대기 내에 뚜렷한 층이 어떻게 형성되는지를 이해함으로써, 다른 세계에도 적용 가능한 강력한 도구 상자를 마련하게 되었습니다. 이러한 지식은 이미 다른 행성에 적용되기 시작했습니다. 예를 들어, 상대적으로 희박한 화성의 대기를 인공위성으로 관찰하고 컴퓨터 모델로 시뮬레이션한 결과, 화성의 대기에는 지구와 유사한 극 소용돌이가 존재한다는 사실이 밝혀졌습니다. 토성의 위성 타이탄은 질소와 메탄으로 이루어진 얼어붙은 대기를 지니며, 탄화수소로 구성된 구름으로 둘러싸여 있습니다. 이처럼 낯선 세계일지라도, 이곳 역시 윌리엄 페렐과 조제프 푸리에와 같은 선구자들이 도출한 동일한 방정식을 따르며, 자체적인 온실 효과 덕분에 예상보다 따뜻한 환경을 유지하고 있습니다.

다른 별을 공전하는 행성들에 대한 정보는 아직 제한적이지만, 그 대기를 통과하는 빛을 정밀하게 분석하는 혁신적인 방법 덕분에 몇 가지 놀라운 결론을 도출할 수 있습니다. 일부 행성의 대기는 정말로 특이한 물질로 이루어져 있습니다. 예를 들어, HAT-P-7b라는 초대형 목성형 행성은 기화된 루비와 사파이어로 이루어진 구름을 지니고 있을 가능성이 제기되었습니다.[2] 이 행성은 어미별과 매우 가까이 공전하여 표면 온도가 약 섭씨 2,000도에 달하며, 1년이 지구 시간으로 단 이틀에 불과합니다. 이러한 특이한 물질로 구성된 구름이라 할지라도, 그 움직임은 지구의 구름을 설명할 때 사용하는 동일한 유체 물리학을 통해 분석할 수 있습니다.

실제로 지구 대기를 모델링하기 위해 개발된 수치 모델과 물리학에 단지 매개 변수만 조정하면, 우리가 알고 있는 외계 행성들의 대기 움직임을 예측할 수 있습니다. 예컨대, 조석 고정 상태에 있는 행성들을 시뮬레이션한 결과, 물이 존재할 경우 강한 대류로 인해 거대한 구름이 생성되고, 낮과 밤 사이의 온도 차이가 줄어든다는 사실이 밝혀졌습니다.[3] 이러한 행성들은 인간이 거주할 수 있는 유력한 후보지로 간주되며, 실제로 가장 흔한 유형의 별의 크기와 온도를 고려할 때, 지구와 **가장** 유사한 거주 가능한 행성은 대부분 조석 고정 상태일 것으로 예상됩니다. 우리가 언젠가 이런 외계 세계를 직접 방문하게 된다면, 지금껏 시뮬레이션조차 시도해 보지 않았던 놀라운 특징들을 발견하게 될지도 모릅니다. 이 행성들은 전 우주에 공통적으로 적용되는 유체 운동 방정식과 매개 변수가, 지금까지 한 번도 본 적 없는 독특한 조합을 이룰 것이며,

상상 속에서만 존재하던 대기 순환을 실제로 보여줄 수 있을 것입니다.

우리의 대기 거인에게는 가족이 있습니다. 그것도 꽤나 큰 대가족이죠. 역사상 수천 명에 이르는 실험 과학자들과 이론가들의 끈질긴 노력 덕분에, 우리는 외계 행성의 표면에 직접 발을 딛지 않고도 그 거인들이 어떻게 움직이는지 이해할 수 있게 되었습니다. 이것은 실로 경이로운 성취입니다! 캘리포니아 빅서의 숲속에 텐트를 치고, 그 옆에 앉아 밤하늘을 올려다보며 별 하나를 골라 그 주변의 세계를 상상해 볼 수 있습니다. 그 행성의 예상 온도는 어떠할지, 날씨는 어떤 양상을 보일지 우리는 계산할 수 있습니다. 이 정보가 실제로 태양계 너머의 행성을 식민지로 만드는 데 활용될 여부와는 무관하게, 우리는 이미 지구라는 경계 너머로 사고를 확장한 셈입니다. 어쩌면 우리의 대기 거인은 수많은 거인 중 우리가 처음으로 제대로 이해하게 된 존재일지도 모릅니다. 물론 그렇지 않을 수도 있고요.

저는 이 책을 통해 독자 여러분께 몇 가지 중요한 사실을 확신시켜 드리고자 합니다. 첫째, 대기 과학은 다른 어떤 연구 분야 못지않게 길고 고귀한 역사를 지닌 학문입니다. 그 뿌리는 고대 문명까지 거슬러 올라가며, 르네상스 시대와 근대 초기를 거쳐 비로소 독자적인 위상을 갖추게 되었습니다. 대기 과학은 화학, 물리학, 지질학 등 여러 학문과 긴밀하게 연결되어 있으며, 인류 역사상 가장 위대한 과학자들 또한 이 분야의 발전에 기여해 왔습니다. 그와 동시에, 널리 알려지지는 않았지만 결정적인 공헌을 한 인물들도 적지 않습니다. 수위에서 학자로 변신한 제임스 크롤, CO_2의 단열 성질을 발견한 유니스 푸트, 호기심 많은 시골 소년 윌리엄 페렐 같은 인물들이 그러한 예입니다. 또한 심괄이나 오이시 와사부로와 같이 서구 학계의 울타리를 넘어 이루어진 성과들도 대기 과학의 지평을 넓히는 데 크게 이바지했습니다. 이 학문은 단지 서구 대학에서 발전한 수치 예보나 기후 과학의 최근 성과에 국한되지 않습니다. 대기 과학은 언제나 세계 곳곳에서 함께 자라난 전 지구적 과학이며, 인류 지식이라는 커다란 직물 속에서 한 줄기 실처럼 얽혀 있습니다. 때로는 촘촘하게, 때로는 성기게, 그러나 언제나 인류의 역사 전반을 관통하며 이어져 내려왔습니다.

둘째, 대기 과학의 빌진은 결코 순탄치 않았습니다. 모든 과학이 그러하듯, 대기 과학 역시 데이터를 기반으로 하지만, 초기에는 간헐적이고 불연속적인 방식으로만 이 데이터를 얻을 수 있었습니다. 초기 연구자들은 오직 자신의 감각에 의존하거나, 타인의 기록을 참고할 수밖에 없었죠. 그러나 기술의 발전은 대기를 완전히 새로운 관점으로 바라볼 수 있게 해주었습니다. 르네상스 직전에 발명된 베네치아 유리와 그 밖의 기술적 진보 덕분에, 우리는 대기의 작은 샘플을 밀폐하고, 정밀한 과학 기기를 제작할 수 있게 되었습니다. 이로써 우리는 이 거인을 측정하고 수치화할 수 있게 되었지만, 이는 어디까지나 과학자가 직접 측정할 수 있는, 국지적이고 제한된 범위에서만 가능한 일이었습니다. 이후 유럽 식민 제국의 부상과 원시적 세계화의 탄생으로, 넓은 지역에서 수집된 정보가 중앙 조직으로 모이게 되었고, 동인도 회사와 같은 군사·상업 기관뿐 아니라, 훔볼트식 과학에서 영감을 받은 정부 기관들도 이 과정에 참여하게 되었습니다. 전신의 발달(이후에는 인터넷)은 이러한 흐름에 박차를 가했습니다. 20세기에 이르러서는 가까운 미래의 대기 변화를 예측할 수 있을 만큼 충분한 데이터를 확보할 수 있게 되었고, 가스를 채운 풍선과 액체 연료 로켓과 같은 신기술은 우리의 이해를 한층 더 확장시켰습니다. 이제 우리는 날씨를 전 지구적 관점에서 바라볼 수 있으며, 극 소용돌이와 같은 대기의 거대한 구조들도 발견할 수 있게 되었습니다.

  제임스 글레이셔만큼이나 이 논점을 압축적으로 보여주는 인물은 없을 것입니다. 그는 이미 찬란한 역사를 쌓아가던 대기 과학의 결정적인 시기에 이 분야에 뛰어들었으며, 기술의 발전을 적극적으로 수용했습니다. 고대 탐험가처럼 목숨을 걸고 대기권의 새로운 경지에 도달하려 했고, 혁신적인 방법을 통해 광범위한 지역의 대기 정보를 거의 실시간으로 수집했습니다. 그의 노력은 후대의 기구 비행가들이 성층권에 도달할 수 있는 길을 열어주었고, 최초의 일기예보를 가능하게 한 데이터를 제공했습니다. 그러나 이러한 개인의 업적은 18세기와 19세기의 사회 및 경제 혁명이 가져온 기술적 진보 없이는 불가능했을 것입니다. 예보의 세계를 향한 그의 가장 지속적인 공헌 역시, 그가 속했던 제도적 틀 없이는 이루어질 수 없었죠. 글레이셔 개인은 놀라운 업적을 남겼지만, 그의 말을 빌리자면, 그 업적들은 사회라는 흐름 위에 떠 있는 거품과도 같았습니다.

　　마지막으로, 이 책을 통해 대기 과학이 얼마나 필수적인 분야인지 이해하셨기를 바랍니다. 증기기관의 발명은 우리로 하여금 새로운 현실과 마주하게 만들었습니다. 대기는 변화하고 있으며, 그 책임은 우리에게 있습니다. 과학은 지구가 아주 먼 과거에는 지금과는 전혀 다른 모습이었음을 밝혀냈고, 우리가 이산화탄소를 계속 배출한다면 기후는 인류가 살아남기 위해 진화해 온 섬세한 균형에서 벗어나게 될 것임을 경고하고 있습니다. 기후의 파괴적인 변화를 어떻게 피할 것인가는 단지 대기 과학의 문제만은 아닙니다. 경제학, 사회학, 정치학, 그리고 그 외 수많은 분야들이 함께 고려되어야 하죠. 그러나 이 질문은 궁극적으로는 대기 과학에서 시작되며, 대기 과학에서 끝납니다. 대기 조성의 변화에 따라 지구가 어떻게 반응할지를 정확히 이해하지 못한다면, 우리가 처한 상황에서 벗어날 수 있는 행동 방침을 세우는 것은 불가능합니다. 마치 로버트 피츠로이 선장처럼, 우리는 지금 위험천만한 바다 위에 떠 있습니다. 그러나 우리에게는 도구가 있고, 그것을 어떻게 사용할지도 알고 있습니다. 물론 아직 풀리지 않은 질문들이 남아 있고, 현재 지식에도 불확실성이 존재하지만, 아무것도 하지 않는다면 어떤 일이 벌어질지 우리는 이미 알고 있습니다. 지금 우리를 지탱하는 이 놀랍고도 아름다우며 복잡한 대기는 수 세기, 어쩌면 수십 년 안에 우리가 알고 있는 이 사회를 지워버릴 수도 있습니다. 과장처럼 들릴 수도 있지만, 불행하게도 그렇지 않습니다. 과학은 우리의 상황이 심각하며, 불충분한 대응으로 인해 해가 갈수록 점점 더 악화되고 있음을 보여주고 있습니다. 다행히도 우리는 수 세기에 걸쳐 축적된 지식을 갖고 있으며, 지금도 그 위로 끊임없이 지식을 쌓아가는 수천 명의 열정적인 과학자들이 있습니다. 결국 이 거대한 존재에 대한 지식을 행동으로 옮기는 일은 바로 지금 이 책을 읽고 있는 여러분을 포함한 우리 세대의 몫입니다.

우리는 또 다른 거인이 우리를 받아들이고, 우주로부터 보호해 줄 것이라 기대해서는 안 됩니다. 인류에게는 이미 우리를 따뜻하게 지켜주고, 먹을 것과 마실 것을 제공하며, 안전하게 보호해 주는 한 존재가 있습니다. 이제 우리는 지난 500년간 쌓아온 지식을 활용하여 그 거인을 우리 편으로 유지해야 합니다.

우리는 이곳의 아름다움을 감상할 시간을 충분히 가졌습니다. 이제는 그것을 지켜야 할 때입니다.

감사의 말

많은 분의 도움이 없었더라면 이 책은 세상에 나올 수 없었을 것입니다. 특히 초기 단계에서 큰 힘이 되어주신 라이언 켐프 박사와 니콜라스 콜 박사께 감사드리며, 외계 행성의 대기에 관한 피드백을 주신 해나 웨이크포드 박사에게도 깊이 감사드립니다. 지구물리유체역학이라는 매혹적인 분야에 몰입할 수 있는 기회를 주신 박사과정 지도 교수 마크 볼드윈 교수님과 데이비드 스티븐슨 교수님, 그리고 박사 학위 취득의 길을 열어주신 레슬리 그레이 교수님께도 감사드립니다.

이 책은 2020년, 전 세계를 휩쓴 팬데믹 기간에 쓰였습니다. 제가 코로나바이러스에 감염되는 바람에 출간이 지연되는 어려움을 겪었지만, 그럼에도 불구하고 인내심을 가지고 기다려 주신 호더 앤 스타우튼의 이안 웡과 휴 암스트롱, 그리고 에이트켄 알렉산더의 크리스 웰비러브에게도 감사드립니다. 팬데믹으로 인해 집에 머무는 시간이 많았던 덕분일지도 모르지만, 샬럿 코넬리, 클레어 비즐리, 샤미니 번델, 알리 제닝스, 에밀리 베이츠, 사이먼 리,

로힌 프란시스, 데이비드 아널드, 그리고 톰 다울링 등 많은 분들이 원고에 대해 주신 의견은 매우 유익했으며 진심으로 감사드립니다.

또한 유튜브, 트위치, 디스코드를 통해 함께해 준 온라인 커뮤니티 여러분께도 꼭 감사의 말씀을 전하고 싶습니다. 여러분의 끊임없는 응원은 제가 매일같이 작업을 이어갈 수 있는 원동력이 되어주었습니다. 2020년에 영상 콘텐츠가 다소 부족했던 점을 이 책이 어느 정도 보완해 주기를 바랍니다. 특히 관리자 및 운영진 여러분의 모든 노력에 감사드립니다. 클로드 만세!

이 책을 집필하는 데 있어 팀 울링스Tim Woollings의 『제트 기류Jet Stream』, 데이비드 월섬David Waltham의 『행운의 행성Lucky Planet』, 조지 마셜의 『생각조차 마라Don't Even Think About It』, 맬컴 워커의 『영국 기상청의 역사History of the Meteorological Office』, 스티븐 블런델과 캐서린 블런델의 『열 물리학Concepts in Thermal Physics』, 그리고 데이비드 월리스 웰스의 『2050 거주불능 지구The Uninhabitable Earth』가 특히 도움이 되었습니다. 논픽션 작품은 풍부한 연구 자료를 바탕으로 해야 좋은 결과물이 나올 수 있는데, 이 방대한 문헌을 참고할 수 있어 매우 기뻤습니다. 전체 목록은 참고 문헌을 확인해 주시기 바랍니다. 특히 이 책에서 수학적 내용에 흥미를 느끼셨다면, 존 M. 월리스와 피터 홉스의 『대기 과학 입문Atmospheric Science: An Introductory Survey』과 제프리 발리스의 『대기와 해양 역학의 핵심Essentials of Atmospheric and Oceanic Dynamics』을 강력히 추천드립니다.

　마지막으로, 이 책은 곧 제 아내가 될 올리비아의 변함없는 지지가 없었다면 완성되지 못했을 것입니다. 몇 달 동안 평소보다 더 오랜 시간 사무실에 틀어박혀 지냈고, 만날 때마다 연구에서 얻은 수많은 정보들을 늘어놓았던 것 같아 미안한 마음이 큽니다. 이 책이 그 모든 인내의 보람이 되었기를 진심으로 바랍니다.

용어 해설

- **고기후** Paleoclimate: 지구의 먼 과거 기후 상태.

- **공기덩이** Air parcel: 대기물리학에서 사용되는 가상의 물체로, 열이 유입되거나 유출되지 않고, 주변 환경과 열적으로 고립된 대기 덩어리.

- **광분해** Photolysis: 고에너지 방사선에 의해 분자가 분리되는 과정.

- **극 소용돌이** Polar vortex: 겨울철 극지방 성층권에서 형성되는 저기압성 공기 순환.

- **기상학** Meteorology: 대기의 단기적 현상과 그 예측을 중심으로 연구하는 학문.

- **기압계** Barometer: 대기압을 측정하는 장치.

- **기온 감률** Lapse rate: 고도 상승에 따라 기온이 감소하는 비율로, 대류권에서는 양의 기온 감률, 성층권에서는 음의 기온 감률을 보인다(정의 자체에 이미 마이너스 개념이 포함되어 있는 점에 주의할 것).

- **기후** Climate: 온도, 습도, 화학 농도 등 특정 지역 대기 조건의 장기 평균값.

- **기후 변화** Climate change: 기후의 장기적이고 광범위한 변화.

- **날씨** Weather: 온도, 습도, 바람 등 대기의 단기적 상태 변화.

- **남방 진동** Southern Oscillation: 태평양과 인도양 사이에서 대기압이 시소처럼 교차하는 패턴.

- **대류권** Troposphere: 지표면에서 약 10킬로미터까지의 대기층.

- **대류권계면** Tropopause : 대류권과 성층권 사이의 경계.

- **무역풍** Trade wind : 적도 북부와 남부에서 지속적으로 동쪽에서 서쪽으로 부는 바람.

- **북극 진동** Arctic Oscillation : 북반구에서 대기압이 변화하는 주요 방식으로, 북극과 대서양/태평양 분지 사이에서 시소처럼 교차하는 패턴을 보인다.

- **북대서양 진동** North Atlantic Oscillation : 아조레스제도와 아이슬란드 사이에서 보이는 대기압이 시소처럼 교차하는 현상.

- **서풍** Westerly wind : 서쪽에서 불어와 동쪽으로 흐르는 바람.

- **성층권 돌연 승온** Sudden stratospheric warming: SSW : 이상 파동 활동으로 인해 한겨울 성층권의 극 소용돌이가 격렬하게 붕괴되며 국지적으로 기온이 급상승하는 현상.

- **성층권** Stratosphere : 지표면에서 약 10~50킬로미터 사이에 위치한 대기의 두 번째 층.

- **수직 탐사** Sounding : 동일한 위치에서 다양한 고도에 걸쳐 대기 상태를 측정하는 기법.

- **아열대 고기압** Subtropical high : 적도 바로 북쪽과 남쪽의 고기압 지역.

- **엘니뇨** El Niño : 남미 서부 연안에서 비주기적으로 발생하는 따뜻한 물의 흐름.

- **열권** Thermosphere : 지표면에서 약 80~600킬로미터 사이에 위치한 지구 대기의 끝에서 두 번째 층.

- **열용량** Heat capacity : 물체의 온도를 1켈빈 올리는 데 필요한 에너지 양(줄 단위).

- **오존** Ozone : 산소 원자 3개로 이루어진 삼원자 산소로, 성층권에서 흔히 발견되며 자외선을 매우 잘 흡수한다.

- **온도계** Thermometer : 물체의 절대 온도를 측정하는 장치.

- **온도 측정기** Thermoscope : 두 물체의 상대적인 온도를 비교하는 장치, 즉 한 물체가 다른 물체보다 더 따뜻하거나 더 차가운지를 확인한다.

- **온도풍** Thermal wind : 수평 온도 기울기에 의해 발생하는 수직 풍속 변화(연직 시

어 vertical wind shear).

- 온실 효과 Greenhouse effect : 자연적 및 인위적 화합물이 긴 파장의 복사를 흡수해 대기 안에 열을 가두는 현상.

- 외기권 Exosphere : 지표면에서 약 600~1만 킬로미터 상공의 대기 최외곽층.

- 외트뵈시 가속도 Eötvös acceleration : 회전하는 구체에서 동쪽으로 이동하는 물체가 경험하는 수직 가속도. 물체를 바깥쪽으로 밀어내 중력이 감소된 것처럼 느껴지게 한다.

- 원시적 세계화 Proto-globalisation : 약 1600년에서 1800년 사이 국제 무역과 식민지화가 증가하며 국제 기업이 발전한 시기.

- 이온화 Ionisation : 분자나 원자가 전자를 얻거나 잃어 전하를 갖는 과정.

- 전선 Front : 서로 다른 대기 조건을 구분하는 경계선.

- 전자기 복사 Electromagnetic radiation : 에너지를 전달하는 전자기파. 가시광선, 적외선, 자외선 등이 포함된다.

- 정적 안정성 Static stability : 고도 상승에 따라 온도가 증가하여 수직 운동이 억제되는 음의 기온 감률을 갖는 대기 상태.

- 제트 기류 Jet stream : 빠르게 흐르는 얇은 공기 띠.

- 중간권 Mesosphere : 지표면에서 50~80킬로미터 사이의 대기층으로, 알려진 것이 많지 않아서 무지권이라 불리기도 한다.

- 지구 온난화 Global warming : 대기 중 이산화탄소 농도 증가로 인한 지구 평균 기온 상승.

- 지구 코로나 Geocorona : 태양 복사에 의해 대기 입자가 떨어져 나가며 지구 뒤로 길게 늘어진 지구 대기의 희미한 최상층.

- 지균풍 Geostrophic wind : 기압 경도력과 코리올리 가속도의 균형으로 발생하는 공기 흐름.

- **카르만 선** Kármán line : 지표면에서 100킬로미터 상공에 위치한 우주의 공식적 시작점.

- **코리올리 가속도** Coriolis acceleration : 회전하는 구에서 움직이는 물체가 경험하는 수평 가속도. 극 쪽으로 이동할 때 물체를 동쪽으로 편향시킨다.

- **킬링 곡선** Keeling Curve : 1958년 찰스 킬링이 시작한 대기 중 이산화탄소 농도 기록.

- **파장** Wavelength : 파동의 마루에서 다음 마루까지의 거리.

- **편동풍** Easterly wind : 동쪽에서 서쪽으로 부는 바람.

- **해들리 순환** Hadley cell : 지구 열대 지역에서 발생하는 대규모 순환.

- **흑체 복사** Blackbody radiation : 우주에 존재하는 모든 물체가 방출하는 전자기 복사로, 그 양은 물체 온도의 네 제곱에 비례한다.

- **IPCC** Intergovernmental Panel on Climate Change : 기후 변화에 관한 정부 간 협의체.

용어 해설

주

제1장 아이디어

1. R. Holmes, *Falling Upwards: How We Took to the Air*, London: William Collins, 2013.
2. J. Glaisher, *Travels in the Air*, London: Bentley, 1871.
3. H. Zinszer, 'Meteorological Mileposts', *Scientific Monthly*, vol. 58, no. 4 (1944).
4. G. Wainwright, *The Sky Religion in Egypt*, Cambridge: Cambridge University Press, 1938.
5. R. Wilkinson, *The Complete Gods and Goddesses of Ancient Egypt*, London: Thames & Hudson, 2003.
6. G. Hellmann, 'The Dawn of Meteorology', *Quarterly Journal of the Royal Meteorology Society*, vol. 34, no. 148 (1908).
7. H. Frisinger, *The History of Metereology: To 1800*, New York: Science History Publications, 1977.
8. ibid.
9. H. Frisinger, 'Aristotle and his "Meteorologica"', *Bulletin of the American Meteorological Society*, vol. 53, no. 7 (1972), pp. 634–8.
10. A. Gregory, *Eureka! The Birth of Science*, London: Icon Books, 2001.
11. W. Napier Shaw, *Manual of Meteorology*, Cambridge: Cambridge University Press, 1926.
12. S. Rasmussen, 'Advances in 13th Century Glass Manufacturing and their Effect on Chemical Progress', *Bulletin for the History of Chemistry*, vol. 33, no. 1 (2008), pp. 28–34.
13. H.C. Bolton, *Evolution of the Thermometer 1592–1743*, Easton, PA: The Chemical Publishing Co., 1900.

14	C. Huygens, *Oeuvres completes de Christiaan Huygens publiees par la Societe Hollandaise des Sciences*, The Hague, 1893.
15	D. Fahrenheit, 'Experimenta et observationes de congelatione aquae in vacuo factae', *Philosophical Transactions of the Royal Society*, vol. 33 (1724), pp. 78–89.
16	A. Alexander, *Infinitesimal: How a Dangerous Mathematical Theory Shaped the Modern World*, London: Oneworld Publications, 2014.
17	J. West, 'Torricelli and the Ocean of Air: The First Measurement of Barometric Pressure', *Physiology*, vol. 28, no. 2 (2013), pp. 66–73.

제2장 탄생

1	Y. Yan, M. Bender, E. Brook, H. Clifford, P. Kemeny, A. Kurbatov, S. Mackay, P. Mayewski, J. Ng, J. Sveringhaus and J. Higgins, 'Two-million-year-old Snapshots of Atmospheric Gases from Antarctic Ice', *Nature*, vol. 574 (2019), pp. 663–6.
2	K. Zahnle, L. Schaefer and B. Fegley, 'Earth's Earliest Atmospheres', *Cold Spring Harbor Perspectives in Biology*, vol. 2, no. 10 (2010).
3	A. Zerkle and S. Mikhail, 'The Geobiological Nitrogen Cycle: From Microbes to the Mantle', *Geobiology*, vol. 15, no. 3 (2017), pp. 343–52.
4	K. Tyrell, 'Oldest Fossils Ever Found Show Life on Earth Began Before 3.5 Billion Years Ago', University of Wisconsin-Madison, 18 December 2017. [Online: available at https://news.wisc.edu/oldest-fossils-found-show-life-began-before-3-5-billion-years-ago/(accessed 2 November 2020).]
5	H. Holland, 'The Oxygenation of the Atmosphere and Oceans', *Philosophical Transactions of the Royal Society of London B: Biological Sciences*, vol. 361, no. 1470 (2006), pp. 903–15.
6	B. Schirrmeister, J. de Vos, A. Antonelli and H. Bagheri, 'Evolution of multicellularity coincided with increased diversification of cyanobacteria and the Great Oxidation Event', *Proceedings of the National Academy of Sciences of the United States of America*, vol. 110, no. 5 (2013), pp. 1791–6.
7	R. Berner and Z. Kothavala, 'Geocarb III: A Revised Model of Atmospheric CO_2 over Phanerozoic Time', *American Journal of Science*, vol. 301, no. 2 (2001), pp. 182–204.

주

8   D. Royer, R. Berner, I. Montañez, N. Tabor and D. Beerling, 'CO$_2$ as a Primary Driver of Phanerozoic Climate', *GSA Today*, vol. 14, no. 3 (2004).

9   B. Goldstein, 'Ibn Muādh's Treatise on Twilight and the Height of the Atmosphere', *Archive for History of Exact Sciences*, vol. 17, no. 2 (1977), pp. 97–118.

10 JAXA, 'Research on Balloons to Float over 50 km Altitude', Institute of Space and Astronautical Science, 2008. [Online: available at http://www.isas.jaxa.jp/e/special/2003/yamagami/03.shtml(accessed 18 November 2020).]

11 M. Lehman, *Robert H. Goddard: Pioneer of Space Research*, New York: Da Capo Press, 1988.

12 W. von Braun, 'Recollections of Childhood: Early Experiences in Rocketry as Told by Werner Von Braun 1963'. [Online: available at https://web.archive.org/web/20090212140739/http://history.msfc.nasa.gov/vonbraun/recollect-childhood.html(accessed 12 July 2020).]

13 M. Neufeld, *Von Braun: Dreamer of Space, Engineer of War*, New York: A.A. Knopf, 2007.

14 S. Ramsey, *Tools of War: History of Weapons in Early Modern Times*, Delhi: Vij Books, 2016.

15 M.J. Neufeld, *The Rocket and the Reich: Peenemünde and the Coming of the Ballistic Missile Era*, New York: The Free Press, 1995.

16 N. Best, R. Havens and H. LaGow, 'Pressure and Temperature of the Atmosphere to 120 km', *Physical Review*, vol. 71, no. 12 (1947), pp. 915–16.

17 N. Best, R. Havens and H. LaGow, 'Pressure and Temperature of the Atmosphere to 120km', *Physical Review* (1947), pp. 915–16.

18 F.A. Lindemann and G.M.B. Dobson, 'A Theory of Meteors, and the Density and Temperature of the Outer Atmosphere to which it Leads', *Proceedings of the Royal Society of London. Series A, Containing Papers of a Mathematical and Physical Character*, vol. 102, no. 717 (1923), pp. 411–37.

19 F. Götz, A. Meetham and G. Dobson, 'The Vertical Distribution of Ozone in the Atmosphere', *Proceedings of the Royal Society of London. Series A, Containing Papers of a Mathematical and Physical Character*, vol. 145, no. 855 (1934), pp. 416–46.

제3장 바람

1. University of Warwick, '5400mph Winds Discovered Hurtling Around Planet Outside Solar System', 13 November 2015. [Online: available at https://warwick.ac.uk/newsandevents/pressreleases/5400mph_winds_discovered/(accessed 4 August 2021).]
2. D. Defoe, *The Storm*, London, 1704.
3. M. Walker, *History of the Meteorological Office*, Cambridge: Cambridge University Press, 2012.
4. 'William C. Redfield 1789–1857', *Weatherwise*, vol. 22, no. 6 (1969), pp. 225–62.
5. C. Abbe, 'Memoir of William Ferrel: 1817–1891', Cambridge, 1892.
6. W. Ferrel, 'On the Effect of the Sun and Moon Upon the Rotatory Motion of the Earth', *Astronomical Journal*, vol. 3 (1853).
7. W. Ferrel, 'An Essay on the Winds and Currents of the Oceans', *Nashville Journal of Medicine and Surgery*, 1856.
8. W. Ferrel, 'The Influence of the Earth's Rotation Upon the Relative Motion of Bodies Near its Surface', *Astronomical Journal*, vol. 5, no. 109 (1858), pp. 97–100.
9. M. Buys-Ballot, 'Note sur le rapport de l'intensité et de la direction du vent avec les écarts simultanés du baromètre', *Académie des sciences (France) Comptes rendus hebdomadaires*, vol. 45 (1857), pp. 765–8.

제4장 필드

1. G. Vallis, *Atmospheric and Oceanic Fluid Dynamics*, Cambridge: Cambridge University Press, 2006.
2. S. Blundell and K. Blundell, *Concepts in Thermal Physics*, Oxford: Oxford University Press, 2010.
3. Y. Matsumi and M. Kawasaki, 'Photolysis of Atmospheric Ozone in the Ultraviolet Region', *Chemical Review*, vol. 103, no. 12 (2003), pp. 4767–82.
4. Global Ozone Research and Monitoring Project, 'Scientific Assessment of Ozone Depletion: 2018', WMO, 2018.

주

제5장 무역풍

1. G. Cawkwell, *Philip of Macedon*, London: Faber & Faber, 1978.
2. D. Sobel, *Longitude: The True Story of a Lone Genius Who Solved the Greatest Scientific Problem of His Time*, London: Harper Perennial, 2011.
3. T. Woollings, *Jet Stream: A Journey Through Our Changing Climate*, Oxford: Oxford University Press, 2019.
4. P. Frankopan, *The Silk Roads*, London: Bloomsbury, 2015.
5. A. Hopkins, *Globalization in World History*, New York: Norton, 2002.
6. G. Hadley, 'Concerning the Cause of the General Trade Winds', *Philosophical Transactions of the Royal Society of London*, vol. 39, no. 437 (1735), pp. 58–62.
7. T. Woollings, *Jet Stream: A Journey Through Our Changing Climate*, Oxford: Oxford University Press, 2019.
8. J. O'Connor and E. Robertson, 'Gaspard Gustave de Coriolis', MacTutor, July 2000. [Online: available at https://mathshistory.st-andrews.ac.uk/Biographies/Coriolis/(accessed 5 October 2020).]
9. G. Coriolis, 'Sur les équations du mouvement relatif des systèmes de corps', *Journal de l'École Royale Polytechnique*, vol. 15 (1835), pp. 144–54.

제6장 거리

1. M. Kottek, J. Grieser, C. Beck, B. Rudolf and F. Rubel, 'World Map of the Köppen-Geiger Climate Classification Updated', *Meteorologische Zeitschrift*, vol. 15, no. 3 (2006), pp. 259–63.
2. Staff members of the Department of Meteorology, 'On the General Circulation of the Atmosphere in Middle Latitudes', *Bulletin of the American Meteorological Society*, vol. 28 (1947), pp. 255–80.
3. T. Woollings, *Jet Stream: A Journey Through Our Changing Climate*, Oxford: Oxford University Press, 2019.
4. H. Seilkopf, 'Maritime Meteorologie: Vol. 2', in *Handbuch der Fliegerwetterkunde*, Radetzke, 1939, p. 359.
5. J. Lewis, 'Ooishi's Observation Viewed in the Context of Jet Stream Discovery', *Bulletin of the American Meteorological Society*, vol. 84, no. 3 (2003), pp.

357–70.

6 J. Lewis, 'Ooishi's Observation Viewed in the Context of Jet Stream Discovery', *Bulletin of the American Meteorological Society*, vol. 84, no. 3 (2003), pp. 357–70.

7 T. Woollings, *Jet Stream: A Journey Through Our Changing Climate*, Oxford: Oxford University Press, 2019.

8 UK Met Office, 'What is Saharan Dust?' [Online: available at https://www.metoffice.gov.uk/weather/learn-about/weather/types-of-weather/wind/saharan-dust (accessed 20 July 2021).]

9 J.M. Wallace and P.V. Hobbs, *Atmospheric Science: An Introductory Survey*, Academic Press, 2006.

10 K. Singh, *I Shall Not Hear the Nightingale*, New York: Grove Press, 1959.

11 L. Ahman, R. Kanth, S. Parvaze and S. Mahdi, *Experimental Agrometeorology: A Practical Manual*, Cham, Switzerland: Springer, 2017.

12 W. Dalrymple, *The Anarchy: The Relentless Rise of the East India Company*, New York: Bloomsbury Publishing, 2019.

13 J. Hickel, 'How Britain Stole $45 Trillion from India', 19 December 2018. [Online: available at https://www.aljazeera.com/opinions/2018/12/19/how-britain-stole-45-trillion-from-india/ (accessed 18 October 2020).]

14 M. Davis, *Late Victorian Holocausts: El Niño Famines and the Making of the Third World*, London: Verso, 2000.

15 B. Fagan, *Floods, Famines, and Emperors*, London: Pimlico, 2000.

16 ibid.

17 J. Bjerknes, 'Atmospheric Teleconnections from the Equatorial Pacific', *Monthly Weather Review*, vol. 97, no. 3 (1969), pp. 163–72.

18 C. Wang, C. Deser, J.-Y. Yu, P. DiNezio and A. Clement, 'El Niño and Southern Oscillation (ENSO): A Review', in *Coral Reefs of the Eastern Pacific*, Springer Science, (2016) pp. 85–106.

19 C. Ropelewski and M. Halpert, 'Global and Regional Scale Precipitation Patterns Associated with the El Niño/Southern Oscillation', *Monthly Weather Review*, vol. 115 (1987), pp. 1606–26.

20 K. Kumar, B. Rajagopalan, M. Hoerling, G. Bates and M. Cane, 'Unraveling the Mystery of Indian Monsoon Failure During El Niño', *Science*, vol. 314, no. 5796 (2006), pp. 115–19.

21　B. Fagan, *Floods, Famines, and Emperors*, London: Pimlico, 2000.

제7장 예보

1　NOAA, 'Hurricanes: Frequently Asked Questions', 1 June 2021. [Online: available at https://www.aoml.noaa.gov/hrd-faq/ (accessed 20 July 2021).
2　National Hurricane Center, 'Hurricane Elena Preliminary Report', National Oceanic and Atmospheric Administration, Miami, 1985.
3　T. Fort, *Under the Weather*, Century, 2006.
4　K. Teague and N. Gallicchio, *The Evolution of Meteorology: A Look in the Past, Present, and Future of Weather Forecasting*, Oxford: Wiley, 2017.
5　A. Wulf, *The Invention of Nature: Alexander von Humboldt's New World*, New York: Knopf, 2015.
6　P. Moore, *The Weather Experiment: The Pioneers Who Sought to See the Future*, London: Chatto & Windus, 2015.
7　M. Walker, *History of the Meteorological Office*, Cambridge: Cambridge University Press, 2012.
8　ibid.
9　ibid.
10　UK Parliament, 'The Witchcraft Act', 1735.
11　K. Teague and N. Gallicchio, *The Evolution of Meteorology: A Look in the Past, Present, and Future of Weather Forecasting*, Oxford: Wiley, 2017.
12　G. Vallis, *Atmospheric and Oceanic Fluid Dynamics*, Cambridge: Cambridge University Press, 2006.
13　R. Friedman, *Appropriating the Weather: Vilhelm Bjerknes and the Construction of a Modern Meteorology*, Ithaca, NY: Cornell University Press, 2018.
14　J. Fleming, *Inventing Atmospheric Science: Bjerknes, Rossby, Wexler, and the Foundations of Modern Meteorology*, Cambridge, MA: MIT Press, 2016.
15　J.M. Wallace and P.V. Hobbs, *Atmospheric Science: An Introductory Survey*, Academic Press, 2006.
16　UK Met Office, 'Global Accuracy at a Local Level'. [Online: available at https://www.metoffice.gov.uk/about-us/what/accuracy-and-trust/how-accurate-are-our-public-forecasts(accessed 20 July 2021).]

17 L. Richardson, *Weather Prediction by Numerical Process*, Cambridge: Cambridge University Press, 1922.

18 P. Edwards, *A Vast Machine: Computer Models, Climate Data, and the Politics of Global Warming*, Cambridge, MA: MIT Press, 2010.

19 S. Strogatz, *Nonlinear Dynamics and Chaos: With Applications to Physics, Biology, Chemistry, and Engineering*, Boulder, CO: Westview Press, 2015.

20 E. Lorenz, *The Essence of Chaos*, London: UCL Press, 1993.

21 E. Lorenz, 'Deterministic Nonperiodic Flow', *Journal of the Atmospheric Sciences*, vol. 20, no. 2 (1963), pp. 130–41.

22 C. Danforth, 'Chaos in an Atmosphere Hanging on a Wall', 2013. [Online: available at http://mpe.dimacs.rutgers.edu/2013/03/17/chaos-in-an-atmosphere-hanging-on-a-wall/(accessed 7 October 2020).]

23 UK Met Office, 'Global Accuracy at a Local Level'. [Online: available at https://www.metoffice.gov.uk/about-us/what/accuracy-and-trust/how-accurate-are-our-public-forecasts(accessed 20 July 2021).]

제8장 소용돌이

1 AON, 'Global Catastrophe Recap', 2018.

2 CBS Chicago, 'It's Official, Chicago Is Colder than Parts of the Arctic, Yukon, and Mars', 30 January 2019. [Online: available at https://chicago.cbslocal.com/2019/01/30/chicago-deep-freeze-colder-than-arctic-yukon-mars-siberia-mount-everest/(accessed 20 November 2020).]

3 F. Whipple, 'The Propagation of Sound to Great Distances', *Quarterly Journal of the Royal Meteorological Society*, vol. 61, no. 261 (1935).

4 C. Choi, 'Strange But True: Earth Is Not Round', *Scientific American*, 12 April 2007. [Online]

5 T. Yarwood and F. Castle, *Physical and Mathematical Tables*, London: Macmillan, 1970.

6 D.G. Andrews, J.R. Holton and C.B. Leovy, *Middle Atmosphere Dynamics*, London: Academic Press, 1987.

7 G.M. Dunnavan and J.W. Dierks, 'An Analysis of Super Typhoon Tip', *Monthly Weather Review*, vol. 108, no. 11 (1980), pp. 1915–23.

8　R. Scherhag, 'Die explosionsartigen Stratosphärenerwärmungen des Spätwinters 1951/52', *Ber. Deut. Wetterdieuste*, vol. 6 (1952), pp. 51–63.

9　M. McIntyre and T. Palmer, 'Breaking Planetary Waves in the Stratosphere', *Nature*, vol. 305 (1983), pp. 593–600.

10　M. Baldwin and T. Dunkerton, 'Propagation of the Arctic Oscillation from the Stratosphere to the Troposphere', *Journal of Geophysical Research Atmospheres*, vol. 104, no. 24 (1999), pp. 30937–46.

11　D. Stephenson, H. Wanner, S. Brönnimann and J. Luterbacher, 'The History of Scientific Research on the North Atlantic Oscillation', in *The North Atlantic Oscillation: Climatic Significance and Environmental Impact*, American Geophysical Union, 2003, pp. 37–50.

12　M.P. Baldwin, D.B. Stephenson, D.W. Thompson, T.J. Dunkerton, A.J. Charlton and A. O'Neill, 'Stratospheric Memory and Skill of Extended-Range Weather Forecasts', *Science*, vol. 301, no. 5633 (2003), pp. 636–40.

제9장 변화

1　J. Needham, *Science and Civilisation in China: Volume 3, Mathematics and the Sciences of the Heavens and the Earth*, Taipei: Caves Books, 1986.

2　A. Alexander, *Infinitesimal: How a Dangerous Mathematical Theory Shaped the Modern World*, London: Oneworld Publications, 2014.

3　'James Hutton: Father of Modern Geology 1726–1797', *Nature*, vol. 119 (1927), p. 582.

4　G. Davies, 'Early Discoverers XXVI: Another Forgotten Pioneer of the Glacial Theory, James Hutton (1726–97)', *Journal of Glaciology*, vol. 7, no. 49 (1968), pp. 115–16.

5　E. Evans, 'The Authorship of the Glacial Theory', *The North American Review*, vol. 145 (1887), pp. 94–7.

6　T. Krüger, *Discovering the Ice Ages: International Reception and Consequences for a Historical Understanding of Climate*, Leiden: Brill, 2013.

7　D. Waltham, *Lucky Planet: Why Earth is Exceptional – and What That Means for Life in the Universe*, London: Icon Books, 2014.

8　ibid.

9   A. Chodos, 'March 21, 1768: Birth of Jean-Baptiste Joseph Fourier', American Physical Society, March 2010. [Online: available at https://www.aps.org/publications/apsnews/201003/physicshistory.cfm(accessed 20 November 2020).]

10 S. Blundell and K. Blundell, *Concepts in Thermal Physics*, Oxford: Oxford University Press, 2010.

11 F. Arago, *Biographies of Distinguished Scientific Men*, Boston, 1857.

12 S. Weart, *The Discovery of Global Warming*, Cambridge, MA: Harvard University Press, 2008.

13 E. Foote, 'Circumstances Affecting the Heat of the Sun's Rays', *The American Journal of Science and Arts*, vol. 22 (1856), pp. 382–3.

14 Smithsonian Institution Archives, 'An Act to Establish the "Smithsonian Institution", for the Increase and Diffusion of Knowledge Among Men'. [Online: available at https://siarchives.si.edu/collections/siris_sic_4026(accessed 20 November 2020).]

15 J. Golinski, 'Enlightenment Science', in *The Oxford Illustrated History of Science*, Oxford, Oxford University Press, 2017, pp. 180–212.

16 J.M. Wallace and P.V. Hobbs, *Atmospheric Science: An Introductory Survey*, Academic Press, 2006.

17 A. Horvitz, S. Stephens, M. Helfert, G. Goodge, K.T. Redmond, K. Pomeroy and E. Kurdy, 'A National Temperature Record at Loma, Montana', in 12th Symposium on Meteorological Observations and Instrumentation, Long Beach, CA, 2003.

18 N. Ekholm, 'On the Variations of the Climate of the Geological and Historical Past and their Causes', *Quarterly Journal of the Royal Meteorological Society*, vol. 27 (1901).

19 J. Shakun, P. Clark, F. He, S. Marcott, A. Mix, Z. Liu, B. Otto-Bliesner, A. Schmittner and E. Bard, 'Global Warming Preceded by Increasing Carbon Dioxide Concentrations during the Last Deglaciation', *Nature*, vol. 484 (2012), pp. 49–54.

20 J. Neumann, 'Climatic Change as a Topic in the Classical Greek and Roman literature', *Climatic Change*, vol. 7 (1985), pp. 441–54.

21 A. Wulf, *The Invention of Nature: Alexander von Humboldt's New World*, New York: Knopf, 2015.

22 R. Krulwich, 'The Fantastically Strange Origin of Most Coal on Earth', *National*

Geographic, 7 January 2016. [Online]
23   P. Ward and J. Kirschvink, *A New History of Life*, London: Bloomsbury, 2016.
24   K. Davids and C. Davids, *Religion, Technology, and the Great and Little Divergences: China and Europe Compared, c. 700–1800*, Leiden: Brill, 2012.
25   M. Csele, 'The Newcomen Steam Engine'. [Online: available at http://www.technology.niagarac.on.ca/people/mcsele/interest/the-newcomen-steam-engine/(accessed 9 November 2020).]
26   E. Roll, *An Early Experiment in Industrial Organisation: Being a History of the Firm of Boulton & Watt, 1775–1805*, Longmans, Green and Co., 1930.
27   P. Ackroyd, *London: The Biography*, London: Chatto & Windus, 2000.
28   S. Weart, *The Discovery of Global Warming*, Cambridge, MA: Harvard University Press, 2008.
29   S. Arrhenius, 'On the Influence of Carbonic Acid in the Air upon the Temperature of the Ground', *The London, Edinburgh, and Dublin Philosophical Magazine and Journal of Science*, vol. 41, no. 5 (1896), pp. 237–76.
30   S. Arrhenius, *Worlds in the Making*, Leipzig: Academic Publishing House, 1908.
31   R. Kunzig and W. Broecker, *Fixing Climate: The Story of Climate Science – and How to Stop Global Warming*, London: Sort Of Books, 2008.
32   D. Harris, 'Charles David Keeling and the Story of Atmospheric CO_2 Measurements', *Analytical Chemistry*, vol. 82, no. 19 (2010), pp. 7865–70.
33   Conservation Foundation, 'Implications of Rising Carbon Dioxide Content of the Atmosphere', New York, 1963.
34   National Academy of Sciences, Committee on Atmospheric Sciences Panel on Weather and Climate Modification, *Weather and Climate Modification: Problems and Prospects*, Washington, DC, 1966.
35   M. Kovenock and A. Swann, 'Leaf Trait Acclimation Amplifies Simulated Climate Warming in Response to Elevated Carbon Dioxide', *Global Biogeochemical Cycles*, vol. 32, no. 10 (2018), pp. 1437–48.
36   M. Mann, *The Hockey Stick and the Climate Wars*, New York: Columbia University Press, 2014.
37   S. Weart, *The Discovery of Global Warming*, Cambridge, MA: Harvard University Press, 2008.
38   N. Oreskes and E. Conway, *Merchants of Doubt: How a Handful of Scientists*

Obscured the Truth on Issues from Tobacco Smoke to Global Warming, New York: Bloomsbury Press, 2010.

39   GISTEMP Team, 'GISS Surface Temperature Analysis (GISTEMP) Version 4', NASA Goddard Institute for Space Studies, 2020. [Online: available at https://data.giss.nasa.gov/gistemp/(accessed 11 November 2020).]

40   D. Wallace-Wells, *The Uninhabitable Earth: A Story of the Future*, London: Penguin, 2019.

41   Royal Meteorological Society, 'The Pliocene: The Last Time Earth had >400 ppm of Atmospheric CO_2', London, 2019.

42   J. Tollefson, 'How Hot Will Earth Get By 2100?', *Nature*, 22 April 2020. [Online: available at https://www.nature.com/articles/d41586-020-01125-x(accessed 12 November 2020).]

43   REN21, *Renewables 2020 Global Status Report*, Paris, 2020.

에필로그 가족

1   NASA Exoplanet Science Institute, 'NASA Exoplanet Archive', 2020. [Online: available at https://exoplanetarchive.ipac.caltech.edu/cgi-bin/TblView/nph-tblView?app=ExoTbls&config=PS(accessed 23 November 2020).]

2   D. Armstrong, E. Mooij, J. Barstow, H. Osborn, J. Blake and N.F. Saniee, 'Variability in the Atmosphere of the Hot Giant Planet HAT-P-7 b', *Nature Astronomy*, vol. 1 (2017).

3   J. Yang, N. Cowan and D. Abbot, 'Stabilizing Cloud Feedback Dramatically Expands the Habitable Zone of Tidally Locked Planets', *The Astrophysical Journal Letters*, vol. 771, no. 2 (2013).

참고 문헌

- Abbe, C., 'Memoir of William Ferrel: 1817–1891', Cambridge, 1892.
- Ackroyd, P., *London: The Biography*, London: Chatto & Windus, 2000.
- Ahman, L., Kanth, R., Parvaze, S. and Mahdi, S., *Experimental Agrometeorology: A Practical Manual*, Springer, 2017.
- Alexander, A., *Infinitesimal: How a Dangerous Mathematical Theory Shaped the Modern World*, London: Oneworld Publications, 2014.
- Andrews, D.G., Holton, J.R. and Leovy, C.B., *Middle Atmosphere Dynamics*, London: Academic Press, 1987.
- AON, 'Global Catastrophe Recap', 2018.
- Arago, F., *Biographies of Distinguished Scientific Men*, Boston, 1857.
- Armstrong, D., Mooij, E., Barstow, J., Osborn, H., Blake, J. and Saniee, N.F., 'Variability in the Atmosphere of the Hot Giant Planet HAT-P-7 b', *Nature Astronomy*, vol. 1 (2017).
- Arrhenius, S., 'On the Influence of Carbonic Acid in the Air upon the Temperature of the Ground', *The London, Edinburgh, and Dublin Philosophical Magazine and Journal of Science*, vol. 41, no. 5 (1896), pp. 237–76.
- Arrhenius, S., *Worlds in the Making*, Leipzig: Academic Publishing House, 1908.
- Baldwin, M. and Dunkerton, T., 'Propagation of the Arctic Oscillation from the Stratosphere to the Troposphere', *Journal of Geophysical Research Atmospheres*, vol. 104, no. 24 (1999), pp. 30937–46.
- Baldwin, M.P., Stephenson, D.B., Thompson, D.W.J., Dunkerton, T.J., Charlton, A.J. and O'Neill, A., 'Stratospheric Memory and Skill of Extended-Range Weather Forecasts', *Science*, vol. 301, no. 5633 (2003), pp. 636–40.
- Berner, R. and Kothavala, Z., 'Geocarb III: A Revised Model of Atmospheric CO_2 over Phanerozoic Time', *American Journal of Science*, vol. 301, no. 2 (2001), pp.

182–204.

- Best, N., Havens, R. and LaGow, H., 'Pressure and Temperature of the Atmosphere to 120 km', *Physical Review*, vol. 71, no. 12 (1947), pp. 915–16.
- Bjerknes, J., 'Atmospheric Teleconnections from the Equatorial Pacific', *Monthly Weather Review*, vol. 97, no. 3 (1969), pp. 163–72.
- Blundell, S. and Blundell, K., *Concepts in Thermal Physics*, Oxford: Oxford University Press, 2010.
- Bolton, H.C., *Evolution of the Thermometer 1592–1743*, Easton, PA: The Chemical Publishing Co., 1900.
- Braun, W. von, 'Recollections of Childhood: Early Experiences in Rocketry as Told by Werner Von Braun 1963'. [Online: available at https://web.archive.org/web/20090212140739/http://history.msfc.nasa.gov/vonbraun/recollect-childhood.html(accessed 12 July 2020).]
- Butchart, N., 'The Brewer–Dobson Circulation', *Reviews of Geophysics* (2014), pp. 157–84.
- Buys-Ballot, M., 'Note sur le rapport de l'intensité et de la direction du vent avec les écarts simultanés du baromètre', *Académie des sciences (France) Comptes rendus hebdomadaires*, vol. 45 (1857), pp. 765–8.
- Cawkwell, G., *Philip of Macedon*, London: Faber & Faber, 1978.
- CBS Chicago, 'It's Official, Chicago Is Colder than Parts of the Arctic, Yukon, and Mars', 30 January 2019. [Online: available at https://chicago.cbslocal.com/2019/01/30/chicago-deep-freeze-colder-than-arctic-yukon-mars-siberia-mount-everest/(accessed 20 November 2020).]
- Chodos, A., 'March 21, 1768: Birth of Jean-Baptiste Joseph Fourier', American Physical Society, March 2010. [Online: available at https://www.aps.org/publications/apsnews/201003/physicshistory.cfm(accessed 20 November 2020).]
- Choi, C., 'Strange But True: Earth Is Not round', *Scientific American*, 12 April 2007. [Online: available at https://www.scientificamerican.com/article/earth-is-not-round/(accessed 20 November 2020).]
- Conservation Foundation, 'Implications of rising carbon dioxide content of the atmosphere', New York, 1963.
- Coriolis, G., 'Sur les équations du mouvement relatif des systèmes de corps', *Journal de l'École Royale Polytechnique*, vol. 15 (1835), pp. 144–54.

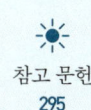

- Csele, M., 'The Newcomen Steam Engine'. [Online: available at http://www.technology.niagarac.on.ca/people/mcsele/interest/the-newcomen-steam-engine/ (accessed 9 November 2020).]
- Dalrymple, W., *The Anarchy: The Relentless Rise of the East India Company*, New York: Bloomsbury Publishing, 2019.
- Danforth, C., 'Chaos in an Atmosphere Hanging on a Wall', 2013. [Online: available at http://mpe.dimacs.rutgers.edu/2013/03/17/chaos-in-an-atmosphere-hanging-on-a-wall/(accessed 7 October 2020).]
- Davids, K. and Davids, C., *Religion, Technology, and the Great and Little Divergences: China and Europe Compared, c. 700–1800*, Leiden: Brill, 2012.
- Davies, G., 'Early Discoverers XXVI: Another Forgotten Pioneer of the Glacial Theory, James Hutton (1726–97)', *Journal of Glaciology*, vol. 7, no. 49 (1968), pp. 115–16.
- Davis, M., *Late Victorian Holocausts: El Niño Famines and the Making of the Third World*, London: Verso, 2000.
- Defoe, D., *The Storm*, London, 1704.
- Dunnavan, G.M. and Dierks, J.W., 'An Analysis of Super Typhoon Tip', *Monthly Weather Review*, vol. 108, no. 11 (1980), pp. 1915–23.
- Edwards, P., *A Vast Machine: Computer Models, Climate Data, and the Politics of Global Warming*, Cambridge, MA: MIT Press, 2010.
- Ekholm, N., 'On the Variations of the Climate of the Geological and Historical Past and their Causes', *Quarterly Journal of the Royal Meteorological Society* (1901), vol. 27.
- Evans, E., 'The Authorship of the Glacial Theory', *The North American Review*, vol. 145 (1887), pp. 94–7.
- Fagan, B., *Floods, Famines, and Emperors*, London: Pimlico, 2000.
- Fahrenheit, D., 'Experimenta et observationes de congelatione aquae in vacuo factae', *Philosophical Transactions of the Royal Society*, vol. 33 (1724), pp. 78–89.
- Ferrel, W., 'An Essay on the Winds and Currents of the Oceans', *Nashville Journal of Medicine and Surgery*, 1856.
- Ferrel, W., 'On the Effect of the Sun and Moon upon the Rotatory Motion of the Earth', *Astronomical Journal*, vol. 3 (1853).
- Ferrel, W., 'The Influence of the Earth's Rotation Upon the Relative Motion of Bodies Near its Surface', *Astronomical Journal*, vol. 5, no. 109 (1859), pp. 97–100.

- Fleming, J., *Inventing Atmospheric Science: Bjerknes, Rossby, Wexler, and the Foundations of Modern Meteorology*, Cambridge, MA: MIT Press, 2016.
- Foote, E., 'Circumstances Affecting the Heat of the Sun's Rays', *The American Journal of Science and Arts*, vol. 22 (1856), pp. 382–3.
- Fort, T., *Under the Weather*, London: Century, 2006.
- Frankopan, P., *The Silk Roads*, London: Bloomsbury, 2015.
- Friedman, R., *Appropriating the Weather: Vilhelm Bjerknes and the Construction of a Modern Meteorology*, Ithaca, NY: Cornell University Press, 2018.
- Frisinger, H., 'Aristotle and his "Meteorologica"', *Bulletin of the American Meteorological Society*, vol. 53, no. 7 (1972), pp. 634–8.
- Frisinger, H., *The History of Meterology: To 1800*, New York: Science History Publications, 1977.
- GISTEMP Team, 'GISS Surface Temperature Analysis (GISTEMP) Version 4', NASA Goddard Institute for Space Studies, 2020. [Online: available at https://data.giss.nasa.gov/gistemp/(accessed 11 November 2020).]
- Glaisher, J., *Travels in the Air*, London: Bentley, 1871.
- Global Ozone Research and Monitoring Project, 'Scientific Assessment of Ozone Depletion: 2018', WMO, 2018.
- Goldstein, B., 'Ibn Muʿādh's Treatise On Twilight and the Height of the Atmosphere', *Archive for History of Exact Sciences*, vol. 17, no. 2 (1977), pp. 97–118.
- Golinski, J., 'Enlightenment Science', in *The Oxford Illustrated History of Science*, Oxford, Oxford University Press, 2017, pp. 180–212.
- Götz, F., Meetham, A. and Dobson, G., 'The Vertical Distribution of Ozone in the Atmosphere', *Proceedings of the Royal Society of London. Series A, Containing Papers of a Mathematical and Physical Character*, vol. 145, no. 855 (1934), pp. 416–46.
- Gregory, A., *Eureka! The Birth of Science*, London: Icon Books, 2001.
- Hadley, G., 'Concerning the Cause of the General Trade Winds', *Philosophical Transactions of the Royal Society of London*, vol. 39, no. 437 (1735), pp. 58–62.
- Harris, D., 'Charles David Keeling and the Story of Atmospheric CO_2 Measurements', *Analytical Chemistry*, vol. 82, no. 19 (2010), pp. 7865–70.
- Hellmann, G., 'The Dawn of Meteorology', *Quarterly Journal of the Royal Meteorological Society*, vol. 34, no. 148 (1908).
- Hickel, J., 'How Britain Stole $45 Trillion from India', 19 December 2018. [Online:

available at https://www.aljazeera.com/opinions/2018/12/19/how-britain-stole-45-trillion-from-india/(accessed 18 October 2020).]
- Holland, H., 'The Oxygenation of the Atmosphere and Oceans', *Philosophical Transactions of the Royal Society of London B: Biological Sciences*, vol. 361, no. 1470 (2006), pp. 903–15.
- Holmes, R., *Falling Upwards: How We Took to the Air*, London: William Collins, 2013.
- Hopkins, A., *Globalization in World History*, New York: Norton, 2002.
- Horvitz, A., Stephens, S., Helfert, M., Goodge, G., Kelly, T.R., Pomeroy, K. and Kurdy, E., 'A National Temperature Record at Loma, Montana', in *12th Symposium on Meteorological Observations and Instrumentation*, Long Beach, CA, 2003.
- Howes, A., 'Age of Invention: The Spanish Engine', 24 July 2020. [Online: available at https://antonhowes.substack.com/p/age-of-invention-the-spanish-engine(accessed 9 November 2020).]
- Huygens, C., *Oeuvres completes de Christiaan Huygens publiees par la Societe Hollandaise des Sciences*, The Hague, 1893.
- 'James Hutton: Father of Modern Geology 1726–1797', *Nature*, vol. 119 (1927), p. 582.
- JAXA, 'Research on Balloons to Float over 50 km Altitude', Institute of Space and Astronautical Science, 2008. [Online: available at http://www.isas.jaxa.jp/e/special/2003/yamagami/03.shtml(accessed 18 November 2020).]
- Kottek, M., Grieser, J., Beck, C., Rudolf, B. and Rubel, F., 'World Map of the Köppen-Geiger Climate Classification Updated', *Meteorologische Zeitschrift*, vol. 15, no. 3 (2006), pp. 259–63.
- Kovenock, M. and Swann, A., 'Leaf Trait Acclimation Amplifies Simulated Climate Warming in Response to Elevated Carbon Dioxide', *Global Biogeochemical Cycles*, vol. 32, no. 10 (2018), pp. 1437–48.
- Krüger, T., *Discovering the Ice Ages. International Reception and Consequences for a Historical Understanding of Climate*, Leiden: Brill, 2013.
- Krulwich, R., 'The Fantastically Strange Origin of Most Coal on Earth', *National Geographic*, 7 January 2016. [Online: available at https://www.nationalgeographic.com/science/article/the-fantastically-strange-origin-of-most-coal-on-earth/ (accessed 9 November 2020).]
- Kumar, K., Rajagopalan, B., Hoerling, M., Bates, G. and Cane, M., 'Unraveling the

Mystery of Indian Monsoon Failure During El Niño', *Science*, vol. 314, no. 5796 (2006), pp. 115–19.
- Kunzig, R. and Broecker, W., *Fixing Climate: The Story of Climate Science – and How to Stop Global Warming*, London: Sort Of Books, 2008.
- Lehman, M. and Goddard, Robert H., *Pioneer of Space Research*, New York: Da Capo Press, 1988.
- Lewis, J., 'Ooishi's Observation Viewed in the Context of Jet Stream Discovery', *Bulletin of the American Meteorological Society*, vol. 84, no. 3 (2003), pp. 357–70.
- Lindemann, F.A. and Dobson, G.M.B., 'A Theory of Meteors, and the Density and Temperature of the Outer Atmosphere to which it Leads', *Proceedings of the Royal Society of London. Series A, Containing Papers of a Mathematical and Physical Character*, vol. 102, no. 717 (1923), pp. 411–37.
- Lorenz, E., 'Deterministic Nonperiodic Flow', *Journal of the Atmospheric Sciences*, vol. 20, no. 2 (1963), pp. 130–41.
- Lorenz, E., *The Essence of Chaos*, London: UCL Press, 1993.
- Mann, M., *The Hockey Stick and the Climate Wars*, New York: Columbia University Press, 2014.
- Matsumi, Y. and Kawasaki, M., 'Photolysis of Atmospheric Ozone in the Ultraviolet Region', *Chemical Review*, vol. 103, no. 12 (2003), pp. 4767–82.
- McIntyre, M. and Palmer, T., 'Breaking Planetary Waves in the Stratosphere', *Nature*, vol. 305 (1983), pp. 593–600.
- Moore, P., *The Weather Experiment: The Pioneers who Sought to See the Future*, London: Chatto & Windus, 2015.
- Napier Shaw, W., *Manual of Meteorology*, Cambridge: Cambridge University Press, 1926.
- NASA Exoplanet Science Institute, 'NASA Exoplanet Archive', 2020. [Online: available at https://exoplanetarchive.ipac.caltech.edu/cgi-bin/TblView/nph-tblView?app=ExoTbls&config=PS(accessed 23 November 2020).]
- National Academy of Sciences, Committee on Atmospheric Sciences Panel on Weather and Climate Modification, 'Weather and Climate Modification: Problems and Prospects', National Academy of Sciences, Washington, DC, 1966.
- National Hurricane Center, 'Hurricane Elena Preliminary Report', National Oceanic and Atmospheric Administration, Miami, 1985.
- Needham, J., *Science and Civilisation in China: Volume 3, Mathematics and the*

Sciences of the Heavens and the Earth, Taipei: Caves Books, 1986.
- Neuenschwander, D., *Emmy Noether's Wonderful Theorem*, Baltimore, MD: Johns Hopkins University Press, 2017.
- Neufeld, M., *Von Braun: Dreamer of Space, Engineer of War*, New York: A.A. Knopf, 2007.
- Neufeld, M.J., *The Rocket and the Reich: Peenemünde and the Coming of the Ballistic Missile Era*, New York: The Free Press, 1995.
- Neumann, J., 'Climatic Change as a Topic in the Classical Greek and Roman Literature', *Climatic Change*, vol. 7 (1985), pp. 441–54.
- NOAA, 'Hurricanes: Frequently Asked Questions', 1 June 2021. [Online: available at https://www.aoml.noaa.gov/hrd-faq/(accessed 20 July 2021).]
- Nutman, A., Bennett, V., Friend, C., van Kranendonk, M. and Chivas, A., 'Rapid Emergence of Life Shown by Discovery of 3,700-million-year-old Microbial Structures', *Nature*, vol. 537, no. 7621 (2016), pp. 535–8.
- O'Connor, J. and Robertson, E., 'Gaspard Gustave de Coriolis', MacTutor, July 2000. [Online: available at https://mathshistory.st-andrews.ac.uk/Biographies/Coriolis/ (accessed 5 October 2020).]
- Oestreicher, C., 'A History of Chaos Theory', *Dialogues in Clinical Neuroscience*, vol. 9, no. 3 (2007), pp. 279–89.
- Oreskes, N. and Conway, E., *Merchants of Doubt: How a Handful of Scientists Obscured the Truth on Issues from Tobacco Smoke to Global Warming*, New York: Bloomsbury Press, 2010.
- Peterson, T., Connolley, W. and Fleck, J., 'The Myth of the 1970s Global Cooling Scientific Consensus', *Bulletin of the American Meteorological Society*, vol. 89, no. 9 (2008), pp. 1325–38.
- Ramsey, S., *Tools of War: History of Weapons in Early Modern Times*, Delhi: Vij Books, 2016.
- Rasmussen, S., 'Advances in 13th Century Glass Manufacturing and their Effect on Chemical Progress', *Bulletin for the History of Chemistry*, vol. 33, no. 1 (2008), pp. 28–34.
- Redfield, W., 'Remarks on the Prevailing Storms of the Atlantic Coast, of the North American States', offprint from *The American Journal of Science and Arts*, vol. 20 (1831), pp. 17–51.
- REN21, 'Renewables 2020 Global Status Report', Paris, 2020.

- Richardson, L., *Weather Prediction by Numerical Process*, Cambridge: Cambridge University Press, 1922.
- Roll, E., *An Early Experiment in Industrial Organisation: Being a History of the Firm of Boulton & Watt, 1775–1805*, Longmans, Green and Co., 1930.
- Ropelewski, C. and Halpert, M., 'Global and Regional Scale Precipitation Patterns Associated with the El Niño/Southern Oscillation', *Monthly Weather Review*, vol. 115 (1987), pp. 1606–26.
- Royal Meteorological Society, 'The Pliocene: The Last Time Earth had >400 ppm of Atmospheric CO_2', London, 2019.
- Royer, D., Berner, R., Montañez, I., Tabor, N. and Beerling, D., 'CO_2 as a Primary Driver of Phanerozoic Climate', *GSA Today*, vol. 14, no. 3 (2004).
- Scherhag, R., 'Die explosionsartigen Stratosphärenerwärmungen des Spät-winters 1951/52', *Ber. Deut. Wetterdieuste*, vol. 6 (1952), pp. 51–63.
- Schirrmeister, B., de Vos, J., Antonelli, A. and Bagheri, H., 'Evolution of Multicellularity Coincided with Increased Diversification of Cyanobacteria and the Great Oxidation Event', *Proceedings of the National Academy of Sciences of the United States of America*, vol. 110, no. 5 (2013), pp. 1791–6.
- Seilkopf, H., 'Maritime Meteorologie: Vol 2', in *Handbuch der Fliegerwetterkunde*, Radetzke, 1939, p. 359.
- Shakun, J., Clark, P., He, F., Marcott, S., Mix, A., Liu, Z., Otto-Bliesner, B., Schmittner, A. and Bard, E., 'Global Warming Preceded by Increasing Carbon Dioxide Concentrations during the Last Deglaciation', *Nature*, vol. 484 (2012), pp. 49–54.
- Sheppard, P., 'Obituary of Sir Gilbert Walker, CSI, FRS', *Quarterly Journal of the Royal Meteorological Society*, vol. 83, no. 364 (1959).
- Singh, K., *I Shall Not Hear the Nightingale*, New York: Grove Press, 1959.
- Smithsonian Institution Archives, 'An Act to Establish the "Smithsonian Institution", for the Increase and Diffusion of Knowledge Among Men'. [Online: available at https://siarchives.si.edu/collections/siris_sic_4026(accessed 20 November 2020).]
- Sobel, D., *Longitude: The True Story of a Lone Genius Who Solved the Greatest Scientific Problem of His Time*, London: Harper Perennial, 2011.
- Staff Members of the Department of Meteorology, 'On the General Circulation of the Atmosphere in Middle Latitudes', *Bulletin of the American Meteorological Society*, vol. 28 (1947), pp. 255–80.
- Stephenson, D., Wanner, H., Brönnimann, S. and Luterbacher, J., 'The History

of Scientific Research on the North Atlantic Oscillation', in *The North Atlantic Oscillation: Climatic Significance and Environmental Impact*, American Geophysical Union, 2003, pp. 37–50.
- Strogatz, S., *Nonlinear Dynamics and Chaos: With Applications to Physics, Biology, Chemistry, and Engineering*, Boulder, CO: Westview Press, 2015.
- Teague, K. and Gallicchio, N., *The Evolution of Meteorology: A Look in the Past, Present, and Future of Weather Forecasting*, Oxford: Wiley, 2017.
- Tollefson, J., 'How Hot Will Earth Get By 2100?', *Nature*, 22 April 2020. [Online: available at https://www.nature.com/articles/d41586-020-01125-x(accessed 12 November 2020).]
- Tyrell, K., 'Oldest Fossils Ever Found Show Life on Earth Began Before 3.5 Billion Years Ago', University of Wisconsin-Madison, 18 December 2017. [Online: available at https://news.wisc.edu/oldest-fossils-found-show-life-began-before-3-5-billion-years-ago/(accessed 2 November 2020).]
- UK Met Office, 'Global Accuracy at a Local Level'. [Online: available at https://www.metoffice.gov.uk/about-us/what/accuracy-and-trust/how-accurate-are-our-public-forecasts(accessed 20 July 2021).]
- UK Met Office, 'What is Saharan Dust?' [Online: available at https://www.metoffice.gov.uk/weather/learn-about/weather/types-of-weather/wind/saharan-dust(accessed 20 July 2021).]
- UK Parliament, 'The Witchcraft Act', 1735.
- University of Warwick, '5400mph Winds Discovered Hurtling Around Planet Outside Solar System', 13 November 2015. [Online: available at https://warwick.ac.uk/newsandevents/pressreleases/5400mph_winds_discovered/(accessed 4 August 2021).]
- Vallis, G., *Atmospheric and Oceanic Fluid Dynamics*, Cambridge: Cambridge University Press, 2006.
- Vigh, J., 'Formation of the Hurricane Eye', in *27th Conference on Hurricanes and Tropical Meteorology*, Monterey, American Meteorological Society, 2006.
- Wainwright, G., *The Sky Religion in Egypt*, Cambridge: Cambridge University Press, 1938.
- Walker, M., *History of the Meteorological Office*, Cambridge: Cambridge University Press, 2012.
- Wallace, J.M. and Hobbs, P.V., *Atmospheric Science: An Introductory Survey*,

Boston: Academic Press, 2006.
- Wallace-Wells, D., *The Uninhabitable Earth: A Story of the Future*, London: Penguin, 2019.
- Waltham, D., *Lucky Planet: Why Earth Is Exceptional – and What That Means for Life in the Universe*, London: Icon Books, 2014.
- Wang, C., Deser, C., Yu, J.-Y., DiNezio, P. and Clement, A., 'El Niño and Southern Oscillation (ENSO): A Review', in *Coral Reefs of the Eastern Pacific*, Dordrecht: Springer Science, 2016, pp. 85–106.
- Ward, P. and Kirschvink, J., *A New History of Life*, London: Bloomsbury, 2016.
- Weart, S., *The Discovery of Global Warming*, Cambridge, MA: Harvard University Press, 2008.
- West, J., 'Torricelli and the Ocean of Air: The First Measurement of Barometric Pressure', *Physiology*, vol. 28, no. 2 (2013), pp. 66–73.
- Whipple, F., 'The Propagation of Sound to Great Distances', *Quarterly Journal of the Royal Meteorological Society*, vol. 61, no. 261 (1935).
- Wilkinson, R., *The Complete Gods and Goddesses of Ancient Egypt*, London: Thames & Hudson, 2003.
- 'William C. Redfield 1789–1857', *Weatherwise*, vol. 22, no. 6 (1969), pp. 225–62.
- Woollings, T., *Jet Stream: A Journey Through Our Changing Climate*, Oxford: Oxford University Press, 2019.
- Wulf, A., *The Invention of Nature: Alexander von Humboldt's New World*, New York: Knopf, 2015.
- Yan, Y., Bender, M., Brook, E., Clifford, H., Kemeny, P., Kurbatov, A., Mackay, S., Mayewski, P., Ng, J., Sveringhaus, J. and Higgins, J., 'Two-million-year-old Snapshots of Atmospheric Gases from Antarctic Ice', *Nature*, vol. 574 (2019), pp. 663–6.
- Yang, J., Cowan, N. and Abbot, D., 'Stabilizing Cloud Feedback Dramatically Expands the Habitable Zone of Tidally Locked Planets', *The Astrophysical Journal Letters*, vol. 771, no. 2 (2013).
- Yarwood, T. and Castle, F., *Physical and Mathematical Tables*, London: Macmillan, 1970.
- Zahnle, K., Schaefer, L. and Fegley, B., 'Earth's Earliest Atmospheres', *Cold Spring Harbor Perspectives in Biology*, vol. 2, no. 10 (2010).
- Zerkle, A. and Mikhail, S., 'The Geobiological Nitrogen Cycle: From Microbes to the

Mantle', *Geobiology*, vol. 15, no. 3 (2017), pp. 343-52.
- Zinszer, H., 'Meteorological Mileposts', *Scientific Monthly*, vol. 58, no. 4 (1944).

찾아보기

가뭄 146, 150, 153, 154, 165, 255
가설 039, 051, 063, 120, 124, 188, 189, 211, 212, 221, 223, 239, 242
가스파르-귀스타브 코리올리 130
가열 032, 033, 055, 063, 082, 094, 096, 097, 098, 100, 102, 118, 124, 145, 151, 153, 156, 215, 266
가톨릭 교회 037
각운동량 127, 128, 129, 130, 131, 169
갈릴레오 갈릴레이 031
감소 012, 035, 039, 041, 053, 055, 061, 063, 098, 100, 101, 103, 104, 112, 125, 133, 152, 227, 240, 258, 262, 278, 280
감속 130, 200
거리 013, 017, 018, 030, 060, 071, 082, 085, 102, 106, 112, 123, 128, 131, 135, 141, 149, 154, 166, 167, 185, 187, 191, 207, 247, 266, 267, 281
겨울 013, 014, 042, 078, 145, 188, 189, 190, 193, 194, 195, 197, 198, 203, 215, 216, 217, 225, 245, 278, 279
결정론적 방정식 180, 181
「결정론적 비주기 흐름」 181
경도 161, 162, 163, 187, 205, 249, 252, 272
계절 006, 112, 116, 136, 144, 145, 146, 188, 189, 191, 195, 245, 246, 247, 248
고기압성 순환 190
고기압 하르트무트 186
고기후 209, 218, 278
고대 그리스 자연철학 029
공기 010, 011, 014, 015, 016, 020, 021, 022, 025, 028, 029, 030, 031, 032, 035, 036, 038, 039, 040, 043, 054, 057, 058, 063, 066, 070, 071, 077, 081, 090, 091, 097, 098, 099, 100, 101, 102, 103, 104, 105, 106, 112, 113, 118, 119, 123, 124, 125, 126, 127, 129, 130, 131, 137, 143, 144, 145, 149, 151, 152, 156, 168, 173, 174, 185, 186, 187, 189, 190, 193, 195, 196, 197, 203, 210, 225, 226, 228, 230, 231, 234, 236, 238, 239, 240, 244, 248, 267, 278, 280, 320
공기덩이 102, 103, 104, 105, 126, 129, 130, 131, 185, 278
공기의 질 090, 238
공전 092, 133, 190, 215, 227, 228, 230, 231, 264, 266, 267, 268
공전궤도 세차 운동 215
과학 006, 007, 010, 011, 012, 013, 014, 015, 016, 019, 020, 024, 025, 026, 028,

찾아보기
305

029, 030, 032, 033, 034, 035, 038,
039, 042, 043, 045, 046, 047, 049,
051, 053, 054, 056, 058, 059, 060,
062, 065, 066, 073, 076, 078, 079,
083, 084, 090, 099, 102, 108, 113, 114,
115, 119, 120, 121, 122, 123, 127, 134, 136,
137, 138, 139, 140, 155, 157, 158, 159,
160, 161, 164, 165, 168, 170, 171, 172,
174, 177, 178, 179, 181, 182, 183, 184,
188, 194, 207, 208, 209, 210, 211, 212,
213, 214, 216, 218, 219, 221, 222, 223,
225, 227, 230, 231, 232, 234, 238, 241,
242, 243, 246, 249, 250, 251, 252, 253,
254, 255, 256, 257, 259, 260, 269,
270, 271, 272, 273, 275, 320

관측 008, 015, 020, 025, 029, 041, 051,
052, 055, 057, 058, 062, 063, 067,
071, 075, 077, 078, 083, 084, 110, 113,
115, 116, 118, 119, 121, 122, 124, 139, 155,
158, 159, 162, 163, 168, 171, 172, 174,
183, 188, 194, 196, 197, 198, 199, 206,
217, 220, 223, 225, 227, 230, 235, 245,
246, 247, 249, 251, 252, 254

관측 네트워크 158
광분해 278
광합성 046, 233, 244, 245
국가 기상 기관 159
국제 지구물리학의 해 246
군무 071, 072, 079
궤도 이심률 215
그리드 사이즈 175
그 자리에서 발생 144
극 둘레 191
극 소용돌이 015, 194, 195, 196, 197, 198,

200, 201, 202, 204, 205, 206, 207,
267, 271, 278, 279

극야 190, 191
극지방 014, 048, 049, 057, 111, 112, 125,
126, 130, 132, 168, 169, 190, 191, 192,
193, 197, 216, 229, 278

근대 030, 119, 122, 123, 234, 269
급변풍 174, 193
기간 060, 143, 146, 181, 190, 206, 209,
211, 227, 232, 274

기근 146, 150, 154, 255
기단 143, 149, 169, 172, 173, 174, 186
기상 관측 058, 116, 158, 159, 162, 163,
188, 196, 251

기상 관측 네트워크 158
기상도 162, 163, 164, 168, 169, 174
기상 시스템 142, 143, 156, 166
기상 전선 169, 172, 173
「기상학」 027, 029
기압 007, 020, 022, 030, 036, 037, 038,
039, 040, 041, 050, 053, 054, 055,
058, 065, 077, 078, 081, 083, 084,
089, 090, 091, 099, 103, 104, 110, 111,
112, 113, 118, 119, 120, 138, 143, 149, 150,
151, 153, 156, 161, 162, 166, 167, 168,
169, 171, 176, 185, 186, 190, 192, 193,
199, 203, 204, 211, 235, 236, 238, 278,
279, 280

기압 경도력 167, 280
기압계 007, 020, 030, 036, 037, 039,
050, 077, 083, 084, 099, 113, 119, 161,
211, 278

기압골 113
기압 필드 168

기온 012, 035, 041, 047, 048, 049, 055,
056, 057, 061, 062, 063, 064, 089,
091, 092, 095, 100, 102, 104, 105, 112,
120, 135, 136, 171, 176, 183, 186, 189,
190, 193, 196, 209, 216, 218, 224, 225,
227, 228, 239, 240, 241, 249, 250, 251,
252, 254, 258, 259, 278, 279, 280

기온 감률 041, 055, 056, 064, 278, 280

기온 역전 056, 057

기원 025, 026, 027, 028, 043, 069, 109,
181, 210, 231, 233

기후 006, 008, 012, 013, 015, 016, 030,
047, 049, 077, 084, 096, 113, 116, 135,
136, 137, 141, 147, 152, 153, 155, 208,
209, 210, 211, 212, 215, 218, 228, 230,
231, 241, 249, 252, 254, 255, 257, 259,
260, 261, 270, 272, 278, 281, 320

기후 변화 012, 013, 015, 016, 141, 152,
218, 228, 252, 254, 255, 257, 259, 260,
261, 278, 281, 320

기후 변화에 관한 정부 간 협의체
(IPCC) 252, 281

기후학 116

길버트 '부메랑' 워커 204

나가사키 142

나폴레옹 219

날씨 006, 007, 008, 012, 013, 024, 025,
026, 027, 069, 070, 073, 074, 075,
083, 084, 091, 109, 110, 115, 116, 135,
136, 137, 138, 142, 143, 144, 149, 153,
155, 157, 158, 160, 161, 162, 163, 173,
174, 176, 177, 178, 182, 183, 184, 187,
195, 202, 204, 205, 206, 207, 209, 231,
269, 271, 278, 320

남극 042, 065, 127, 145, 186, 189, 191,
194, 198, 201, 202, 217, 227, 246

남반구 077, 115, 116, 168, 194, 198, 200,
201, 252

남방 진동 149, 150, 154, 170, 204, 206,
278

남방 진동 지수 149, 150

농도 012, 063, 226, 227, 228, 229, 230,
239, 240, 241, 242, 244, 245, 246,
247, 248, 249, 250, 251, 254, 258, 259,
278, 280, 281

농업 024, 258

높이 033, 036, 038, 040, 041, 050, 051,
052, 054, 056, 059, 061, 063, 065,
066, 105, 106, 126, 146, 191, 192, 206,
251, 261

눈 042, 043, 048, 058, 111, 216, 217, 218

니콜라우스 코페르니쿠스 036

닐스 에크홀름 225

다니엘 가브리엘 파렌하이트 034

다니엘 베르누이 077

다세포 생명체 046

단세포 생물 044, 046

단열 냉각 103

단열재 220, 223

대기 006, 007, 008, 010, 011, 012, 013,
014, 015, 016, 019, 021, 023, 024, 025,
026, 027, 029, 030, 032, 035, 036,
038, 039, 040, 041, 043, 044, 046,
050, 051, 052, 053, 054, 055, 056,
057, 058, 059, 060, 061, 062, 063,
064, 065, 066, 067, 068, 069, 070,
071, 072, 073, 075, 076, 078, 079,
080, 081, 082, 083, 089, 090, 091,

찾아보기
307

095, 096, 097, 098, 099, 100, 101, 102, 103, 105, 106, 107, 108, 110, 111, 112, 113, 115, 116, 117, 118, 119, 120, 121, 123, 124, 125, 126, 129, 131, 136, 137, 138, 139, 142, 144, 145, 146, 149, 150, 153, 154, 155, 156, 160, 162, 163, 166, 167, 168, 169, 170, 171, 172, 173, 174, 175, 177, 178, 179, 182, 183, 184, 187, 189, 190, 192, 193, 194, 195, 196, 198, 199, 200, 201, 202, 204, 205, 206, 207, 209, 210, 213, 220, 221, 223, 224, 225, 226, 227, 228, 229, 230, 235, 236, 238, 239, 240, 241, 242, 243, 244, 245, 246, 247, 249, 250, 251, 254, 255, 256, 257, 258, 260, 261, 262, 266, 267, 268, 269, 270, 271, 272, 274, 275, 278, 279, 280, 281

대기 과학 006, 013, 014, 016, 026, 032, 053, 066, 078, 090, 099, 108, 119, 120, 121, 123, 136, 137, 155, 160, 168, 207, 210, 243, 269, 270, 271, 272, 275

대기물리학 090, 172, 174, 278

대기압 기관 235, 236

「대기 중 이산화탄소 농도 증가의 영향」 249

대기파 199, 200, 201, 202

대기 폭발 195

대나무 208

대니얼 디포 074

대륙 007, 057, 058, 061, 062, 063, 064, 098, 099, 100, 102, 103, 104, 105, 106, 107, 108, 112, 142, 153, 156, 167, 178, 187, 188, 189, 191, 192, 193, 194, 195, 202, 205, 206, 225, 268, 278, 279

대류권 007, 057, 058, 061, 062, 063,

064, 100, 102, 103, 104, 105, 106, 107, 108, 142, 167, 187, 188, 189, 191, 192, 193, 194, 195, 202, 205, 206, 278, 279

대류권계면 057, 058, 106, 107, 188, 279

대류권 극 소용돌이 194

대류권 정보 206

대륙과 바다 198

대서양 115, 119, 122, 136, 143, 144, 149, 156, 157, 186, 203, 204, 221, 279

대영 제국 146

대홍수 211

더글러스 애덤스 104

데이비드 월섬 048, 275

데이터 019, 029, 035, 056, 081, 083, 084, 119, 120, 121, 122, 123, 124, 126, 149, 155, 156, 159, 160, 161, 162, 165, 175, 176, 182, 183, 184, 188, 196, 205, 217, 230, 247, 251, 256, 270, 271

동위원소 044, 045, 047, 049

동인도 회사 120, 121, 271

동적 필드 088, 090

동쪽에서 온 야수 186, 205

되돌이 흐름 099

둘레 191

등압선 168, 169

등온층 055, 057

등유를 흠뻑 적신 종이로 만든 풍선 054

디지털 176, 177, 179, 210

딱정벌레 217

뜨거운 목성 266

라니냐 148, 153, 155

레온하르트 오일러 264

레옹 필리프 테세랑 드 보르 053

레피도덴드론목 233
로버트 버너 047
로버트 보일 034
로버트 피츠로이 160, 272
로버트 허칭스 고더드 058
로열 차터호 163
로켓 058, 059, 060, 061, 062, 271
롤란드 폰 외트뵈시 남작 133
루이스 프라이 리처드슨 175
루이 아가시 212
르네상스 시대의 이탈리아 030
리그닌 233
리제 마이트너 223
리처드 홈스 020
리하르트 셰르하그 195
리하르트 아스만 056, 139
마거릿 해밀턴 178
마랭 메르센 039
마리 스크워도프스카퀴리 223
마우나로아 관측소 247
마크 볼드윈 203, 274
매머드 019, 020, 023, 024, 041
메리 서머빌 222
몬순 144, 145, 146, 147, 148, 149, 150, 152, 153, 155, 204
무역풍 017, 109, 116, 118, 119, 121, 123, 124, 126, 130, 142, 151, 159, 279
「무역풍과 계절풍에 관한 역사적 고찰」 116
무질서한 특성 182
문필공화국 038
『물고기의 역사』 114
물리학 008, 013, 014, 015, 027, 030, 032, 039, 046, 049, 071, 082, 086, 090,

091, 093, 110, 114, 127, 128, 129, 130, 133, 158, 166, 170, 171, 172, 173, 174, 181, 221, 246, 267, 268, 269, 275, 278
「물체 시스템의 상대 운동 방정식에 관하여」 131
미국 국립과학원 249
미스트랄 110
밀란코비치 주기 217, 227
밀러 크리스티 187
밀레토스의 탈레스 026
밀루틴 밀란코비치 216
바다 013, 020, 038, 046, 070, 079, 082, 114, 145, 146, 147, 151, 152, 153, 154, 155, 157, 165, 169, 198, 199, 200, 201, 210, 227, 228, 229, 232, 239, 242, 272
바람 005, 006, 007, 013, 017, 021, 022, 024, 025, 026, 031, 037, 069, 070, 071, 072, 073, 074, 075, 076, 077, 078, 079, 080, 081, 083, 084, 091, 106, 108, 109, 110, 111, 113, 116, 117, 118, 119, 121, 122, 124, 129, 138, 140, 153, 155, 156, 166, 167, 168, 169, 185, 188, 189, 191, 193, 194, 195, 199, 258, 274, 278, 279, 281
바빌로니아인 025
바위들 211
바우스 발롯의 법칙 083, 084
박테리아 046, 233, 261
반구 070, 072, 076, 077, 083, 112, 115, 116, 131, 137, 138, 145, 168, 190, 193, 194, 196, 197, 198, 200, 201, 202, 212, 215, 216, 245, 252, 279
반대 013, 015, 035, 037, 049, 058, 079, 097, 104, 119, 126, 127, 128, 132, 142,

찾아보기
309

144, 147, 148, 152, 153, 155, 164, 165, 167, 188, 189, 190, 193, 204, 205, 215, 227, 236, 240, 245, 252, 266

발견　011, 014, 019, 020, 023, 032, 035, 042, 043, 044, 049, 053, 055, 056, 057, 058, 062, 065, 076, 083, 089, 101, 119, 136, 138, 139, 140, 150, 180, 181, 188, 195, 196, 197, 204, 208, 211, 212, 223, 230, 235, 244, 245, 249, 250, 251, 260, 265, 266, 268, 270, 271, 279

방정식　008, 014, 079, 081, 082, 084, 088, 089, 090, 091, 098, 103, 104, 112, 131, 143, 150, 158, 167, 171, 172, 173, 174, 176, 178, 179, 180, 181, 182, 184, 185, 220, 267, 268

백야　190

베네치아 유리　032, 270

베르겐 기상학파　172

베르너 폰 브라운　059

베를린 승온　196

벤저민 프랭클린　075

변동　047, 049, 137, 144, 147, 151, 155, 194, 201, 218, 229, 244, 245, 247, 252

변화　011, 012, 013, 014, 015, 016, 017, 032, 033, 035, 036, 037, 038, 041, 043, 046, 049, 050, 054, 057, 072, 082, 086, 088, 089, 090, 091, 102, 110, 112, 129, 130, 132, 135, 136, 141, 144, 145, 150, 152, 153, 154, 159, 160, 162, 163, 166, 168, 171, 173, 174, 176, 189, 190, 191, 196, 199, 202, 206, 208, 209, 210, 211, 213, 215, 217, 218, 219, 225, 226, 227, 228, 229, 230, 231, 232, 233, 238, 240, 241, 247, 248, 249, 251, 252, 253,

254, 255, 256, 257, 259, 260, 261, 271, 272, 278, 279, 281, 320

보복 무기 2호(V2)　060

보존　025, 128, 129, 130, 131, 185, 199

복잡성　080, 171, 174

북극　013, 065, 127, 144, 155, 189, 191, 192, 195, 196, 198, 200, 201, 202, 203, 279

북극 진동　279

북대서양 진동(NAO)　149, 204, 279

북반구　070, 076, 083, 112, 131, 138, 145, 168, 194, 197, 198, 200, 201, 202, 212, 245, 252, 279

분자　032, 033, 047, 048, 050, 065, 066, 067, 070, 071, 072, 097, 100, 101, 233, 278, 280

브라이언 페이건　154

브루어-돕슨 순환　106

블레즈 파스칼　039

빌헬름 비에르크네스　170

빙하　012, 048, 211, 212, 213, 214, 216, 217, 227, 228, 231, 239, 240, 241, 249, 252

빙하기　212, 213, 214, 216, 217, 227, 228, 231, 239, 240, 241, 252

빛　037, 083, 121, 122

사이클론　071, 076, 156, 190

사이클론 올리비아　071

산불 시즌　255

산소　021, 022, 046, 047, 048, 049, 058, 070, 071, 072, 100, 221, 226, 245, 279

산소-16　047, 048, 049

산소-18　047, 048, 049

산소 농도　245

산소 대학살　046

산소 동위원소　047, 049

산업 혁명 236, 237
상승 012, 021, 022, 023, 032, 033, 038, 041, 057, 058, 059, 061, 062, 063, 064, 072, 097, 098, 099, 102, 103, 104, 106, 112, 118, 124, 125, 152, 173, 174, 189, 190, 195, 196, 197, 222, 227, 228, 239, 241, 245, 246, 249, 250, 252, 254, 255, 258, 259, 278, 279, 280
상태 방정식 008, 088, 089, 090, 091, 098, 103, 104, 112
서풍 125, 137, 166, 193, 197, 198, 279
석탄 020, 233, 234, 236, 237, 238, 239, 241, 260
석탄기 233
선속도 129
선운동량 127, 128, 129
성간 복사 220
성경 165, 211
성운 043
성층권 015, 057, 058, 059, 061, 062, 063, 064, 065, 095, 099, 100, 101, 102, 105, 106, 107, 108, 155, 158, 188, 189, 190, 191, 193, 194, 195, 196, 197, 198, 200, 201, 202, 203, 204, 205, 206, 271, 278, 279
성층권 극 소용돌이 015, 194, 196, 200, 204, 206
성층권 돌연 승온 196, 197, 198, 201, 202, 203, 205, 206, 279
성층권 바람 191
성층권 쇄파대 200
성층권 정보 206
세계 날씨의 전략적 지점 149
세인트헬레나 115, 120

소용돌이 015, 017, 050, 078, 138, 169, 186, 194, 195, 196, 197, 198, 200, 201, 202, 204, 205, 206, 207, 267, 271, 278, 279
소용돌이에 의한 제트 138
속도 014, 021, 022, 023, 052, 070, 071, 076, 080, 081, 117, 124, 125, 126, 127, 128, 129, 130, 131, 132, 133, 134, 138, 140, 141, 156, 166, 168, 169, 170, 171, 175, 177, 185, 188, 191, 192, 193, 195, 196, 200, 202, 230, 245, 249, 250, 251, 261, 266, 280, 281
속도 필드 168, 169, 170, 171
수분 015, 054, 070, 106, 112, 143, 145, 152, 153, 154, 169, 186, 203, 224, 239
수직 탐사 053, 054, 056, 279
『수치 계산에 의한 날씨 예측』 176
수치 예보 174, 175, 176, 270
수평 기압 기울기 166
수학 026, 031, 032, 034, 037, 039, 059, 070, 077, 080, 081, 082, 087, 088, 114, 116, 129, 130, 134, 148, 166, 170, 171, 175, 177, 181, 187, 202, 211, 219, 223, 264, 275
순환 072, 077, 081, 097, 098, 106, 108, 118, 126, 137, 144, 145, 149, 150, 151, 152, 153, 168, 177, 178, 188, 189, 190, 191, 193, 194, 197, 198, 229, 230, 231, 238, 240, 243, 269, 278, 281
순환 이론 077, 081
스미스소니언 연구소 222
스반테 아레니우스 239
스트래스클라이드대학교 214
스페인 110, 147, 148, 152, 235

시로코 110
시카고 138, 139, 186, 194, 195, 202
시카고대학교 기상학과 138
식민지 개척자 147, 148, 152
신들 073, 181
실패 075, 147, 161, 176
심괄 208, 209, 210, 211, 270
아르비드 회그봄 238
아리스토텔레스 027, 028, 029, 031, 037, 039, 073, 109, 118, 210
아리스토텔레스의 우주관 028
아부 레이한 알-비루니 210
아시아 002, 112, 113, 190, 197, 320
아열대 고기압 279
안데르스 셀시우스 035
안드레이 니콜라예비치 콜모고로프 181
안톤 호위스 235
알렉산더 폰 훔볼트 159, 231
알베도 216, 240, 250, 251
압력 필드 089
앙리 푸앵카레 181
앙상블 예측 183
액체 연료 로켓 059, 271
야코브 비에르크네스 150
양성자 044, 045, 047
얼음 알베도 피드백 이론 216
얼음층 042, 217
얼음 핵 043, 217, 227
에너지 033, 046, 063, 082, 092, 093, 094, 095, 096, 100, 101, 102, 106, 111, 112, 130, 131, 185, 190, 193, 199, 213, 218, 220, 224, 225, 226, 227, 241, 260, 261, 267, 278, 279, 280

에드먼드 핼리 113
에드워드 노턴 로렌즈 178
에미 뇌터 129, 223
에밀리 뒤 샤틀레 222
에반젤리스타 토리첼리 037
에스페란토 140, 141
에이다 러브레이스 223
에테시안 110, 113
에테시안 바람 110, 113
엘니뇨 147, 148, 150, 152, 153, 154, 155, 170, 206, 279
엘니뇨 남방 진동(ENSO) 150, 206
여름 042, 109, 112, 113, 124, 143, 145, 187, 188, 189, 190, 191, 193, 197, 216, 217, 225, 245, 254
여름과 겨울 189, 190, 225
여성 과학자들 223
열권 064, 065, 066, 279
열기구 007, 018, 019, 020, 021, 022, 023, 041, 054, 055, 107
열기구 조종사 018
열대성 저기압 077
열 복사 220, 221, 224
열용량 199, 279
열 전달 102, 219, 226
열팽창 033
염화불화탄소 101
영국 012, 018, 019, 020, 034, 074, 075, 114, 115, 116, 120, 133, 135, 136, 143, 146, 158, 159, 160, 161, 162, 163, 164, 169, 175, 183, 184, 186, 188, 189, 190, 202, 203, 209, 229, 234, 235, 236, 237, 275
영국 기상청 164, 169, 175, 183, 184, 275
영국 왕립학회 114

영국 제도 135, 136, 143, 162, 163, 175,
186, 203, 209, 234
영역 006, 007, 008, 019, 028, 057, 067,
086, 087, 095, 106, 111, 113, 118, 154,
190, 195, 196, 204, 222, 249, 266
예반타데스 110
예보 008, 017, 155, 156, 157, 162, 163, 164,
165, 170, 174, 175, 176, 177, 182, 183,
206, 270, 271
예측 006, 007, 008, 012, 013, 025, 026,
029, 030, 062, 063, 073, 077, 081,
083, 086, 110, 112, 117, 120, 129, 130,
136, 137, 147, 150, 155, 157, 158, 160,
161, 162, 163, 164, 166, 168, 170, 171,
173, 174, 175, 176, 177, 182, 183, 184,
205, 206, 216, 217, 220, 240, 241, 245,
246, 250, 256, 257, 259, 268, 271, 278
오류 139, 157, 176, 179, 216
오이시 와사부로 139, 270
오존 063, 095, 100, 101, 102, 190, 221,
279
온도 007, 008, 014, 020, 021, 022, 024,
030, 032, 033, 034, 035, 036, 038, 041,
050, 054, 055, 057, 061, 062, 063,
064, 081, 082, 083, 089, 090, 091,
092, 093, 094, 095, 097, 098, 099,
100, 101, 102, 103, 104, 111, 119, 145, 146,
152, 153, 154, 162, 169, 171, 173, 174, 175,
177, 182, 183, 185, 190, 193, 195, 196,
197, 199, 200, 201, 206, 213, 218, 219,
220, 222, 224, 225, 227, 228, 239, 250,
251, 258, 268, 269, 278, 279, 280, 281
온도계 007, 020, 030, 032, 034, 035,
099, 119, 182, 279

온도 기울기 064, 145, 153, 174, 193, 196,
200, 201, 279
온도 단위 034, 093
온도 측정기 033, 279
온도풍 193, 279
온도 필드 089, 183
온실 효과 224, 225, 226, 267, 280
왕립기상학회 187
외계 행성 071, 265, 266, 268, 269, 274
외기권 064, 067, 280
외트뵈시 가속도 280
용광로 092, 095
우주비행 066
운동 033, 080, 082, 105, 106, 127, 128,
129, 130, 131, 167, 169, 179, 181, 189,
195, 199, 200, 215, 216, 217, 236, 237,
264, 268, 280
운동량 127, 128, 129, 130, 131, 169, 199,
200
운동 에너지 033, 130
움직임성 127
워커 순환 149, 151, 152, 153
원소 028, 029, 036, 038, 044, 045, 047,
049, 243
원시 방정식 171
원시적 세계화 120, 121, 271, 280
원심가속도 132
위도 방향 대칭성 201
윌리엄 내피어 쇼 경 030
윌리엄 레드필드 076
윌리엄 페렐 078, 091, 158, 166, 214, 242,
267, 270
유니박 I 177
유니스 뉴턴 푸트 222

찾아보기
313

유럽　014, 030, 031, 032, 034, 038, 051, 069, 074, 110, 113, 119, 121, 122, 136, 137, 139, 142, 143, 144, 155, 158, 162, 186, 196, 204, 211, 212, 222, 232, 234, 238, 271

유리　010, 011, 031, 032, 033, 036, 037, 038, 225, 244, 270

유성　062, 063

유체　013, 014, 050, 071, 076, 077, 079, 080, 081, 082, 083, 096, 098, 110, 151, 166, 168, 169, 170, 173, 188, 199, 264, 268, 274

유체 흐름　077

음파　188

『의혹을 팝니다』　253

이란 저기압　113

이론　025, 026, 027, 035, 037, 039, 049, 059, 062, 063, 066, 073, 077, 079, 081, 083, 084, 090, 091, 121, 124, 129, 155, 158, 164, 165, 166, 170, 171, 181, 188, 211, 213, 214, 216, 220, 235, 239, 264, 269

이류　168, 169, 170, 171

이븐 무아드 알 자야니　050

이븐 시나　210

이븐 알 하이삼　050, 051

이산화탄소　012, 015, 043, 044, 046, 066, 222, 224, 226, 227, 228, 229, 230, 239, 241, 242, 244, 245, 246, 247, 248, 249, 250, 251, 253, 254, 259, 262, 272, 280, 281

이상기체법칙　090

이온화　063, 280

인도　115, 120, 121, 144, 145, 146, 147, 148, 149, 150, 152, 153, 154, 155, 204, 271, 278

인도양　144, 145, 149, 152, 153, 155, 278

「일반적인 무역풍의 원인에 관하여」　124

일정　034, 036, 041, 055, 061, 062, 076, 082, 098, 100, 102, 105, 112, 118, 119, 128, 138, 168, 169, 173, 193, 204, 232, 237, 244, 256, 258

임계면　202

자연철학　030, 114, 120, 146

자연철학의 수학적 원리　114

자연철학자　120

자외선　063, 094, 095, 101, 190, 221, 279, 280

〈장거리 소리 전파〉　187

장-바티스트 조제프 푸리에　218

재생 가능 기술　260

저지고기압　143

적도　035, 048, 049, 057, 098, 099, 111, 112, 124, 125, 126, 127, 129, 130, 131, 132, 137, 138, 145, 146, 151, 152, 168, 189, 190, 191, 192, 193, 197, 200, 201, 218, 229, 259, 279

적란운　106, 174

적외선 복사　096

전달　006, 039, 070, 074, 082, 100, 102, 120, 121, 151, 158, 159, 169, 188, 189, 199, 200, 219, 226, 242, 253, 280

전략적 지점　149, 204

전선　110, 142, 169, 172, 173, 174, 187, 280

전 세계 바람 패턴　117

전신　062, 158, 163, 271

전자　045, 082, 092, 093, 126, 136, 170,

177, 205, 234, 280, 281, 320
전자기 복사 092, 093, 280, 281
정량적 일기예보 175
정의 013, 034, 035, 044, 065, 066, 067, 086, 087, 088, 090, 100, 118, 133, 146, 166, 173, 202, 209, 221, 260, 278
정적 안정성 097, 189, 280
정확도 183, 184, 206
제우스 025, 073
제임스 글레이셔 018, 158, 271
제임스 와트 234
제임스 요크 181
제임스 크롤 214, 217, 230, 240, 242, 250, 270
제임스 한센 251
제임스 허턴 212
제임스 헨리 코핀 081
제트 기류 015, 137, 138, 139, 141, 142, 143, 144, 155, 194, 202, 203, 204, 205, 275, 280
조건부 안정성 104
조르다노 브루노 266
조수 현상 079
조제프-루이 라그랑주 077
조제프 아데마르 214
조지프 헨리 159
조지 해들리 123
존 캐벗 119
존 틴들 221, 223
존 폰 노이만 177
존 헨리 포인팅 225
주술 007, 163, 164
주술법 163
줄 차니 177

중간권 064, 065, 280
중력 가속도 132, 133, 191
중성자 044, 045, 047
중요성 025, 051, 114, 262
중위도 제트 기류 015, 143
증기 044, 046, 048, 073, 090, 096, 097, 098, 111, 163, 224, 226, 232, 234, 235, 236, 237, 238, 239, 240, 241, 247, 250, 251, 256, 257, 261, 272
증기기관 232, 235, 236, 237, 256, 257, 261, 272
증발 033, 036, 048, 097, 152
지구 007, 011, 012, 013, 014, 015, 023, 027, 028, 031, 036, 037, 040, 041, 043, 044, 046, 047, 048, 049, 050, 051, 052, 058, 065, 066, 067, 068, 070, 071, 072, 079, 080, 081, 082, 083, 089, 092, 093, 095, 096, 098, 099, 100, 101, 103, 106, 108, 111, 112, 114, 116, 118, 119, 120, 124, 125, 126, 127, 129, 130, 131, 132, 133, 134, 137, 138, 142, 144, 147, 148, 151, 152, 154, 155, 159, 167, 168, 175, 182, 188, 190, 191, 192, 198, 199, 204, 208, 209, 210, 211, 212, 213, 214, 215, 216, 217, 218, 219, 220, 223, 224, 225, 226, 227, 228, 229, 230, 231, 232, 238, 239, 240, 241, 243, 245, 246, 249, 250, 251, 252, 253, 254, 255, 257, 258, 259, 260, 265, 266, 267, 268, 269, 270, 271, 272, 274, 275, 278, 279, 280, 281
지구 냉각 252
지구물리유체역학 079, 080, 274
지구반사광 095, 096

지구온난화 253
『지구온난화를 둘러싼 대논쟁』 253
「지구 자전이 지표면 근처 물체의 상대적 운동에 미치는 영향」 080
지구 코로나 067, 280
지수 103, 149, 150, 204
지질학 047, 160, 210, 211, 212, 213, 216, 218, 229, 230, 231, 234, 238, 241, 256, 269
지질학적 탄소 순환 229, 231
지표면 중력 192
지형류 근사 167
지형풍 167, 168, 280
찰스 2세 115, 116
찰스 다윈 161, 165
찰스 데이비드 킬링 243
천문기상학 025, 026, 073
천문학 025, 026, 028, 035, 092, 116, 215
초기 조건 179, 180, 181, 182, 183, 184
최대 관심사이자 추측 024
최종 승온 197, 198
출력 178, 179, 180, 218
충돌 037, 043, 128, 129, 165, 186, 197
측정 007, 020, 022, 023, 024, 029, 030, 031, 032, 033, 034, 036, 049, 052, 054, 056, 057, 060, 061, 062, 071, 077, 081, 083, 093, 120, 139, 149, 159, 166, 168, 171, 183, 184, 191, 192, 227, 230, 244, 245, 246, 247, 248, 251, 270, 278, 279
카르만 선 066, 281
카를 구스타프 로스비 172
카를 프리드리히 쉬퍼 213
카오스의 본질 178

카오스 이론 181
칼 린네 035
칼 안톤 비에르크네스 170
캄브리아기 047, 227
캐럴라인 허셜 222
컴퓨터 모델 047, 175, 176, 182, 184, 206, 267
컴퓨터 모델링 047
켈빈 093, 095, 279
코리올리 가속도 130, 131, 280, 281
코리올리 편향 081, 131
쿠쉬완트 싱 144
크기 014, 033, 102, 112, 138, 168, 189, 193, 195, 197, 212, 268
크리스토퍼러스 헨리쿠스 디데리쿠스 바우스 발롯 083
크리스토퍼 콜럼버스 030, 119
크리스티안 하위헌스 034
클리블랜드 애비 166
킬링 곡선 247, 248, 281
타원체 191
탄산 222, 228, 229, 241, 244
탄소 012, 015, 016, 043, 044, 045, 046, 047, 066, 101, 222, 224, 226, 227, 228, 229, 230, 231, 233, 234, 238, 239, 241, 242, 243, 244, 245, 246, 247, 248, 249, 250, 251, 253, 254, 255, 258, 259, 260, 261, 262, 272, 280, 281
태양 012, 014, 029, 036, 037, 043, 044, 051, 052, 055, 063, 067, 071, 079, 092, 093, 095, 096, 101, 111, 112, 118, 123, 124, 151, 190, 193, 199, 213, 215, 216, 217, 218, 220, 223, 224, 227, 250, 260, 264, 265, 269, 280

태양 복사　044, 063, 101, 215, 216, 217, 220, 280
태평양　014, 119, 139, 140, 141, 142, 147, 148, 149, 150, 151, 152, 153, 154, 155, 204, 278, 279
태풍 팁　194
터보권계면　066
테오프라스토스　210, 231
텔레커넥션　015, 143, 206
토스카나 대공 페르디난드 2세　033
통계학　148
팀 던커턴　203
팀 울링스　141, 275
파도　020, 199, 200
파동　199, 201, 202, 203, 279, 281
파동 활동　201, 202, 279
파장　086, 093, 094, 095, 096, 101, 221, 223, 224, 280, 281
페란티 마크 I　177
페르디난트 헬프라이히 프리치　264
페름기　047, 227
편동풍　281
평형　034, 244, 258
폭풍　005, 012, 014, 058, 070, 072, 074, 075, 076, 077, 078, 080, 157, 158, 161, 162, 163, 164, 165, 169, 186, 189, 194, 203, 204, 206, 254, 255
『폭풍』　005, 074
표석　211, 212
표트르 대제　114
풍선　021, 022, 053, 054, 055, 056, 058, 062, 102, 103, 104, 105, 139, 140, 141, 142, 188, 196, 271
풍속　020, 070, 071, 077, 139, 142, 168, 194, 279
프랜시스 윌러비　114
프랭크 베리　225
플라이오세　258
플로린 페리에　039
플루토늄　142
피에르-시몽 라플라스　079
피지컬 리뷰　062
피터 린치　176
필드　017, 076, 077, 078, 081, 084, 085, 086, 087, 088, 089, 090, 091, 168, 169, 170, 171, 174, 175, 183, 204
하인리히 자일코프　139
한대 제트　138
한랭 전선　169, 173
항공　021, 062, 066, 246
해류　079, 146, 147, 148, 150, 151, 152, 153, 154
해석　029, 073, 110, 123, 150, 162, 164, 168, 260
해수면 상승　012, 255
햇빛　046, 067, 112, 123, 190, 197, 199, 209, 233
행성　011, 040, 041, 043, 050, 067, 071, 092, 138, 178, 215, 217, 225, 264, 265, 266, 267, 268, 269, 274, 275
『행성과 혜성의 운동 이론』　264
허리케인　058, 077, 110, 156, 157, 168, 182, 184, 194, 205, 259
허리케인 엘레나　156, 157, 182, 184, 205
헤로니모 데 아얀스 이 보몽　235
헨리 콕스웰　018
현대 기상학　073, 084, 161, 172
현대 역학　130

홍수 026, 154, 165, 211, 249
화산 폭발 213, 239
화석 044, 045, 046, 049, 217, 218, 253, 260, 261
화석 곤충학 217
화석 연료 253, 260, 261
화성 186, 266, 267
황혼 051, 052
회전 014, 052, 057, 076, 077, 080, 081, 083, 098, 110, 116, 124, 125, 127, 128, 129, 130, 131, 132, 156, 167, 190, 193, 194, 196, 197, 200, 201, 237, 280, 281
회전성 128
후고 풍선 142

훔볼트식 과학 159, 231, 271
흐름 024, 059, 070, 072, 073, 074, 077, 078, 080, 081, 083, 097, 099, 106, 110, 113, 116, 117, 118, 119, 120, 126, 142, 149, 151, 152, 155, 158, 160, 167, 169, 171, 174, 181, 198, 200, 202, 203, 209, 219, 271, 272, 279, 280
흑체 복사 093, 094, 095, 096, 100, 220, 281
HAT-P-7b 268
NACA 062
「1951/52년 늦겨울의 폭발적인 성층권 온도 상승」 195

하늘읽기

하늘 읽기

날씨와 기후 변화, 그리고 우리를 둘러싼 공기에 숨겨진 과학

초판 1쇄 찍은날	2025년 11월 4일
초판 1쇄 펴낸날	2025년 11월 20일
지은이	사이먼 클라크
옮긴이	이주원
펴낸이	한성봉
편집	최창문·이종석·오시경·김선형
콘텐츠제작	안상준
디자인	최세정
마케팅	오주형·박민지·이예지·정효인
경영지원	국지연·송인경
펴낸곳	도서출판 동아시아
등록	1998년 3월 5일 제1998-000243호
주소	서울 중구 필동로8길 73 [예장동 1-42] 동아시아빌딩
페이스북	www.facebook.com/dongasiabooks
전자우편	dongasiabook@naver.com
블로그	blog.naver.com/dongasiabook
인스타그램	www.instagram.com/dongasiabook
전화	02) 757-9724, 5
팩스	02) 757-9726
ISBN	978-89-6262-680-3 93400

※ 잘못된 책은 구입하신 서점에서 바꿔드립니다.

만든 사람들

총괄 진행	김선형
편집	이동현·전인수
교정 교열	채재용
크로스 교열	안상준
디자인	페이퍼컷 장상호
본문 조판	인텍스타